LEHRBÜCHER

DES

SEMINARS

FÜR

ORIENTALISCHE SPRACHEN

ZU BERLIN

HERAUSGEGEBEN

VON DEM DIRECTOR DES SEMINARS

BAND XXI, 2

BERLIN
DRUCK UND VERLAG VON GEORG REIMER
1911.

YAMEN UND PRESSE

HANDBUCH
DER NEUCHINESISCHEN SCHRIFTSPRACHE

EINE SAMMLUNG VON SCHRIFTSTÜCKEN
DES AMTLICHEN SCHRIFTVERKEHRS
NEBST ZEITUNGSAUSSCHNITTEN MIT
ERLÄUTERUNGEN UND ÜBERSETZUNGEN

VON

PROF. ALFRED FORKE
LEHRER DES CHINESISCHEN AM SEMINAR

II. ABTEILUNG:

DEUTSCHER TEXT

BERLIN
VERLAG VON GEORG REIMER
1911.

INHALTSVERZEICHNISS.

BAND II: DEUTSCHER TEXT.

A.

N⁰. 1.

胡納貝 *Hu-na-pei* (Eigenname).

啟 *ch'i*, beginnen, öffnen, eröffnen.

啟者 *ch'i-chê*, beginnend, indem ich beginne, d. h. ich eröffne Ihnen hiermit, theile Ihnen hierdurch mit (stereotype Eingangsformel eines *Briefes*).

據 *chü*, erhalten, empfangen (von einem im Range niedriger Stehenden).

教 *chiao*, lehren, Lehre, Religion.

士 *shih*, Lehrer.

教士 *chiao-shih*, Religionslehrer, Missionar.

方模理 *Fang-mo-li* (Eigenname).

禀 *ping*, melden, berichten, mittheilen (von einem im Range tiefer Stehenden an einen Höhergestellten).

稱 *ch'êng*, sagen.

禀稱 *ping ch'êng*, eine Eingabe, worin es heisst....

前往 *ch'ien-wang*, sich begeben nach.

江西 *Chiang-hsi*, Provinz Kiangsi.

安徽 *An-hui*, Provinz Anhui.

江蘇 *Chiang-su*, Provinz Kiangsu.

浙江 *Chê-chiang*, Provinz Chekiang.

福建 *Fu-chien*, Provinz Fukien.

等 *têng*, (Pluralzeichen. Nach mehreren Namen steht es vor dem zugehörigen Substantiv, sonst nach demselben).

省 *shêng*, Provinz.

游 *yu*, fliessen.

歷 *li*, vorbeipassiren.

游歷 *yu-li*, wandern, reisen.

領 *ling*, empfangen.

護 *hu*, beschützen.

照 *chao*, reflektiren, erleuchten, Certifikat.

護照 *hu-chao*, Schutzschein, Pass.

紙 *chih*, Papier, Blatt, Schriftstück (Numerativ für Dokumente).

前來 *ch'ien-lai*, *wörtl.* das ist an mich herangelangt (Redewendung nach Erwähnung von Schriftstücken oder ihrem Inhalt in Sätzen wie 據稟稱 .... (Inhalt) .... 前來).

據此 *chü ts'e*, *wörtl.* ich habe dies (diese Eingabe) erhalten, dann: demgemäss, dementsprechend.

合 *ho*, es ist angemessen, es liegt mir ob, ich muss.

將 *chiang*, nehmen (Präfix des direkten Objekts = 把 der Umgangssprache).

備 *pei*, herstellen.

函 *han*, Brief (auf rothem Papier, weniger förmlich als eine Note oder Depesche auf weissem Bogen).

備函 *pei han*, einen Brief aufsetzen, abfassen.

貴 *kuei*, theuer, verehrt.

道 *tao* = 道台 *tao-t'ai*, Chef eines aus mehreren Präfekturen bestehenden Kreises: 道, Taotai, Regierungspräsident.

貴道 *kuei tao*, Sie, verehrter Herr Taotai. (Als Zeichen der Hochachtung, ist die Reihe bei 請 abgebrochen und ausserdem 貴 um eine Stelle nach oben ausgerückt. Diese Form *muss* beachtet werden. Man begnügt sich aber oft damit, vor dem auf den Adressaten bezüglichen Worte die Reihe abzubrechen und in der nächsten in der Höhe des Textes fortzufahren).

查 *ch'a*, prüfen.

照 *chao*, erleuchten.

查照 *ch'a-chao*, Kenntniss nehmen (bei Übersendung von Schriftstücken sehr beliebte Kuriale).

希 *hsi*, hoffen.

即 *chi*, und, nun, darauf.

加 *chia*, hinzufügen, daraufsetzen.

印 *yin*, Siegel, Stempel.

移 *yi*, fortbewegen, schicken.

署 *shu*, Amtsgebäude, Amt, Behörde.

給 *chi* (in Schriftsprache nicht *kei* zu lesen), geben.

給領 *chi ling*, zum Empfangen geben, aushändigen.

爲 *wei*, sein (dient oft nur als Füllwort, um einen in den Rythmus hineinpassenden Doppelausdruck zu bilden. Der moderne Schriftstil bildet, soweit es irgend geht, zweisilbige Ausdrücke. Nur durch Namen, Zahlen, bisweilen auch durch Partikeln, pflegt der Rythmus durchbrochen zu worden).

荷 *ho*, tragen, verbunden, dankbar sein.

爲荷 *wei-ho*, dito.

頌 *sung*, preisen, wünschen (Glück).

此 *ts'e*, *instrumental*, durch dieses, hiermit.

祉 *chih*, Glück.

日祉 *jih-chih*, Glück der Tage, tägliches Glück, dauerndes Wohlergehn.

附 *fu*, beifügen, anbei.

中 *chung*, chinesisch scl. Datum.

西 *hsi*, westlich, europäisch (Datum).

致 *chih*, gelangen nach; an .... (folgt Adresse).

王 *Wang* (Eigenname).

Anm. In einem amtlichen Briefe 函 steht die Adresse mitten auf dem rothen Kouvert. Die gewöhnliche Form ist: 王大人台啟 *wörtl.*: Seiner Hochwohlgeboren, Herrn Wang erhabenen Ortes zu öffnen, d.h. An Herrn Wang, Hochwohlgeb.

Es ist nicht üblich noch irgend einen Amtscharakter oder Titel hinzuzufügen. Man schreibt nur den Familiennamen mit darauffolgendem 大人 oder einer entsprechenden höheren oder niederen Anrede z.B. 老爺 oder 大臣.

N⁰ 2.

王樹勛 *Wang Shu Hsün* (Eigenname).

茲 *tse*, jetzt.

甯紹台 *Ning Shao T'ai* = Ningpo-fu, Shao-hsing-fu und T'ai-chou-fu, welche zusammen den Kreis des Taotai von Ningpo bilden.

道台 *tao-t'ai*, Taotai.
春 *Ch'un* (Eigenname).
擬 *ni* (*i*), beabsichtigen.
於 *yü*, an, in, auf (bezeichnet Ort und Zeit).
下午 *hsia-wu*, Nachmittag.
前詣 *ch'ien-yi*, sich zum Besuch begeben nach. . . .
台 *t'ai*, erhaben, Halle.
端 *tuan*, Punkt, Ende.
台端 *t'ai-tuan*, Euer Hochwohlgeboren, *wörtl.* der am Ende der Empfangshalle Befindliche. Ähnliche Ausdrücke sind:

台下 *t'ai-hsia*, der unter der Halle Befindliche,

台前 *t'ai-ch'ien*, der vorn in der Halle Sitzende. Man vergleiche auch 閣下.

專 *chuan*, besonders, ausdrücklich.
誠 *ch'êng*, aufrichtig.
奉 *fêng*, darbringen.
拜 *pai*, Kotou machen, begrüssen, besuchen.
奉拜 *fêng-pai*, seine Aufwartung machen.
囑 *chu*, beauftragen, ersuchen.
爲 *wei*, für (scl. ihn).
轉 *chuan*, weiterbefördern.
達 *ta*, mittheilen.
轉達 *chuan-ta*, weitermittheilen.
等 *têng*, Klasse, Art.
因 *yin*, Umstand.
等因 *têng-yin*, dergleichen Umstände = und dergleichen, etc.; schliesst die Inhaltsangabe einer schriftlichen oder mündlichen Mittheilung ab. Es wird nur gebraucht, wenn diese Mittheilung von einem Gleich- oder Höhergestellten herrührt. Handelt es sich um die Eingabe oder den Bericht eines Untergebenen, so gebraucht man 等情 *têng ch'ing*.
用 *yung*, benutzen; deswegen.
特 *t'ê*, besonders, eigens.
奉 *fêng*, darbringen.
布 *pu*, Zeug, ausbreiten, eröffnen, mittheilen.
奉布 *fêng-pu*, die ergebene Mittheilung machen.
祈 *ch'i*, bitten.
總領事 *tsung-ling-shih*, Generalkonsul.
屆 *chieh*, ankommen.

屆時 *chieh-shih*, wenn die Zeit kommt, zur festgesetzten Zeit.

撥 *po*, bei Seite schieten.

冗 *jung*, Geschäft.

稍 *shao*, wenig, ein wenig.

待 *tai*, warten.

仍 *jêng*, ferner, ausserdem, noch.

望 *wang*, hoffen.

惠 *hui*, gütig.

復 *fu*, antworten, Antwort.

以 *i*, womit, wodurch.

便 *pien*, bequem.

以便 *i-pien*, wodurch es bequem ist, zu. . . .; damit.

致 *chih*, gelangen lassen, mittheilen.

N° 3.

頃 *ch'ing*, Moment, soeben.

准 *chun*, empfangen (Brief von einem Gleichgestellten).

以 *i*, wonach, des Inhalts, dass. . .

臨 *lin*, sich näheren, kommen zu.

晤 *wu*, sich unterhalten.

拜晤 *pai-wu*, Besuch machen.

本 *pên*, Wurzel, dieser, eigen, ich.

本總領事 *pên tsung-ling-shih*, ich, der Generalkonsul.

(In amtlichen Schreiben spricht man von sich selbst nicht einfach als "ich", sondern man schreibt seinen Amtscharakter mit vorangehendem 本).

自 *tse*, natürlich, selbstverständlich.

應 *ying*, müssen.

候 *hou*, erwarten.

函復 *han-fu*, durch Brief (instr.), brieflich antworten.

Anm. 1. Man pflegt in einem Antwortschreiben das empfangene Schreiben, wenn man auf den Inhalt Bezug nimmt, fast wörtlich zu zitiren. Es ist nicht statthaft, den Inhalt mit eigenen Worten wiederzugeben.

Anm. 2. Aus Höflichkeit ist hinter dem Namen 春 eine Stelle leergelassen.

N° 4.

大清 *TaCh'ing*, die Grosse Ch'ing Dynastie = Kaiserlich Chinesisch. (Die auf das Herrscherhaus und den Souverän des eigenen und fremder Staaten bezüglichen Worte werden 2 Stellen ausgerückt).

欽 *ch'in*, kaiserlich.

命 *ming*, Befehl.

品 *p'in*, Rang.

頂 *ting*, Knopf.

戴 *tai*, auf dem Kopfe tragen.

頂戴 *ting-tai*, Rangknopf.

監 *chien*, beaufsichtigen.

督 *tu*, die obere Leitung haben.

監督 *chien-tu*, die Kontrolle ausüben über....

江南 *Chiang-nan* (alte Bezeichnung für den südlichen Theil des Provinzen Kiangsu und Anhui).

海關 *hai-kuan*, Seezollamt.

江南海關 *Chiang-nan hai-kuan*, das Schanghai Seezollamt (offizielle Bezeichnung, meist zu 江海關 verkürzt).

分 *fên*, theilen, trennen.

巡 *hsün*, patrouilliren, beaufsichtigen.

分巡 *fên-hsün*, in allen einzelnen Theilen überwachen.

蘇松太 *Su Sung T'ai*, Kreis bestehend aus den Präfekturen Su-chou und Sung-chiang und dem Departement T'ai-ts'ang.

兵 *ping*, Soldat, Militär.

備 *pei*, herrichten.

兵備道 *ping-pei-tao*, Taotai mit Militärvollmacht.

照會 *chao-hui*, Depesche, Note; eine Depesche schreiben (nicht zu verwechseln mit einem Telegramm).

爲照會事 *wei chao-hui shih*, wegen einer Depeschen Angelegenheit(stereotypeEingangsformel jeder Depesche).

照得 *chao-tê*, es ist zu wissen; hiermit thue ich kund.

光緒 *Kuang-hsü* (Regierungsname des 1908 verstorbenen Kaisers von China).

公 *kung*, öffentlich, öffentliches Interesse.

因公 *yin kung*, amtlich (adv.).

前赴 *ch'ien-fu*, sich begeben nach.

蘇州 *Su-chou* (Stadt).

省城 *shêng-ch'êng*, Provinzialhauptstadt.

本關 *pên-kuan*, mein Zollamt.

與 *yü*, mit.

通 *t'ung*, verkehren.

商 *shang*, Handel.

通商 *t'ung-shang*, Handelsverkehr, internationaler Handel.

行 *hsing*, thun, handeln.

日行 *jih-hsing*, täglich zu erledigen.

事務 *shih-wu*, Angelegenheit.

由 *yu*, von, durch (beim Passiv).

照 *chao*, gemäss.

照常 *chao ch'ang*, wie gewöhnlich.

辦理 *pan-li*, erledigen, besorgen.

相應 *hsiang-ying*, es ist nöthig.

煩 *fan*, belästigen, bemühen.

請煩 *ch'ing-fan*, bitten, bemühen zu dürfen.

如 *ju*, wenn.

契 *ch'i*, Dokument.

地契 *ti-ch'i*, Grundbrief.

俟 *sse*, warten, abwarten.

公回 *kung hui*, von der Dienstreise zurückkehren.

再行 *tsai-hsing*, dann (行 ist nur rythmisches Füllwort; wird oft wie 爲 gebraucht).

印 *yin*, abstempeln.

併 *ping*, zugleich.

施 *shih*, spenden, gewähren.

施行 *shih-hsing*, dem Ersuchen entsprechen.

須 *hsü*, müssen.

須至照會者 *hsü chih chao-'hui chê*, eine Depesche, welche kommen muss (者 dient zur Hervorhebung des Subjektes des Satzes).

右照會 *yo chao-hui*, ist rechts (d.h. im Schriftstück) geschrieben (als Depesche) an...

Hier ist 照會 Verbum.

大德國 *Ta Tê-kuo*, Kaiserlich Deutsch, *wörtl.* das Grosse Deutschland. (In solchen Wendungen wird gern 大 gebraucht).

駐劄 *chu-cha*, residiren.

管理 *kuan-li*, besorgen.

Anm. Jede Depesche (Note) beginnt mit dem vollen Titel des Absenders nebst allen seinen Auszeichnungen. Dieser Titel pflegt gleich vorgedruckt zu sein. Dann folgt die Formel

爲照會事, wobei das 爲 allein unten stehen muss und 照 die neue Reihe beginnt. Die Schlussformel ist: 須至照會者 右 照 會. Letztere 3 Worte sind in grösseren Zwischenräumen von einander in einer Reihe zu schreiben. Hierauf folgt der Name des Adressaten in einer Reihe mit allen seinen Titeln. Den Schluss bildet das Datum. Eine Abweichung von diesen Formen ist fehlerhaft.

N⁰ 5.

帶 *tai*, tragen, mit sich führen, anführen.

帶兵官 *tai-ping-kuan*, Kommandant.

聲 *shêng*, Ton, verlautbaren, erklären.

聲稱 *shêng-ch'êng*, erklären.

帶領 *tai-ling*, anführen, befehligen.

馬隊 *ma-tui*, Abtheilung Kavallerie.

吳淞 *Wu-sung* (Hafen von Schanghai).

靶子 *pa-tse*, Schiessscheibe.

靶子路 *pa-tse lu*, Scheibenstand Weg = *Rifle Range.*

帶 *tai*, Gürtel, Streifen.

一帶地方 *i tai ti-fang*, der eine Streifen Land, die Gegend.

操練 *ts'ao-lien*, drillen, üben.

並 *ping*, zugleich, und.

滋 *tse*, hervorrufen.

滋事 *tse-shih*, Unruhen hervorrufen.

生端 *shêng-tuan*, Ausschreitungen begehen.

飭 *ch'ih*, befehlen, anweisen.

所屬 *so shu*, alle Untergebenen, unterstellte Beamte.

該 *kai*, der betreffende.

萬勿 *wan wu*, unter keinen Umständen, durchaus nicht (imperativisch).

驚訝 *ching-ya*, sich erschrecken.

N⁰ 6.

接 *chieh*, empfangen (von einem Gleichgestellten).

展 *chan*, öffnen.

來函 *lai-han*, der angekommene Brief, Ihr Schreiben (來 ist ausgerückt).

飭知 *ch'ih-chih*, befehlen zu wissen, in Kenntniss setzen (Untergebene).

除...外 *ch'u ... wai*, abgesehen davon, dass... (beliebte Schlussformel. Der eingeschachtelte Satz ist meist in der Vergangenheit zu denken).

分行 *fên hsing*, an verschiedene Personen Mittheilung machen.

縣 *hsien*, Distrikt, Distriktsmagistrat.

委 *wei*, Deputirter, Kommissar.

知照 *chih-chao*, Kenntniss nehmen.

N⁰ 7.

商 *shang*, Kaufmann.

順昌 *Shun-ch'ang* (Firma).

洋 *yang*, Meer.

行 *hang*, Firma, Hong.

洋行 *yang-hang*, fremde Firma.

石 *tan*, Picul = 100 Pfund, catties.

由 *yu*, von (lokal).

運 *yün*, transportiren, befördern, verschiffen.

青 *ch'ing*, grün.

島 *tao*, Insel.

青島 *Ch'ing-tao* = Tsingtao.

稟請 *ping-ch'ing*, in der Eingabe bitten.

轉致 *chuan-chih*, diese Mittheilung weiter gelangen lassen (an die zuständige chinesische Behörde).

給發 *chi-fa*, ausgeben, ausstellen (ein Schriftstück).

等情 *têng-ch'ing*, und dergleichen Dinge (bezeichnet den Schluss einer Eingabe oder Petition, entspricht dem 等因).

繕 *shan*, abschreiben, ausfertigen.

內 *nei*, darin.

填 *t'ien*, einfügen.

暨 *chi*, zusammen, zur selben Zeit, und.

N⁰ 8.

接到來函 *chieh-tao lai-han*, ich erhielt Ihr eingetroffenes Schreiben.

據 *chü*, *Sie* erhielten, oder: gemäss, nach.

函請 *han-ch'ing*, *ich* bäte in meinem Briefe (wenn wir die direkte Rede der Inhaltsangabe des Briefes, unserer deutschen Ausdrucksweise entsprechend, in indirekte umwandeln. Dabei ändern sich natürlich die aus dem Zusammenhang zu ergänzenden Fürwörter).

照 *chao*, dementsprechend.

到道 *tao tao*, das ist an (mich) den Taotai gelangt (Formel am Schluss eines Zitats, entspricht dem 前來).

函致 *han-chih*, sich brieflich wenden an, brieflich benachrichtigen.

稅 *shui*, Zoll.

務 *wu*, Angelegenheit.

司 *sse*, verwalten.

稅務司 *shui-wu-sse*, Zollkommissar.

查 *ch'a*, prüfen.

明 *ming*, deutlich, klar, genau.

查明 *ch'a-ming*, genau prüfen.

照 *chao*, gemäss, entsprechend.

章 *chang*, Verordnung, Reglement.

收 *shou*, einnehmen, vereinnahmen.

驗 *yen*, prüfen, inspiziren.

放 *fang*, passiren lassen.

函送 *han-sung*, mit einem Briefe (instr.) übersenden.

查收 *ch'a-shou*, prüfen und in Empfang nehmen (von Sendungen gesagt).

報 *pao*, anzeigen, melden,

報運 *pao yün*, die Verschiffung (von Waaren) anmelden.

計 *chi*, beiliegend, beifolgend.

N° 9.

華 *hua*, chinesisch.

信利 *Hsin-li* (Firma).

萬源祥 *Wan-yuan-hsiang*, *wörtl.* Glück aus Zehntausend Quellen (Firmenname).

號 *hao*, Laden, Firma (chinesische).

售 *shou*, verkaufen.

售賣 *shou-mai*. verkaufen.

胰 *yi*, Seife.

皂 *tsao*, schwarz, dunkelgrau, chin.

Seife aus 皂角 *Gleditschia sinensis* hergestellt.

胰皂 *yi-tsao*, Seife.

冒 *mao*, usurpiren, fälschen.

冒用 *mao-yung*, unrechtmässiger Weise benutzen.

之 *chih* (Genitivpartikel).

牌 *p'ai*, Schild, Geschäftsmarke, Waarenzeichen.

傳 *ch'uan*, vorladen (ohne Zwang).

案 *an*, Process.

傳案 *ch'uan-an*, zum Process laden, vor Gericht laden.

罰 *fa*, bestrafen (mit Geldstrafe).

辦 *pan*, erledigen, bestrafen.

罰辦 *fa-pan*, bestrafen.

府 *fu*, Präfektur, Präfekt.

分府 *fên-fu*, Theilpräfekt, Subpräfekt.

號主 *hao-chu*, Firmenchef, Geschäftsinhaber.

飭令 *ch'ih-ling*, befehlen, anweisen.

不得 *pu tê*, nicht dürfen.

法 *fa*, französisch.

馬路 *ma-lu*, Pferde Strasse, Chaussee, Hauptstrasse.

德銘 *Tê-ming* (Ortsname).

里 *li*, Gasse.

會 *hui*, zusammen, gemeinsam.

審 *shên*, untersuchen.

會審署 *hui-shên-shu*. Gemischtes Gericht.

楊 *Yang* (Eigenname).

N⁰ 10.

楊辰 *Yang Ch'en* (Eigenname).

昨 *tso*, gestern, neulich, vor Kurzem.

派 *p'ai*, abordnen, abschicken, beauftragen.

探 *t'an*, nachforschen, Detektiv.

協 = 協 *hsieh*, helfen.

一俟 *i-sse*, sobald als.

傳到 *ch'uan-tao*, vorgeladen erscheinen.

即行 *chi-hsing*, sogleich, dann.

訂 *ting*, festsetzen.

訊 *hsün*, untersuchen, Untersuchung.

訂訊 *ting hsün*, Verhandlungstermin festsetzen.

順 *shun*, folgend; bei der Gelegenheit (ich ergreife die Gelegenheit. . . .)

N⁰ 11.

案 *an*, gemäss.

案據 *an-chü*, gemäss, entsprechend.

控 *k'ung*, anklagen..., dass...

業 *yeh*, Thätigkeit, bereits.

業經 *yeh-ching*, schon, bereits (Zeichen des Perfektums).

去後 *ch'ü-hou*, nachdem dies geschehen war, darauf (nach einem Verbum, zeigt die Vollendung an).

差 *ch'ai*, beauftragen, Konstabler.

傳得 *ch'uan-tê*, vorgeladen.

據該差傳得 *chü kai ch'ai ch'uan-tê*, ich erhielt (den Geschäftsführer) von dem betreffenden Konstabler vorgeladen, d.h. ich erhielt vom Konstabler die Meldung, dass er vorgeladen sei.

擋 *tang*, stossen.

擋手 *tang-shou*, Geschäftsführer (*wörtl.* die Hand, welche das Geschäft poussirt. Schanghai Ausdruck).

吳啟泰 *Wu Ch'i T'ai* (Eigenname).

一名 *i ming*, ein Name, eine Person (nur von Niedrigstehenden gebraucht).

候 *hou*, erwarten, abwarten.

前來 *ch'ien-lai* (bezieht sich auf das vorhergehende 據, worin ausgedrückt liegt, dass der Konstabler eine Meldung gemacht hat).

禮拜 *li-pai*, durch Zeremonien verehren, 禮拜日, Tag der Andacht, Sonntag.

禮拜六 *li-pai-liu*, der sechste Tag nach der Andacht, Sonnabend.

即 *chi*, nämlich.

明日 *ming-jih*, morgen.

早 *tsao*, früh.

堂 *t'ang*, Halle.

早堂 *tsao-t'ang*, Frühsitzung, Sitzung am Morgen.

原 *yuan*, ursprünglich.

告 *kao*, klagen.

原告 *yuan-kao*, Kläger.

質 *chih*, beweisen, in's Kreuzverhör nehmen, Zeuge.

N° 12.

馬鼐思 *Ma-nai-sse* (Eigenname).

陳永年 *Ch'ên Yung Nien* (Eigenname). (Der Zuname 永年 ist vom Familiennamen 陳 durch den Titel getrennt, was häufig vorkommt).

訓導 *hsün-tao*, der Belehrende und Unterweisende; Studiendirektor eines Distrikts.

欠 *ch'ien*, schulden.

付 *fu*, geben, bezahlen.

一案 *i an*, der (bestimmte) Process.

此 *ts'e*, dieser.

現 *hsien*, jetzt.

已 *i*, bereits.

調處 *t'iao-ch'u*, arrangiren, beilegen.

了 *liao*, vollenden.

結 *chieh*, beendigen.

了結 *liao-chieh*, zum Abschluss bringen.

銷 *hsiao*, kassiren.

銷案 *hsiao-an*, Verfahren einstellen.

註 *chu*, mit Vermerk versehen, indossiren.

註銷 *chu-hsiao*, mit dem Kassationsvermerk versehen, die Weglegung verfügen.

N° 13.

春順 *Ch'un Shun* (Eigenname).

逕 *ching*, direkt, ohne Umschweife.

備 *pei*, vollkommen.

悉 *hsi*, wissen.

備悉 *pei-hsi*, von allem Kenntniss nehmen.

札飭 *cha-ch'ih*, anweisen, befehlen.

鄞縣 *Yin-hsien*, Distrikt Yinhsien (umfasst die Stadt Ningpo).

并 *ping*, zugleich, und.

行 *hsing*, Mittheilung gelangen lassen an...

慈谿縣 *Ts'e-ch'i-hsien* (Distrikt der Präfektur Ningpo).

毋 *wu*, nicht.

庸 *yung*, brauchen, nöthig haben.

查傳 *ch'a-ch'uan*, nach Prüfung vorladen lassen.

祺 *ch'i*, Glück.

辛 *hsin* (8. Zeichen des Zehnercyklus).

丑 *ch'ou* (2. Zeichen des Zwölfercyklus).

辛丑 *hsin-ch'ou* = 1901 n. Chr. (Aus der Kombination der Zahlen der beiden Cyklen werden Jahreszahlen gebildet. Näheres über die Methode bei *Mayers*, *Chinese Reader's Manual* S. 361).

N⁰ 14.

奉 *fêng*, erhalten (von einem Vorgesetzten).

憲 *hsien*, Rang.

道憲 *tao-hsien*, der Herr Taotai, Seine Hochwohlgeboren, der Taotai.

函諭 *han-yü*, briefliche Weisung.

英國 *Ying-kuo*, England.

萬壽 *wan-shou*, zehntausendjähriges Leben, Geburtstag (eines Kaisers).

是 *shih*, dieser.

道 *tao*, sagen, aussprechen.

賀 *ho*, glückwünschen, Glückwunsch.

停 *t'ing*, aufhören, aussetzen.

公堂 *kung-t'ang*, öffentliche Halle, Sitzungssaal.

停訊公堂 *t'ing hsün kung-t'ang*, eine Sitzung ausfallen lassen.

知照 *chih-chao*, mittheilen.

巡 *hsün*, umhergehen.

捕 *pu*, fangen.

巡捕房 *hsün-pu-fang*, Polizeistation, Polizeibehörde.

佈達 *pu-ta*, Mittheilung machen.

繙譯 *fan-yi*, übersetzen, Dolmetscher.

期 *ch'i*, Termin.

堂期 *t'ang-ch'i*, Verhandlungstermin.

勿 *wu*, nicht (imperativisch).

勞 *lao*, bemühen.

駕 *chia*, im Wagen fahren.

臨 *lin*, sich nähern.

駕臨 *chia-lin*, sich zu kommen bemühen.

N⁰ 15.

聞 *wên*, hören, erfahren.

欽差 *ch'in-ch'ai*, kaiserlicher Gesandter.

大臣 *ta-ch'ên*, der grosse Beamte (Titel der höchsten Staatsbeamten), Excellenz.

穆 *Mu* (Eigenname).

乘 *ch'êng*, sitzen, fahren auf.

通州 *T'ung-chou* (Name).

輪 *lun*, Rad.

輪船 *lun-ch'uan*, Dampfschiff.

抵 *ti*, kommen nach.

滬 *Hu* (alter Name für Schanghai).

趨 *ch'ü*, eilen.

詣 *yi*, besuchen.

未 *wei*, noch nicht, nicht.

識 *chih* (*shih*), wissen.

何 *ho*, welcher.

何時 *ho-shih*, zu welcher Zeit, wann?

得暇 *tê hsia*, freie Zeit haben.

接見 *chieh-chien*, empfangen und sehen.

代爲 *tai-wei*, vertretungsweise, für mich.

示 *shih*, Weisung.

見 *chien*, Ansicht haben.

見復 *chien-fu*, erwidern, antworten.

N° 16.

接准 *chieh-chun*, erhalten (von Gleichstehenden).

內開 *nei k'ai*, worin eröffnet wird; des Inhalts, dass...

詢 *hsün*, sich erkundigen.

甚爲 *shên-wei*, sehr (爲 ist Füllwort).

悤 *ts'ung*, aufgeregt.

忙 *mang*, eilig.

悤忙 *ts'ung-mang*, in grosser Hast.

未幾 *wei chi*, nicht viel, nicht lange, sehr bald.

即行 *chi-hsing*, dann, so.

起 *ch'i*, beginnen.

程 *ch'êng*, Reisestation.

起程 *ch'i-ch'êng*, aufbrechen, abreisen.

答 *ta*, beantworten.

答拜 *ta-pai*, Besuch beantworten, erwidern.

殊 *shu*, wirklich, sehr.

深 *shên*, tief, sehr.

抱 *pao*, umspannt halten, fühlen.

歉 *ch'ien*, unzureichend, Mangel.

抱歉 *pao-ch'ien*, der Mangel empfinden; bedauern.

敢 *kan*, wagen.

大駕 *ta-chia*, der im grossen Wagen sitzende, Euer Hochwohlgeboren.

務 *wu*, unter allen Umständen, jedenfalls.

見原 *chien-yuan*, verzeihen, entschuldigen.

致謝 *chih-hsieh*, Dank befördern, Dank aussprechen.

N⁰ 17.

有信 *Yu-hsin* (Firma).

泰綸 *T'ai-lun* (Eigenname).

傳 *ch'uan*, übermitteln, mittheilen.

諭 *yü*, Befehl, Urtheil.

遵 *tsun*, gehorchen.

照 *chao*, entsprechen.

遵照 *tsun-chao*, Folge leisten.

先 *hsien*, vorerst, zunächst.

被告 *pei-kao*, der Beklagte.

並未 *ping-wei*, durchaus noch nicht.

斷 *tuan*, festsetzen, bestimmen, Entscheidung.

提 *t'i*, in der Hand tragen, packen, vorführen (mit Gewalt).

提案 *t'i-an*, vor Gericht führen.

押 *ya*, in Haft nehmen.

管 *kuan*, kontrolliren.

管押 *kuan-ya*, in Haft halten.

N⁰ 18.

提押 *t'i-ya*, vorführen und in Haft nehmen.

奪 *to*, Entscheidung fällen.

N⁰ 19.

案照 *an-chao*, gemäss.

怡豐 *I-fêng* (Firma).

劉慶生 *Liu Ch'ing Shêng* (Eigenname).

定 *ting*, festsetzen, bestellen.

貨 *huo*, Waaren.

出 *ch'u*, herausgehn lassen, abnehmen.

逃 *t'ao*, weglaufen.

避 *pi*, entweichen.

逃避 *t'ao-pi*, entweichen.

其 *ch'i*, sein, seine; desselben (Gen. von 此).

妻 *ch'i*, Ehefrau.

氏 *shih*, Familienname (der Frau).

劉陸氏 *Liu Lu-shih*, Frau Liu, geborene Lu.

追 *chui*, verfolgen, eintreiben (Geld).

折 *chê*, abbrechen, verringern.
耗 *hao*, abziehen.
折耗 *chê-hao*, verlieren, einbüssen (Geld).
銀 *yin*, Silber.
兩 *liang*, Tael.
銀兩 *yin-liang*, Geld.
商 *shang*, berathschlagen.
允准 *yün-chun*, zugeben, zugestehen.
減 *chien*, abziehen.
繳 *chiao*, geben, aushändigen.
減繳 *chien-chiao*, nach Abzug zahlen...
在案 *tsai an*, so steht es in den Akten, das ist aktenkundig (Schlussphrase bei einer Rekapitulation ergangener Entscheidungen oder früherer Phasen eines Prozesses).
以 *i*, die Meldung, dass...
向 *hsiang*, nach hin, von.
親 *ch'in*, Verwandter.
友 *yu*, Freund.
親友 *ch'in-yu*, Verwandte und Freunde.
帮助 *pang-chu*, unterstützen, zuschiessen.
遵繳 *tsun-chiao*, der Entscheidung gemäss bezahlen.
批 *p'i*, verfügen, Verfügung treffen.
批示 *p'i-shih*, Verfügung ergehen lassen.
票 *p'iao*, Schein, Bankanweisung.

A. N⁰ 20.

伊 *i*, er.
准此 *chun t'se*, das habe ich erhalten.
收到 *shou-tao*, in Empfang nehmen.
銀票 *yin-p'iao*, Geldschein, Banknote.
祗領 *chih ling*, ehrerbietig in Empfang nehmen (was von einem Höheren kommt).
泐 *lo*, graviren, schreiben.
復函 *fu-han*, Antwortschreiben.

A. N⁰ 21.

愛爾司 *Ai-êrh-sse* (Firmennamen).
册 *t'sê*, Liste, Register, Grundregister.
號 *hao*, Nummer.

抵 *ti*, an Stelle setzen, substituiren.

作抵 *tso ti*, als Ersatz verwenden, verpfänden.

借用 *chieh-yung*, entleihen.

格拉 *Ko-la* (Eigenname).

鎊 *pang*, *pound*, Pfund Sterling.

批明 *p'i-ming*, eine Verfügung auf ein Schriftstück setzen, es indossiren.

立案 *li-an*, Akten anlegen, etwas zu den Akten nehmen.

上下契 *shang hsia ch'i*, der obere und untere Grundbrief d.h. der erste und dritte.

檢出 *chien-ch'u*, herausnehmen.

一併 *i-ping*, zusammen.

A. N° 22.

一律 *i-lü*, in gleicher Weise.

A. N° 23.

地晤士 *Ti-wu-shih* (Firma).

美特斯 *Mei-t'ê-sse* (Eigenname).

邑 *yi*, Distrikt.

上邑 *Shang-yi*, Schanghai Distrikt.

保 *pao*, Bezirk (Unterabtheilung eines Distrikts).

圖 *t'u*, Rayon (Unterabtheilung eines Bezirks).

羔 *kao*, Lamm.

圩 *yü*, Feldmark (Unterabtheilung eines Rayon).

羔字圩 *kao tse yü*, Feldmark mit Aktenzeichen *kao*.

租 *tsu*, miethen, pachten.

趙聚堂 *Chao-chü t'ang*, die Familie Chao-chü (dies ist ein Klan Name, der in der Ahnenhalle angeschrieben steht).

夏國梁 *Hsia Kuo Liang* (Personenname).

曹彩亭 *T'sao T'sai T'ing* (Personenname).

單 *tan*, Schein, Certifikat.

單地 *tan-ti*, Land, wofür ein Grundbrief vorhanden ist (Viele Grundbriefe sind bei Rebellionen verloren gegangen).

共 *kung*, zusammen.

畝 *mou*, chin. Morgen.

分 *fên*, 1/10 Morgen.

釐 *li*, 1/100 Morgen.

毫 *hao*, 1/1000 Morgen.

呈 *ch'êng*, einreichen, präsentiren.

原契 *yüan-ch'i*, Originaldokument i.e. Miethsbrief oder Kaufbrief.

田單 *t'ien-tan*, Grundbrief.

糧 *liang*, Grundsteuer.

串 *ch'uan*, zusammenknüpfen; zusammenhängende Zettel.

糧串 *liang-ch'uan*, Steuerzettel, Steuerquittung.

項 *hsiang*, Art (ist oft wie 等 nur Pluralzeichen).

係 *hsi*, sein, der Fall sein.

歸 *kuei*, zufallen, gehören.

業 *yeh*, Eigenthum.

管業 *kuan-yeh*, als Eigenthum behandeln, zu eigen haben.

查核 *ch'a-hê*, prüfen.

丈 *chang*, vermessen.

局 *chü*, Amt.

會丈局 *hui-chang-chü* (gemeinsames) Vermessungsamt.

核辦 *hê-pan*, nach Prüfung erledigen.

A. N° 24.

縣局 *hsien-chü*, Distriktsamt i.e. Landvermessungsamt für den Distrikt.

勘 *k'an*, prüfen, besichtigen.

查勘 *ch'a-k'an*, prüfen, in Augenschein nehmen.

員 *yüan*, Beamter.

A. N° 25.

德商...一事 *Tê-shang... i-shih*, in Sachen des deutschen Kaufmanns... welcher...

札發 *cha-fa*, mit Anweisung schicken an...

已 *i*, vorübergehen, bereits.

一月有餘 *i yüeh yu yü*, ein Monat und ein Rest, über einen Monat.

迄 *hsi*, (*ch'i*) bis nach.

迄未 *hsi-wei* = 迄今未 *hsi-chin wei*, bis jetzt noch nicht, noch nicht.

再 *tsai*, abermals.

迅 *hsün*. schleunigst, eiligst.

速 *su*, schnell.

迅速 *hsün-su*, umgehend.

立 *li*, stehen.

立即 *li-chi*, sofort, *statim*.

A. N° 26.

查 *ch'a*, ich stelle nun (nach Prüfung) fest; da nun; nun

(kann bei der Übersetzung oft ganz wegbleiben).

前因 *ch'ien-yin*, das Vorhergehende scl. das Schreiben des erwähnten Inhalts.

催 *t'sui*, drängen, antreiben.

赶緊 *kan-chin*, schleunigst.

復到 *fu tao*, die Antwort trifft ein.

另 *ling*, besonders.

A. N⁰ 27.

李嶽蘅 *Li Yo-hêng* (Eigenname).

業戶 *yeh-hu*, Grundeigenthümer.

坟墓 *fén-mu*, Grab.

遷 *ch'ien*, entfernen, verlegen.

清 *ch'ing*, klar, erledigt.

以致 *i-chih*, dadurch wird bewirkt, dass...; infolgedessen.

延 *yen*, verzögern.

遲 *ch'ih*, spät.

延遲 *yen-ch'ih*, verzögern, verschleppen.

久 *chiu*, lange.

月餘之久 *yüeh yü chih chiu*, über einen Monat lang.

搬 *pan*, fortbewegen.

搬遷 *pan-ch'ien*, verlegen, entfernen.

清楚 *ch'ing-ch'u*, klar, klarstellen.

亦 *yi*, auch.

經理人 *ching-li-jen*, Vermittler, Agent.

向 *hsiang*, mit.

處 *ch'u*, Ort, Bureau.

妥 *t'o*, ordentlich.

商妥 *shang-t'o*, Vereinbarung treffen.

會同 *hui-t'ung*, gemeinschaftlich.

可也 *k'o-yeh*, so lässt es sich machen. (Schlussformel, die in der Übersetzung besser wegbleibt).

耑此 *chuan-t'se*, besonders, speziell. (Schlussformel in Briefen 耑 = 專).

A. N⁰ 28.

梅賜亭 *Mei-t'se-t'ing* (Eigenname).

副繙譯 *fu fan-yi*, stellvertretender Dolmetscher.

委員 *wei-yüan*, Deputirter, Kommissar.

貴委 *kuei wei*, verehrter Herr Kommissar.

A. Nº 29.

當經 *tang-ching*, damals bereits (steht vor dem Subjekt).

行催 *hsing ts'ui*, benachrichtigen und drängen.

未經 *wei-ching*, noch nicht (vor dem Subjekt).

地保 *ti-pao*, Bezirksvorsteher, Ortsschulze, *Tipao*.

盖 *kai*, aufdrücken.

戳 *ch'o*, Stempel, Siegel.

傳據 *ch'uan-chü*, vorladen und (die Meldung) erhalten, dass...

趙松濤 *Chao Sung T'ao* (Eigenname).

與 *yü*, mit.

均 *chün*, in gleicher Weise.

收清 *shou-ch'ing*, voll erhalten.

未便 *wei pien*, nicht bequem, nicht angängig.

領丈 *ling chang*, die Vermessung annehmen d.h. vornehmen lassen.

等語 *têng-yü*, und dergleichen Worte (Schluss einer Aussage, auch eines Zitats).

原業 *yüan-yeh*, ursprünglicher Eigenthümer.

邀 *yao*, aufforderen, einladen.

中 *chung scl.* 中人 *chung-jên*, Vermittler (der bei Grundkaüfen mitwirkt).

妥理 *t'o-li*, ordentlich erledigen.

始 *shih*, endlich, da.

稟復 *ping-fu*, melden und antworten, zurückmelden.

盡 *chin*, vollkommen.

暫 *chan*, vorläufig.

緩 *huan*, aufschieben.

繪 *hui*, zeichnen, entwerfen.

圖 *t'u*, Skizze, Karte.

閱 *yüeh*, ansehen, in Augenschein nehmen.

另行 *ling-hsing*, besonders.

稽遲 *chi-ch'ih*, verzögern.

緣由 *yüan-yu*, Grund.

陳 *ch'ên*, berichten, melden.

稟陳 *ping-ch'ên*, do.

察核 *ch'a-hê*, prüfen.

A. Nº 30.

計 *chi*, berechnen.

丈見 *chang chien*, bei der Vermessung finden.

實地 *shih ti*, dass wirklich vorhandene Land.

較 *chiao*, im Vergleich zu, als (beim Komparativ = 比).

少 *shao*, weniger.

貼 *t'ieh*, kleben, zufügen.

說 *shuo*, Rede.

貼說 *t'ieh-shuo*, zugefügter, beschreibender Text.

先行 *hsien-hsing* vorlaüfig.

督 = 察, prüfen.

知照 *chih-chao*, benachrichtigen.

工部局 *kung-pu-chü*, Munizipalität, wörtl. das Bauamt.

A. N⁰ 31.

畝分 *mou-fên*, Morgen und 1/10 Morgen, = Grösse.

四址 *sse-chih*, vier Grenzen.

填立 *t'ien-li*, ausstellen.

新契 *hsin-ch'i*, neues Dokument, neuer Grundbrief.

移 *yi*, schicken.

還 *huan*, zurückgeben.

移還 *yi-huan*, zurückschicken.

准 *chun*, nach Empfang (dieses Schreibens).

照填 *chao-t'ien*, dementsprechend ausstellen.

一套 *i t'ao*, eine Serie.

連同 *lien-t'ung*, zusammen mit.

批印 *p'i-yin*, mit einer Verfügung (Vermerk) versehen und abstempeln.

分別存還 *fên-pieh t'sun-huan*, getrennt zurückbehalten und zurückgeben d.h. theils zurückbehalten, theils zurückgeben (der Taotai behält das 2te Exemplar für seine Akten zurück und schickt die beiden anderen an das Generalkonsulat. Dieses behält N⁰ 1 und händigt N⁰ 3 dem Grundeigenthümer aus).

A. N⁰ 32.

批註 *p'i-chu*, einen Vermerk auf ein Dokument setzen.

備案 *pei-an*, zu den Akten nehmen.

存給 *t'sun-chi*, aufbewahren (das eine Exemplar) und geben (das andere an den Eigenthümer).

A. N° 33.

魯達利 *Lu-ta-li*, (Firma).
公司 *kung-sse*, Gesellschaft, Kompanie.
德公司輪船 *Tê kung-sse lun-ch'uan*, ein Dampfer der deutschen Kompanie d.h. des Norddeutschen Lloyd.
運來 *yün-lai*, hertransportieren, herbringen.
鉄 *t'ieh*, Eisen.
砂 *sha*, Sand.
鉄砂 *t'ieh-sha*, Schrot.
藥 *yao*, Pulver (für 火藥 Feuer Pulver).
彈 *tan*, Kugel.
藥彈 *yao-tan*, Patrone.
換船 *huan-ch'uan*, das Schiff wechseln, umladen.
膠州 *Chiao-chou*, Kiaochou.
應用 *ying-yung*, dem Bedürfniss entsprechen, Verwendung finden.
進出口 *chin ch'u k'ou*, in den Hafen ein- und ausführen.
巡撫 *hsün-fu*, Gouverneur.
入口 *ju-k'ou*, in den Hafen einführen, importiren.

A. N° 34.

武 *wu*, militärisch.
營 *ying*, Lager.
武營 *wu-ying*, Militärlager.
葯 = 藥 *yao*, Pulver.
計 *chi*, berechnen, nämlich.
粒 *li*, Reiskorn, Numerativ für Patronen.
交 *chiao*, übergeben, aushändigen.
守備 *shou-pei*, Oberleutnant.
天津 *T'ien-chin*, Tientsin (Ort).
都司 *tu-sse*, Hauptmann.
以上 *i-shang*, oben, obig, vorerwähnt.
均 *chün*, alle.
出售 *ch'u-shou*, verkaufen.
驗起 *yen-ch'i*, die Ausladung überwachen.

A. N° 35.

等由 *têng-yu*, und dergleichen Umstände (Schlussformel, gleichbedeutend mit 等因, nach Zitat des Inhalts eines Schriftstücks eines Gleich- oder Höhergestellten).
既 *chi*, da.

姑 *ku*, zulassen; für dies Mal.

單 *tan*, Schein, Pass i. e. Waffenpass.

A. N⁰ 36.

承 *ch'êng*, erhalten (von Höherstehendem; auch nur Höflichkeitsform).

枉 *wang*, verschwenden, nutzlos.

顧 *ku*, sich kümmern um, zur Seite sehen.

枉顧 *wang-ku*, die Ehre Ihres Besuchs.

感 *kan*, empfinden.

謝 *hsieh*, danken.

感謝 *kan-hsieh*, Dank empfinden, dankbar sein.

難名 *nan ming*, schwer auszusprechen, ganz ausserordentlich.

午前 *wu-ch'ien*, Vormittag.

趨謁 *ch'ü-yeh*, zum Besuch eilen.

以申 *i-shên*, um zum Ausdruck zu bringen, um zu leisten.

敬 *ching*, höflich.

津海關 *Chin-hai-kuan*, Tientsin Seezollamt.

A. N⁰ 37.

黃建莞 *Huang Chien-yüan* (Eigenname).

台函 *t'ai-han*, Ihr geehrtes Schreiben.

示 *shih*, Weisung, Mittheilung.

光臨 *kuang-lin*, glänzend nahen, die Ehre seines Besuches schenken.

曷勝感幸 *ho shêng kan-hsing*, was käme gleich meinem Gefühl der Freude?

自當 *tse-tang*, ich muss selbstverständlich.

如期 *ju-ch'i*, zur angegebenen Zeit.

拱候 *kung-hou*, mit einer Verbeugung erwarten.

藉 *chieh*, die Gelegenheit benutzen.

聆 *ling*, horchen auf, lauschen.

雅教 *ya-chiao*, Ihre vorzüglichen Unterweisungen.

台祺 *t'ai-ch'i* erhabenes Glück.

A. N⁰ 38.

元旦 *yüan-tan*, Neujahrstag.

良 *liang*, gut.
辰 *ch'ên*, Zeit.
良辰 *liang-ch'ên*, Glückstag, Festtag.
邀同 *yao-t'ung*, zusammen mit.
提 = 提督 *t'i-tu*, kommandirender General einer Provinz.
營 *ying*, Lager, Bataillon.
廖 *Liao* (Eigenname).
參戎 *t'san-jung*, Oberst.
及 *chi*, und.
防 *fang*, verteidigen, bewachen.
海防廳 *hai-fang-t'ing*, Unterpräfekt für die Seewacht.
趨詣 *ch'ü-yi*, seine Aufwartung machen.
拜賀 *pai-ho*, gratuliren.
古佛魏 *Ku*, *Fo*, *Wei* (Eigennamen).
一體 *i-t'i*, in gleicher Weise, alle.

A. N° 39.

閱悉之餘 *yüeh-hsi chih yü*, nachdem ich davon Kenntniss genommen hatte.
不勝欣幸 *pu shêng hsin-hsing*, nichts kam meiner Freude gleich.
駕臨 *chia-lin*, Ihr Kommen.
也 *yeh* (Finale).

A. N° 40.

具稟 *chü-ping*, eine Petition aufsetzen.
羅雨生 *Lo Yü Shêng* (Eigenname).
年 *nien*, dem Lebensalter nach.
世 *shih*, das ganze Leben.
居 *chü*, wohnen.
靜安寺 *Ching-an-sse*, »der Tempel des Friedens".
求 *ch'iu*, flehen, ehrerbietigt bitten.
恩准 *ên-chun*, aus Gnade gewähren.
查察 *ch'a-ch'a*, amtlich untersuchen.
民人 *min-jên*, der Mann aus dem Volke, ich der Petent. (Die Nebenstellung der Zeichen soll die Unterwürfigkeit ausdrükken).
祖 *tsu*, Vorfahren.
遺 *yi*, hinterlassen.
壹 *i* = 一, eins.
坐落 *tso-lo*, gelegen sein.
善鐘 *Shan-chung* (Name).

刻 *k'o*, jetzt.
将校 *chiang-hsiao*, Unteroffiziere.
蓋上 *kai-shang*, aufbauen.
草屋 *ts'ao-wu*, Strohhütte.
裝就 *chuang-chiu*, zurechtstellen.
木板 *mu-pan*, Holzbrett.
長櫈 *ch'ang-têng*, Bank.
時時 *shih-shih*, beständig.
操演 *t'sao-yen*, üben.
打靶 *ta pa*, nach der Scheibe schiessen.
但 *tan*, aber.
靠 *k'ao*, sich stützen, verlassen auf.
耕種 *kêng-chung*, pflügen und säen, das Feld bestellen.
度日 *tu-jih*, die Tage hinbringen, leben.
彼 *pi*, jener.
占 *chan*, widerrechtlich occupiren.
使 *shih*, verursachen, so dass...
依 *yi*, sich stützen auf...
無依 *wu-yi*, nichts haben, worauf man sich stützen kann.
爲生 *wei-shêng*, sein Leben fristen.
故此 *ku-t'se*, deswegen.
情 *ch'ing*, Verhältnisse.
極 *chi*, extrem, sehr schwierig.

上稟 *shang-ping*, eine Eingabe einreichen.
以 *i*, damit.
償 *ch'ang*, ersetzen.
息 *hsi*, Zinsen.
租息 *tsu-hsi*, Pachtzins.
恤 *hsü*, sympathisiren mit.
下情 *hsia ch'ing*, meine traurige Lage.
感激 *kan-chi*, dankbar sein.
至 *chih*, Extrem, das Höchste.
業主 *yeh-chu*, Grundeigenthümer.
叩稟 *k'ou-ping*, demüthigst eine Eingabe machen.

Anm. Petitionen an chinesische Behörden und an fremde Konsulate von Privatpersonen pflegen auf rothem Papier geschrieben zu werden, das wie die Depeschen gefaltet ist. Von aussen haben sie schwarzbraune Deckel. Auf den oberen Deckel ist ein rother Zettel mit dem Zeichen 稟 geklebt.

A. N° 41.

西阿弟 *Hsi A Ti* (Eigenname).

四川 *Sse-ch'uan* (Provinz — hier Name).

圖賴 *t'u-lai*, zurückweisen, Zahlung verweigern.

洋 *yang*, Geld (fremdes).

懇 *k'ên*, bitten.

竊 = 竊 *ch'ieh*, ehrerbietigst, unmassgeblicherweise (zu Anfang einer Eingabe, bleibt bei der Übersetzung am besten fort).

身 *shên*, ich, der Petent.

向 *hsiang*, bislang.

販賣 *fan-mai*, verkaufen.

爲 *wei*, machen, betreiben.

業 *yeh*, Gewerbe.

冰 *ping*, Eis.

生理 *shêng-li*, ein Geschäft betreiben, seinen Lebensunterhalb gewinnen.

緣 *yüan*, nun.

翟思連士己 *Ti-chi-lien-shih-chi* (Eigenname).

美 *mei*, amerikanisch.

租界 *tsu-chieh*, Niederlassung, Koncession.

閔行路 *Min-hang-lu*, die *Minhong Road*.

開設 *k'ai-shê*, eröffnen, errichten

酒店 *chiu-tien*, Weinschenke. Restaurant.

號 *hao*, Datum.

起 *ch'i*, anfangen.

榜 *pang*, engl. Pfund.

計 *chi*, berechnen, was ergiebt.

角 *chio*, 10 Cents (vom Silberdollar, z.Z. ca. 18 Pfennig).

止 *chih*, aufhören.

四元正 *sse-yüan chêng*, genau 4 Dollar.

屢次 *lü-t'se*, mehrere Male.

向收 *hsiang shou*, von ihm (Geld) erhalten *wollen*.

分毫 *fên-hao*, das Geringste.

付 *fu*, geben.

盤去 *p'an-ch'ü*, aufgeben.

匿 *ni*, verbergen.

開 *k'ai*, ausstellen.

發票 *fa-p'iao*, Rechnung.

非但…反 *fei-tan … fan* nicht nur… sondern sogar.

推踢 *t'ui-t'i*, stossen und treten.

意圖 *i-t'u*, beabsichtigen.

吞 *t'un*, verschlucken.

賴 *lai*, verweigern.

吞賴 *t'un-lai*, böswillig verweigern.

血本 *hsüeh-pên*, das Kapital, welches man so nöthig hat wie das Blut.

出情理之外 *ch'u ch'ing-li chih wai*, das widerspricht allen Geboten der Billigkeit.

况且 *k'uang-ch'ieh*, ferner.

屬 *shu*, is ist der Fall, dass.

有心 *yu hsin*, die Absicht haben, absichtlich.

營生 *ying-shêng*, Gewerbe treiben, Gewerbe.

吃虧 *ch'ih-k'uei*, Schaden erleiden.

殊甚 *shu-shên*, wirklich sehr.

據實 *chü-shih*, wahrheitsgemäss.

電鑒 *tien-ch'ien*, der leuchtende Blick, Ihre Prüfung (von Höhergestellten).

秉 *ping*, erfassen.

秉公 *ping-kung*, mit Gerechtigtigkeit.

欠 *ch'ien*, schulden.

恩便 *ên-pien*, Vortheil durch Gnade.

現今 *hsien-chin*, jetzt.

公濟 *Kung-chi*, öffentliche Hülfe (Name eines Hospitals).

醫院 *yi-yüan*, Hospital.

養病 *yang-ping*, seine Krankheit behandeln lassen.

賜 *t'se*, geben, gewähren.

立 *li*, sofort.

安 *an*, beruhigen, zur Ruhe kommen lassen.

良 *liang*, gut.

懦 *no*, schwach.

良懦 *liang-no*, ein braver, schwacher Mann.

生業 *shêng-yeh*, Gewerbe.

沾 *chan*, geniessen, erlangen.

仁 *jên*, Güte.

A. N⁰ 42.

同和章 *T'ung-ho-chang* (Firma).

記 *chi*, Firma.

百老匯 *Po-lao-hui*, *Broadway*.

樓房 *lou-fang*, Etagenhaus, europäisches Haus.

立有 *li yu*, es ist errichtet worden.

租據 *tsu-chü*, Miethskontrakt.

議明 *i-ming*, vereinbaren.

租洋 *tsu-yang*, Miethsgeld (vulgär).

玖 = 九 (diese komplizirteren
拾 = 十 Zahlzeichen werden gebraucht, wo wir die Zahlen ausschreiben, um Abänderungen zu erschweren).

不致 *pu chih*, es soll nicht dazu kommen, dass . . .

帶欠 *tai-ch'ien*, schuldig bleiben.

倘 = 儻 *t'ang*, wenn aber.

逾 *yü*, überschreiten.

拖欠 *t'o-ch'ien*, schuldig bleiben.

房客 *fang-k'o*, Miether.

房東 *fang-tung*, Wirth.

退讓 *t'ui-jang*, zurückgeben.

收管 *shou-kuan*, wiederübernehmen.

異 *i*, verschieden.

各無異言 *ko wu i-yen*, keiner wird etwas anderes behaupten (Schlussformel eines Vertrages).

料 *liao*, überlegen.

不料 *pu-liao*, unerwarteter Weise, nun plötzlich.

違 *wei*, übertreten.

背 *pei*, Rücken.

違背 *wei-pei*, zuwiderhandeln.

屢 *lü*, mehrmals, öfter.

催討 *t'sui-t'ao*, dringend fordern.

分文 *fên-wên*, ein Käsch, ein Deut.

甚至 *shên-chih*, es kam sogar soweit, dass . . .

遜 *hsün*, demüthig, höflich.

出言不遜 *ch'u yen pu hsün*, beleidigende Ausdrücke gebrauchen.

恃强 *shih-ch'iang*, sich auf Gewalt verlassen.

佔住 *chan-chu*, widerrechtlich wohnen bleiben.

急 *chi*, dringend, ernst.

奔叩 *pên-k'ou*, eilen und anflehen.

追還 *chui-huan*, zu zahlen zwingen.

遷讓 *ch'ien-jang*, herausgeben.

以免 *i-mien*, um zu vermeiden.

糾葛 *chiu-ko*, Verwickelungen, Weiterungen.

商情 *shang-ch'ing*, die Lage des Kaufmanns.

頂 *ting*, auf dem Kopfe tragen.

頂德 *ting-té*, von der Güte überschüttet, der Güte theilhaftig werden.

A. N⁰ 43.

汪懋琨 *Wang Mou-k'un* Eigenname).

完繳 *wan-chiao*, bezahlen, entrichten.

年租 *nien-tsu*, jährlicher Grundzins.

查照 *ch'a-chao*, gemäss, nach.

印册 *yin-t'sê*, abgestempelte Liste.

預行 *yü-hsing*, ein Voraus, praenumerando.

收繳 *shou-chiao*, Zahlungen in Empfang nehmen.

分 *fên*, Periode.

租戶 *tsu-hu*, Pächter, Miether.

造送 *tsao-sung*, fertigstellen und zuschicken.

齊全 *ch'i-ch'üan*, vollständig.

漢文 *han-wên*, Chinesische Sprache.

丞 = 縣丞 *hsien-ch'êng*, Districtsmagistrats Assistent.

抵 *ti*, ersetzen, an Stelle treten.

粮賦 *liang-fu*, Grundsteuer in Getreide.

幸 *hsing*, hoffentlich.

稽 *chi*, verzögern.

A. N⁰ 44.

博愛業 *Po-ai-yeh* (Personenname).

惠大 *Hui-ta*, (Firma).

濟甯 *Chi-ning*, Ort in Schantung).

郯城 *T'an-ch'êng*, do.

滕縣 *T'êng-hsien*, do.

亳州 *Po-chou* (Ort in Anhui).

淮甯 *Huai-ning* (Distrikt in Honan).

懷遠 *Huai-yüan* (Distrikt in Anhui).

睢甯 *Sui-ning* (Distrikt in Kiangsu).

銅山 *T'ung-shan*, Distrikt in Kiangsu).

採 *t'sai*, sammeln.

採買 *t'sai-mai*, aufkaufen.

草 *t'sao*, Stroh.

帽 *mao*, Hut.

緶 *pien*, flechten, Flechte.

草帽緶 *t'sao-mao-pien*, Strohhutgeflecht, *straw-braid.*

棉 *mien* = 綿, weich, flaumig.

棉羊毛 *mien-yang mao*, Schafwolle.

芝蔴 *chih-ma*, Sesam.

牛油 *niu-yu*, Rindertalg.

絲頭 *sse-t'ou*, Kokon.

三聯報單 *san-lien-pao-tan*, Transitmemorandum in 3 Ausfertigungen.

完稅 *wan-shui*, Steuer erledigen, bezahlen.

轉售 *chuan-shou*, weiterveräussern.

影 *ying*, Schatten, Spiegelbild.

射 *shê*, mit Pfeil schiessen; schleudern, werfen.

影射 *ying-shê*, falsche Vorspiegelungen machen.

滋弊 *tse-pi*, Betrügereien verüben.

A. N⁰ 45.

辦 *pan*, besorgen, kaufen.

土貨 *t'u-huo*, einheimische Waaren.

公文 *kung-wên*, amtliches Schreiben.

角 *chio*, (Numerativ für Schriftstücke).

當堂 *tang-t'ang*, in der Halle, im Amtslokal, vor der Behörde.

畫押 *hua-ya*, unterzeichnen.

定章 *ting-chang*, bestehende Bestimmungen.

裝 *chuang*, beladen.

內地 *nei-ti*, Inland.

A. N⁰ 46.

境 *ching*, Gebiet.

中元 *chung-yüan*, Mittelherbstfest.

令節 *ling-chieh*, Fest.

致祭 *chih-chi*, Opfer darbringen.

厲 *li*, (böse) Geister der Verstorbenen.

壇 *t'an*, Altar.

隍 *huang*, Stadtgraben.

城隍神 *ch'êng-huang-shên*, der Stadtgott.

隨從 *sui-t'sung*, folgen.

執事 *chih-shih*, das Gefolge mit Emblemen und Paraphernalien.

以及 *i-chi*, und.

旁觀 *p'ang kuan*, an der Seite zuschauen.

衆 *chung*, viel, zahlreich.

充塞 *ch'ung-sai*, blockiren.

道路 *tao-lu*, Strasse.

沿 *yen*, entlang.

經過 *ching-kuo*, vorüberkommen, passiren.

通 *t'ung*, den Verkehr, die Verbindung herstellen.

徐家匯 *Hsü-chia-hui*, *Sicawei*, (Ostschaft bei Schanghai).

要道 *yao-tao*, wichtige Strasse, Hauptstrasse.

不絶 *pu chüeh*, nicht unterbrechen, nicht aufhören, beständig.

往來 *wang-lai*, gehen und kommen, verkehren.

一時 *i-shih*, plötzlich.

撞 *chuang*, rennen gegen.

撞遇 *chuang-yü*, stossen auf.

迎 *ying*, abholen.

不及 *pu-chi*, es ist nicht möglich.

走避 *tsao-pi*, ausweichen.

致 *chih*, so dass.

起爭端 *ch'i chêng-tuan*, es kommt zu Streitigkeiten.

預防 *yü-fang*, Vorsichtsmassregeln treffen.

俾 *pi* (*pei*), damit.

爭競 *chêng-ching*, streiten.

會 *hui*, Vereinigung, Gesellschaft; Prozession.

合在會人 *ho-tsai-hui-jên*, alle Theilnehmer an der Prozession.

許 *hsü*, erlauben, dürfen.

滋擾 *tse-jao*, Ausschreitungen begehen.

A. N⁰ 47.

都察院 *tu-ch'a-yüan*, Zensorat.

左都御史 *tso-tu-yü-shih*, erster Präsident des Zensorats.

溥 *P'u* (Eigenname).

行李 *hsing-li*, Gepäck.

泰順 *T'ai-shun* (Name).

京津 *Ching Chin*, Peking und Tientsin.

途 *t'u*, Weg.

阻滯 *tsu-chih*, Hemmniss.

塡就 *t'ien-chiu*, fertig ausstellen.

簽印 *ch'ien-yin*, unterschreiben und abstempeln.
交下 *chiao-hsia*, übergeben.
利 *li*, befördern, fördern.
遄 *ch'uan*, schnell.
行 *hsing*, reisen.
無任 *wu-jên*, nicht tragen können, ganz ausserordentlich.
盼 *p'an*, Hoffen.
禱 *tao*, bitten.
盼禱 *p'an-tao*, bitten.

A. N⁰ 48.

德意志 *Té-i-chih*, deutsch.
給發 *chi-fa*, ausstellen.
條約 *t'iao-yüeh*, Vertrag.
欵 *k'uan*, Artikel.
載 *tsai*, enthalten sein, geschrieben stehen.
執照 *chih-chao*, Pass.
隨時…隨時 *sui shih… sui shih*, jedesmal wenn…, dann…
遺失 *i-shih*, verlieren.
無以 *wu-i*, nicht vermögen, nicht in Stande sein, zu…
繳呈 *chiao-ch'êng*, vorlegen.
亡 *wang*, nicht haben, verloren haben.
愒 *chieh* (*ch'i*), ausruhen.
以待 *i-tai*, um abzuwarten; bis dass.
護送 *hu-sung*, mit Bedeckung geleiten.
其人 *ch'i jên*, jenen Mann.
收管 *shou-kuan*, die Fürsorge… übernehmen.
然 *jan*, aber, indessen.
皆 *chieh*, alle; in allen Fällen.
不得 *pu té*, nicht dürfen.
毆打 *ou-ta*, prügeln.
聽 *t'ing*, zulassen.
他 *t'a*, andere.
傷害 *shang-hai*, verletzen.
素 *su*, gewöhnlich, bisher.
稱 *ch'êng*, erklären als; gelten als.
妥練 *t'o-lien*, zuverlässig.
文武員弁 *wên-wu yüan-pien*, Civil- und Militärbeamte.
保衛 *pao-wei*, beschützen.
以禮相待 *i li hsiang-tai*, mit Höflichkeit behandeln.
關津 *kuan-chin*, Zollstationen (Thore und Furthen).
局卡 *chü-ch'ia*, Likinbarrièren.
幸毋 *hsing wu*, man hofft, dass nicht; sie werden ersucht, nicht zu…

留難 *liu-nan*, durch Aufhalten Schwierigkeiten machen; anhalten.

攔阻 *lan-tsu*, anhalten.

給與 *chi-yü*, aushändigen.

照給 *chao-chi*, ausstellen und aushändigen.

收執 *shou-chih*, in Empfang nehmen und aufbewahren.

限十三個月 *hsien shih-san ko yüeh*, nach Ablauf einer Frist von 13 Monaten. (Hier ist der Gebräuch des 個 auch in der Schriftsprache üblich).

繳銷 *chiao-hsiao*, zur Kassierung einreichen.

A. N⁰ 49.

傳票 *ch'uan-p'iao*, Vorladung.

新閘 *Hsin-cha*, *Sinza* (Neue Schleuse), Ort bei Schanghai.

陳長法 *Ch'ên Ch'ang-fa* (Name).

拔 *pa*, rupfen.

鶉子 *ch'un-tse*, Wachtel.

訊究 *hsün-chiu*, untersuchen, zur Verantwortung ziehen.

核准 *hê-chun*, prüfen und billigen.

仰 *yang*, hoffen, erwarten, sich wenden an (einen Untergebenen, der einen Befehl erfüllt).

役 *yi*, Amtsdiener.

徐升 *Hsü-shêng* (Name).

開名 *k'ai-ming*, die Namen verzeichnen.

即日 *chi-jih*, am selben Tage.

定 *ting*, sicherlich.

嚴提 *yen-t'i*, streng vorführen; vorführen.

究辦 *chiu-pan*, bestrafen.

需索 *hsü-so*, erpressen (Geld).

違延 *wei-yen*, ungehorsam sein und die Sache verzögern.

干 *kan*, anstossen.

咎 *chiu*, Schuld.

干咎 *kan-chiu*, sich schuldig machen.

切切 *ch'ieh-ch'ieh*, sehr dringend, sehr wichtig (Schlussformel bei Erlassen und Befehlen an Untergebene).

泥城 *ni-ch'êng*, Erdwall.

A. N⁰ 50.

信 *hsin*, zuverlässig, Ausweis.

牌 *p'ai*, Schein.

信牌 *hsin-p'ai*, Haftbefehl.

克 *K'o* (Personenname).

華勒 *Hua-lo* (Firma).

和樂爾 *Ho-lo-êrh* (Personenname).

張恒齋 *Chang Hêng-chai* (Personenname).

立具 *li-chü*, errichten, abfassen.

限狀 *hsien-chuang*, Verpflichtungsschein mit Frist.

怡和 *I-ho* (Firma).

股票 *ku-p'iao*, Antheilschein, Aktie.

追給 *chui-chi*, Zahlung erzwingen.

趙泉 *Chao-ch'üan* (Eigenname).

保 *pao*, Ortsvorsteher, *Tipao*.

解 *chieh*, vorführen.

計開 *chi-k'ai*, Aufführung der einzelnen Punkte.

卽行 *chi-hsing*, sofort.

提解 *t'i-chieh*, verhaften und vorführen.

經手 *ching-shou*, Agent.

控告 *k'ung-kao*, verklagen.

廨 *chieh* (*hsieh*), Amt.

A. Nº 51.

廠 *ch'ang*, Etablissement, Fabrik.

精 *ching*, vorzüglich.

製 *chih*, fabrizieren.

靛 *tien*, Indigo.

藍 *lan*, Blau.

暢 *ch'ang*, reichlich.

銷 *hsiao*, absetzen, vertreiben, verkaufen.

久 *chiu*, lange.

近來 *chin-lai*, in letzter Zeit.

土靛 *t'u-tien*, einheimischer Indigo.

日貴 *jih kuei*, täglich theuerer.

而且 *erh-ch'ieh*, und, aber, ferner.

染 *jan*, färben.

綿紗 *mien-sha*, Baumwollgarn.

布疋, *pu-p'i*, Stoffe.

極 *chi*, äusserst, sehr.

易 *yi*, leicht.

只 *chih*, nur.

煮 *chu*, kochen.

淺深 *ch'ien shên*, blass und tief (von Farben).

增減 *tsêng chien*, vermehren und verringern.

落水 *lo-shui*, in Wasser tauchen.

永遠 *yung-yüan*, ewig.

退 *t'ui*, zurückgehen, abfärben, erblassen.

非特 ... 而 *fei t'ê .. êrh*, nicht nur ... sondern auch.

价 *chieh*, Güte.

相宜 *hsiang-yi*, geeignet.

愛而西 *Ai-erh-hsi* (Firma).

裕興 *Yü-hsing* (Firma).

告白 *kao-pai*, Bekanntmachung, Annonce.

A. N⁰ 52.

御 *yü*, kaiserlich.

極品 *chi-p'in*, vorzüglichste Sorte.

香胰 *hsiang-yi*, parfümirte Seife, Toilettenseife.

香料 *hsiang-liao*, Parfums.

名廠 *ming-ch'ang*, berühmte Fabrik.

葛列兜色 *Ko-lieh Tou-sê* (Name).

維也納 *Wei-yeh-na*, Wien.

泰西國 *t'ai-hsi-kuo*, Europa.

製造 *chih-tsao*, herstellen, fabriziren.

種 *chung*, Art.

俱 *chü*, alle, in jedem Falle, stets.

材料 *t'sai-liao*, Material, Ingredienzien.

膩 *ni*, Fett.

味 *wei*, Geruch, Duft.

濃 *nung*, dickflüssig, reich, voll.

擦 *t'sa*, reiben.

身體 *shên-t'i*, Körper.

舒服 *shu-fu*, bequem, angenehm.

變 *pien*, ändern.

性 *hsing*, Natur, Charakter.

耐 *nai*, ausdauern, sich halten.

佳 *chia*, gut, schön.

深悉 *shên-hsi*, genau wissen.

近 *chin*, kürzlich.

貪利 *t'an-li*, nach unerlaubtem Vortheil streben.

徒 *t'u*, Geselle, Bursche.

低 *ti*, niedrig, minderwerthig.

A. N⁰ 53.

哥立五 *ko-li-wu* = *Globus.*

金生光膏 *chin shêng-kuang kao*, Metall Putz Extrakt.

大意 *ta-yi*, allgemeine Bedeutung.

配練 *p'ei-lien*, reinigen, raffiniren.

五金 *wu-chin*, die 5 Metalle: Gold, Silber, Kupfer, Blei, Eisen.
去銹 *chü hsiu*, Rost beseitigen.
蝕 *shih*, anfressen.
積垢 *chi-kou*, angesammelter Schmutz.
門環 *mên-huan*, Thürklinke.
烟筒 *yen-t'ung*, Tabakspfeife.
痰盂 *t'an-yü*, Spucknapf.
器具 *ch'i-chü*, Geräth.
着手 *cho-shou*, Hand anlegen.
奏效 *tsou-hsiao*, Erfolg zeigen.
洵 *hsün*, in der That.
愧 *k'uei*, sich schämen.
精美 *ching-mei*, hübsch.
盒 *ho*, Dose, Büchse.
淵 *yüan*, Tiefe, Meer.
天淵之差 *t'ien yüan chih ch'a*, ein Unterschied wie zwischen Himmel und Erde, ein himmelweiter Unterschied.
潔 *chieh*, rein.
蘸 *chan*, eintauchen.
少許 *shao-hsü*, ein wenig.
搽 *ch'a*, streichen.
擦淨 *t'sa-ching*, rein reiben, putzen.
光彩 *kuang-t'sai*, Glanz.

牌招 *p'ai-chao*, Maarenzeichen, Handelsmarke.
蓋 *kai*, Deckel.
地球 *ti-ch'iu*, Erdkugel.
帶 *tai*, Gürtel. Streifen.
紹昌 *Shao-ch'ang* (Firma).
貴客 *kuei k'o*, die geehrten Kunden.
光顧 *kuang-ku*, seine Kundschaft schenken.

A. N⁰ 54.

監督 *chien-tu*, Superintendent (Zollsuperintendent).
示 *shih*, Bekanntmachung, Proklamation.
關 *kuan*, Zollamt.
建 *chien*, errichten.
築 *chu*, bauen.
建築 *chien-chu*, errichten,
碼頭 *ma-t'ou*, Landungsplatz, Anlegestelle.
上岸 *shang-an*, an Land gehen.
登 *têng*, besteigen.
舟 *chou*, Schiff.
行走 *hsing-tsou*, hin- und hergehen.
計 *chi*, planen, beabsichtigen.
妓 *chi*, Prostituirte.

土 *t'u*, lokal, aus der Gegend.

娼 *ch'ang*, Sängerin, Freudenmädchen.

混 *hun*, verwirrt.

雜 *tsa*, gemischt.

混雜 *hun-tsa*, wirr durcheinander, sich herumtreiben.

塗 *t'u*, aufstreichen.

朱 *chu*, Roth, rothe Schminke.

粉 *fén*, Mehl, Puder.

塗朱搽粉 *tu-chu ch'a-fén*, bemalte und geschminkte Frauenzimmer.

招 *chao*, winken, rufen.

搖 *yao*, hin- und herbewegen.

招搖 *chao-yao*, Zeichen machen, (Herrn) anlocken.

瞻 *chan*, hinsehen.

玩 *wan*, spielen.

瞻玩 *chan-wan*, muthwilliges Spiel.

極 *chi*, Ende, Extrem, äusserst.

恥 *ch'ih*, Scham.

輩 *pei*, Klasse, Art (Pluralzeichen).

發縣 *fa hsien*, zum Distriktsmagistrat schicken.

混充 *hun-ch'ung*, betrüglich unterschieben.

仿單 *fang-tan* Geschäftsanzeige, Reklame.

牌號 *p'ai-hao*, Geschäftsmarke, Warenzeichen.

爲記 *wei chi*, als Abzeichen gelten.

庶 *shu*, es ist zu erwarten, damit.

悞 *wu*, sich irren.

順利 *Shun-li*, (Firma).

經管 *ching-kuan*, die Vertretung haben, als Agenten fungiren.

重究 *chung-chiu*, streng untersuchen.

貸 *tai*, verzeihen, Milde walten lassen.

懸掛 *hsüan-kua*, aufhängen.

Anm. Solche Bekanntmachungen in rythmischer Prosa kommen häufig vor und sind besonders für einfache Leute aus dem Volke berechnet und desshalb in volksthümlicher Form gehalten. Der Text ist *Hirth's Documentary Series* Vol. I, S. 73 entnommen.

A. N⁰ 55.

式 *shih*, Muster, Formular.

執業 *chih-yeh*, zu Eigenthum haben.

收糧 *shou-liang*, die Grundsteuer in Cerealien in Empfang nehmen.

田額 *t'ien-o*, Zahl der Grundstücke.

清釐 *ch'ing-li*, klar feststellen.

善後 *shan-hou*, reorganisiren, die Reorganisation (Nach Beendigung des Taiping Aufstandes wurden, um die zerrütteten Verhältnisse zu ordnen, sogenannte „Reorganisationsämter" 善後局 geschaffen).

案 *an*, Akten.

詳奉憲行 *hsiang fêng hsien hsing*, auf einen Bericht an die vorgesetzte Behörde, von dieser einen Erlass erhalten.

的戶 *ti-hu*, der wirkliche Eigenthümer.

承辦 *ch'êng-pan*, die Verwaltung (Steuerzahlung) übernehmen.

細號 *hsi-hao*, genaue Nummer.

辦糧 *pan-liang*, die Grundsteuer entrichten.

區 *ch'ü*, Gegend, Ort.

則田 *tsê-t'ien*, Normalland (das Steuer zu zahlen hat).

若干 *jo-kan*, Betrag, Summe.

咸豐 *Hsien-fêng* (Kaiser der jetzigen Dynastie, 1851-1862).

爲準 *wei-chun*, als Beweis dienen.

以 x 爲 y, x als y gebrauchen, x als y gelten lassen.

投稅 *t'ou-shui*, behufs Zahlung der Steuer einreichen.

塡註 *t'ien-chu*, registrieren.

現業 *hsien-yeh*, der augenblickliche Eigenthümer.

過戶 *kuo-hu*, Erwerber (an den das Grundstuck übergeht 過).

乾隆 *Ch'ien-lung* (Kaiser der jetzigen Dynastie, 1736-1796).

概 *kai*, alle; jedenfalls.

A. N° 56.

漕米 *t'sao-mi*, Tributreis.

執照 *chih-chao*, Schein, Quittung.

崑山 *K'un-shan* = *Quinsan* (Ort bei Schanghai).

徵收 *chêng-shou*, erheben.

菜 *t'sai* (Aktenzeichen einer Ortschaft 區).

糧戶 *liang-hu*, der Grundsteuerpflichtige.

完納 *wan-na*, entrichten (Steuer).

同治 *T'ung-chih* (Kaiser der jetzigen Dynastie, 1862—1875).

有閏 *yu-jun*, mit einem Schaltmonat.

熟田 *shu-t'ien*, bebautes Land.

漕 *t'sao*, Tributareis.

白 *pai* = 白銀, *pai-yin*, Kopfsteuer, die mit der Grundsteuer amalgamirt ist.

比照 *pi-chao*, etwas, das verglichen werden kann, Vermerk.

歸農 *kuei nung*, dem Landmann übergeben.

正堂 *chêng-t'ang*, (Titel eines Districtsmagistrats).

更正 *kêng-chêng*, verbessern, berichtigen.

A. N⁰ 57.

絕租 *chüeh-tsu*, unwiderruflich vermiethen.

趙甲 *Chao-chia* (Name), der p.p. Chao.

錢乙 *Ch'ien-yi* (Name), der p.p. Ch'ien.

(甲 und 乙 sind die beiden ersten Zeichen das Zehnercyklus. Sie werden gebraucht wie x und y).

仝 = 同.

情願 *ch'ing-yüan*, wünschen, dem Wunsch Ausdruck geben.

基地 *chi-ti*, Grund und Boden.

天主堂 *t'ien-chu-t'ang*, die Katholische Kirche.

三面 *san-mien*, von den drei Seiten.

時值 *shih-chih*, der augenblickliche Werth.

兩交 *liang chiao*, beides wurde übergeben.

反悔 *fan-hui*, bereuen.

任憑 *jên-p'ing*, zulassen.

出租 *ch'u-tsu*, weitervermiethen, abvermiethen.

租錢 *tsu-ch'ien*, Grundsteuer.

抵完粮之用 *ti wan-liang chih yung*, an Stelle des Tributreis treten.

地保 *ti-pao*, Ortsvorsteher (der Vorsteher eines Bezirks, ein kleiner Unterbeamter, der für jedes Jahr vom Distriktsmagistrat ernannt zu werden pflegt. In Grundsachen ist er eine wichtige Person. Er kennt die Grundstücke seines Bezirks und pflegt unter die Übertragungsurkunden, wenn keine Hindernisse vorliegen, seinen kleinen Amtsstempel zu drücken).

A. N⁰ 58.

吳 *Wu* (Eigenname).

給出 *chi-ch'u*, ausstellen.

麥 *Mai* (Eigenname).

租賃 *tsu-lin*, pachten.

浜 *pêng* (*pang*), Graben, Kanal.

年租 *nien-tsu*, jährliche Grundrente, Grundsteuer.

後開 *hou-k'ai*, im Folgenden aufgeführt.

銀號 *yin-hao*, (chinesische) Bank.

條 *t'iao*, Artikel, Bestimmung.

却 *chio* (*ch'üeh*), doch, dennoch.

由己便 *yu chi pien*, nach ihrem Belieben.

轉與 *chuan-yü*, weitergeben.

查視 *ch'a-shih*, durch Prüfung feststellen.

無足 *wu-tsu*, nicht können.

妨碍 *fang-ai*, hindern.

方 *fang*, dann.

向 *hsiang*, bisher.

通融 *t'ung-jung*, Entgegenkommen zeigen.

得益之處 *tê-i-chih-ch'u*, Vortheile, Privilegien.

展轉 *chan-chuan*, weitergeben.

貨賣 *huo-mai*, verkaufen.

始 *shih*, erst dann.

後代 *hou-tai*, spätere Generation.

以其地 *i ch'i ti*, das Land nehmen und... 以 Präfix des Akkusativ wie 將).

登籍 *têng-chi*, in die Register aufnehmen.

整段 *chêng-tuan*, das ganze Stück.

居住 *chü-chu*, wohnen.

斯 *sse*, dieser.

作爲 *tso-wei*, angesehen werden als, gelten als.

廢紙 *fei-chih*, ungültiges Papier.

孫 *Sun* (Eigenname).

丁 *ting* (cyklisches Zeichen) p.p.

道契 *tao-ch'i*, vom Taotai ausgestellter (neuer) Grundbrief.

Anm. Grund und Boden kann in China von Europäern nur auf ewige Zeiten gemiethet oder gepachtet, nicht aber gekauft werden, desshalb wird in den vom Taotai ausgestellten Grundbriefen der Ausdruck Kauf vermieden. In Schanghai giebt es für diese Art Grundbriefe gedruckte Formulare, die von den Konsulaten ausgefüllt und vom Taotai nur mit seinem Amtssiegel versehen werden.

A. N° 59.

銜 *hsien*, Rang, Charakter.

加十級 *chia shih-chi*, um 10 Grade erhöht (Auszeichnung).

紀錄十次 *chi-lu shih-t'se*, zehnmal wegen Verdienstes notirt, mit zehn guten Noten.

盛 *Shêng* (Eigenname).

文 *wên*, Schriftstück, Schreiben.

通商銀行 *t'ung-shang yin-hang*, *Imperial Bank of China*, *wörtl.* Internationale Handelsbank.

發出 *fa-ch'u*, ausgeben.

存票 *ts'un-p'iao*, Depositenschein.

存戶 *t'sun-hu*, Depositar.

祗 *chih*, nur.

認 *jên*, anerkennen.

登 *têng*, eintreten, eintreten lassen, inseriren.

報 *pao*, Zeitung.

大衆 *ta-chung*, die grosse Vielheit, das Publikum.

切勿 *ch'ieh-wu*, durchaus nicht, unter keinen Umständen (imper.).

憲台 *hsien-t'ai*, Ew. Hochwohlgeboren, Ew. Excellenz.

移 *yi*, Mittheilung machen (zwischen hohen Beamten).

字林報 *Tse-lin-pao*, die Zeitung der "Zeichen Wald" = *North China Daily News*.

A. N⁰ 60.

德總領事鑒 *Tê tsung-ling-shih chien*, dem deutschen Generalkonsul anzuschauen d.h. An den deutschen Generalkonsul (die übliche Einleitung in Telegrammen).

水師 *shui-shih*, Geschwader.

何贊德 *Ho-tsan-tê* (Eigenname).

君 *chün*, Herr (steht hinter dem Familien- und vor dem Zunamen).

甯 *Ning* = 江甯 *Chiang-ning*, Nanking.

情意 *ch'ing-yi*, Empfindungen und Ansichten.

洽 *hsia* (*ch'ia*), harmoniren.

惜別 *hsi-pieh*, die Trennung bedauern.

艮殷 *liang-yin*, sehr tief.

致意 *chih-yi*, die Gedanken übermitteln.

南洋大臣 *nan-yang ta-ch'ên*, der Handelssuperintendent der Südlichen Meere (d.h. für Südchina, mit Sitz in Nanking).

劉 *Liu* (Personenname).

Anm. Chinesische Telegramme werden mit Hülfe eines Zahlen-Code befördert, der alle gebräuchlichen Zeichen, im Ganzen ca. 9000 nach Radikalen geordnet enthält.

A. N⁰ 61.

綢緞 *ch'ou-tuan*, Seidenstoffe.

加 *chia*, hinzufügen.

碍 *ai*, obstruiren, hemmen.

於商務有碍 *yü shang-wu yu ai*, es schädigt den Handel.

部院 *pu-yüan*, Vizepräsident eines Ministeriums (Titel eines Provinzialgouverneurs).

A. N⁰ 62.

電 *tien*, Telegramm.

司局 *sse-chü*, die zuständigen Behörden.

籌 *ch'ou*, berechnen, arrangiren.

撫院 *fu-yüan*, Provinzialgouverneur.

余 *Yü* (Personenname).

A. N⁰ 63.

袁 *Yüan* (Name).

太夫人 *t'ai-fu-jên*, Ihre Frau Mutter.

仙 *hsien*, Genius, Unsterblicher.

逝 *shih*, verscheiden.

仙逝 *hsien-shih*, als Genius entschweben; das Zeitliche segnen (von Beamten und Höherstehenden gebraucht).

驚 *ching*, erschrecken.

悼 *tao*, betrübt.

驚悼 *ching-tao*, tief erschüttert.

謹 *chin*, ehrerbietig.

唁 *yen*, kondoliren.

奉唁 *fêng-yen*, sein Beileid aussprechen.

A. N⁰ 64.

渥 *wu* (*wo*) reichlich, in Fülle (adv.)

矜恤 *ching-hsü*, bedauern, bemitleiden.

望風 *wang-fêng*, sehnsüchtig nach jemand ausschauen und nur Wind (Luft) finden.

顙 *sang*, Vorderkopf.

稽顙 *chi-sang*, Kotou machen (beim Tode der eigenen Eltern).

勛 = 勳 *hsün*, Verdienst, hervorragende Leistung.

勛安 *hsün-an*, wohlverdienter Frieden, Glück.

棘 *chi*, ernst.

棘人 *chi-jen*, der Trauernde.

袁世凱 *Yüan Shih-k'ai* (Eigenname).

冬 *Tung* (Beiname).

A. N⁰ 65.

蕪湖 *Wu-hu* (Vertragshafen am Yangtse).

吳 *Wu* (Eigenname).

元芳 *Yüan-fang* (Firma).

豆子 *tou-tse*, Bohnen.

釐局 *li-chü*, Likinstation.

納 *na*, entrichten, bezahlen.

釐金 *li-chin*, Likin (besonderer, während der Taiping Rebellion eingeführter Waarenzoll, ursprünglich = $^1/_{1000}$ des Werthes, daher 釐 = $^1/_{1000}$ Tael).

耗費 *hao-fei*, Unkosten, Ausgaben.

賠償 *p'ei-ch'ang*, ersetzen.

A. N⁰ 66.

菜子 *t'sai-tse*, Raps, Rübsamen.

常關 *ch'ang-kuan*, das gewöhnliche Zollamt (das einheimische, chinesische im Gegensatz zum Seezollamt).

稅餉 *shui-hsiang*, Zollabgaben.

扣住 *k'ou-chu*, festhalten.

僱 *ku*, miethen, chartern.

約章 *yüeh-chang*, Bestimmung.

施密德 *Shi-mi-té* (Eigenname).

敘 *hsü*, erwähnen.

稟詞 *ping-t'se*, Angaben in einer Petition.

狡 *chiao*, listig.

抗 *k'ang*, Widerstand leisten.

約束 *yüeh-shu*, im Zaume halten.

A. Nº 67.

醕 *Ch'un* (Name. Sollte eigentlich 醇 geschrieben sein, aber die Form 享 wird vermieden, da sie im persönlichen Namen des Kaisers T'ung-chih vorkommt).

親王 *ch'in-wang*, Kaiserlicher Prinz I. Grades, Kaiserliche Hoheit.

飲 *yin*, trinken.

宴 *yen*, Diner.

飲宴 *yin-yen*, Festessen, Bankett.

陪宴 *p'ei-yen*, beim Diner Gesellschaft leisten, daran theilnehmen.

光降 *kuang-chiang*, im Glanze herabkommen, mit seinem Besuche beehren.

盛宣懷 *Shêng Hsüan-huai* (Personenname).

A. · Nº 68.

柬 *chien*, Karte, Brief.

大柬 *ta-chien*, Ihr werther Brief.

藉悉 *chieh hsi*, daraus habe ich erfahren.

邀 *yao*, einladen.

作陪 *tso-p'ei*, als Gesellschafter fungiren, Gesellschaft leisten.

當 *tang*, müssen.

親 *ch'in*, persönlich.

陪座 *p'ei-tso*, bei Tische Gesellschaft leisten.

以副 *i-fu*, um zu entsprechen.

寵 *ch'ung*, Gnade, Güte, Gunst.

寵招 *ch'ung-chao*, gütige Einladung.

敦 *tun*, zum Ausdruck bringen, bekräftigen.

睦 *mu*, harmoniren.

誼 *i*, Freundlichkeit.

睦誼 *mu-i*, freundliche Beziehungen.

名另具 *ming ling chü*, der Name (Unterschrift) ist besonders geschrieben (nämlich auf der beiliegenden rothen Visitenkarte).

A. N⁰ 69.

起 *ch'i* (Numerativ von Prozessen).

控案 *k'ung-an*, Klagesache.

怡昌 *I-ch'ang* (fremde Firma).

魏廷記 *Wei-t'ing-chi* (chin. Firma).

威 *Wei* (Personenname).

律師 *lü-shih*, Rechtsanwalt.

王春泉 *Wang Ch'un-ch'üan*, (Personenname).

律費 *lü-fei*, Anwaltsgebühren.

廣豐 *Kuang-fêng* (fremde Firma).

吳慶生 *Wu Ch'ing-shêng* (Personenname).

和濟 *Ho-chi* (fremde Firma).

王亮卿 *Wang Liang-ch'ing* (Personennamen).

順發 *Shun-fa* (fremde Firma).

吳生記 *Wu-shêng-chi* (chin. Firma).

天福 *T'ien-fu* (fremde Firma).

成豐瑞 *Ch'eng-fêng-jui* (Personenname).

A. N⁰ 70.

未及 *wei-chi*, nicht erreichen; nicht möglich sein.

佛威 *Fo-wei* (Personenname).

面商 *mien-shang*, persönlich verabreden.

禮拜 *li-pai*, Woche.

後半日 *hou-pan-jih*, Nachmittag.

A. N⁰ 71.

礦 *kung* (*k'uang*) Bergwerk.

礦師 *kung-shih*, Bergbau Ingenieur.

著 *chu*, verfassen.

論說 *lun-shuo*, Vorschläge, Memorandum.

閱看 *yüeh-k'an*, Kenntniss nehmen.

謂 *wei*, sagen.

礦務 *kung-wu*, Bergwesen.

尚未 *shang-wei*, noch nicht.

譯成英文 *i ch'êng ying-wên*, ins Englische übersetzen.

查閱 *ch'a-yüeh*, Kenntniss nehmen.

A. N⁰ 72.

譯示 *i-shih*, in Übersetzung mittheilen.

莫名心泐 *mo-ming hsin lo*, mein unaussprechlicher Dank ist in mein Herz geschrieben.

參贊 *t'san-tsan*, Sekretär.

陳 *Ch'ên* (Eigennamen).

詳細 *hsiang-hsi*, genau.

譯出 *i-ch'u*, übersetzen.

以備 *i-pei*, damit, umzu.

查考 *ch'a-k'ao*, prüfen, Kenntniss nehmen.

極荷 *chi ho*, ich bin sehr verbunden für.

見教 *chien-chiao*, Belehrung ertheilen.

獲益 *huo-i*, Vortheil erlangen.

良多 *liang-to*, sehr viel.

鳴謝 *ming-hsieh*, seinen Dank aussprechen.

A. N⁰ 73.

頭品 *t'ou-p'in*, erster Rang.

侍郎 *shih-lang*, Vizepräsident eines Ministeriums.

兼 *chien*, zugleich.

右副都御史 *yo fu-tu-yü-shih*, der zweite (rechte) Vizepräsident der Zensorats.

巡撫 *hsün-fu*, inspiziren und die Ordnung aufrecht erhalten in... (c. acc.)

處地 *ch'u-ti*, die Orte, Gegend.

提督 *t'i-tu*, die obere Leitung führen in ... (c. acc.).

節制 *chieh-chih*, kontroliren.

水陸 *shui-lu*, zu Wasser und zu Lande.

鎮 *chên*, Brigade.

鹽政 *yen-chêng*, Salzverwaltung.

任 *Jên* (Personenname).

欽奉 *ch'in-fêng*, unterthänigst empfangen.

調補 *tiao-pu*, ernennen zu...

接印 *chieh-yin*, die Siegel in Empfang nehmen.

任事 *jên-shih*, das Amt antreten.

貳 = 二.

柒 = 七.
肆 = 四.

A. N⁰ 74.

堂諭 *t'ang-yü*, Urtheil.
司滑士 *Sse-hua-shih* (Eigenname).
昌和榮 *Ch'ang-ho-jung* (chin. Firma).
號 *hao*, (chin.) Firma.
馬錦章 *Ma Chin-chang* (Personenname).
柏林 *Po-lin*, Berlin.
絨 *jung*, Wolle.
包 *pao*, Ballen.
服 *fu*, sich zufrieden geben mit etwas.
上控 *shang-k'ung*, Berufung einlegen.
洋務局 *yang-wu-chü*, Departement für fremde Angelegenheiten.
陪審官 *p'ei-shên-kuan*, der beisitzende Beamte, Assessor.
集訊 *chi-hsün*, zusammenbringen zur Untersuchung; alle Betheiligten vernehmen.
侯魯公 *Hou-lu-kung* (Personenname).
哈華託 *Ho-hua-t'o* (Personenname).
伸說 *shên-shuo*, die Sache vortragen.
辯論 *pien-lun*, disputiren.
訊得 *hsün-tê*, durch die Untersuchung feststellen.
原被 *yüan pei scl.* 告, der Kläger und der Beklagte.
要着 *yao-cho*, wichtig.
緊要 *chin-yao*, wichtig.
鍵 *chien*, Riegel, Bolzen.
關鍵 *kuan-chien*, Kernpunkt.
在 *tsai*, es liegt darin, ob... oder...
與 *yü*, mit.
原樣 *yüan-yang*, ursprüngliches Muster.
是否 *shih fou*, ob oder ob nicht.
相符 *hsiang-fu*, übereinstimmen.
退貨 *t'ui-huo*, Waaren zurückweisen.
藉詞 *chieh-t'se*, unter einem Vorwand.
推諉 *t'ui-wei*, zurückweisen.
究竟 *chiu-ching*, indessen.
問官 *wên-kuan*, Richter.
定斷 *ting-tuan*, festsetzen, entscheiden.

商諸 *shang chu*, berathschlagen mit.

彼此 *pi-t'se*, beiderseitig, gegenseitig.

熟悉 *shu-hsi*, Erfahrung haben in, genau verstehen.

公正 *kung-chêng*, gerecht und aufrichtig, Unparteiischer, Schiedsrichter.

考驗 *k'ao-yen*, prüfen.

評斷 *p'ing-tuan*, Schiedsspruch fällen.

驗得 *yen-tê*, durch Prüfung feststellen.

果然 *kuo-jan*, wirklich.

則 *tsê*, so, dann.

撤銷 *ch'ê-hsiao*, zurückweisen und kassiren.

昭 *chao*, entfalten, zum Ausdruck bringen.

公允 *kung-yün*, gerecht, Gerechtigkeit.

判 *p'an*, entscheiden, Entscheidung fällen.

A. N⁰ 75.

合同 *ho-t'ung*. Vereinbarung, Vertrag, Kontrakt.

議據 *yi-chü*, Übereinkommen.

武汝霖 *Wu Ju-lin* (Eigenname).

情願 *ch'ing-yüan*, wünschen.

元泰 *Yüan-t'ai* (Firma).

充當 *ch'ung-tang*, ausfüllen, dienen als...

買辦 *mai-pan*, Kompradore (*wörtl.* Einkäufer, der chinesische Geschäftsführer einer fremden Firma).

職 *chih*, Amt, Stellung.

經理 *ching-li*, verwalten.

一切 *i-ch'ieh*, alle.

訂明 *ting-ming*, festsetzen.

試辦 *shih-pan*, probeweise erledigen.

訂立 *ting-li*, festsetzen.

倘若 *t'ang-jo*, wenn aber.

意見 *i-chien*, Ansicht.

合 *ho*, harmoniren.

各聽自便 *ko t'ing tse pien*, jeder kann auf seinen eigenen Vortheil bedacht sein, jeder hat freie Wahl.

應須 *ying-hsü*, müssen.

塡 *t'ien*, vorschiessen.

欵 *k'uan*, Betrag, Summe.

九八規銀 *chiu pa kuei-yin*, Silber zum Kurse 98 (Shanghai Silber, wovon 100 Tls. = 98 (九八) Tls. Schatzamt Silber (庫平).

額 *o*, feste Zahl, Limitum.

逾 *yü*, überschreiten.

止 *chih*, aufhören.

挽得 *wan-tê*, zurückerhalten.

保人 *pao-jên*, Bürge.

韓寶亭 *Han Pao-t'ing* (Personenname).

限 *hsien*, begrenzen.

虧空 *k'uei-k'ung*, veruntreuen.

銀洋 *yin-yang* (fremdes) Geld.

私自 *sse-tse*, heimlich.

逃遁 *t'ao-tun*, entweichen, sich verbergen.

惟 *wei*, aber.

以....爲額 *i* .... *wei o*, als Limitum gelten lassen.

盜賊 *tao-tsei*, Räuber, Diebe.

與及 *yü-chi*, und, sowie auch.

合夥 *ho-huo*, sich zusammenthun, associieren.

生意 *shêng-yi*, Geschäft.

多寡 *to-kua*, wieviel.

與.....無涉 *yü* ..... *wu shê*, geht nichts an (c. dat.).

洋東 *yang-tung*, der fremde Prinzipal.

承買 *ch'êng-mai*, käuflich übernehmen.

短欠 *tuan-ch'ien*, schulden.

不干 *pu kan*, nicht angehen, nicht berühren (c. acc.).

入 *ju*, einfügen, eintragen (c. acc).

帳簿 *chang-pu*, Abrechnungsbuch, Kontobuch.

皆 *chieh*, alle, in allen Fällen.

至如 *chih-ju*, wenn nun.

客家 *k'o-chia*, Kunden.

買就 *mai-chiu*, festgekauft haben.

遇 *yü*, es trifft sich, kommt vor.

倒 *tao*, umwerfen.

閉 *pi*, schliessen.

倒閉 *tao-pi*, failliren, bankerott machen.

虧欠 *k'uei-ch'ien*, schuldig bleiben.

跌價 *tieh chia*, der Preis fällt.

不關 *pu kuan*, nicht angehen, nicht berühren (c. acc.).

憑 *p'ing*, Beweis.

一式 *shih*, gleichartig.

一 (zeigt den Anfang jeder neuen Kolonne an bei Aufzählungen, Verträgen etc., wo wir 1. 2. 3... zu setzen pflegen).

議 *yi*, es wird vereinbart.

辛俸 *hsin-fêng*, Lohn, Gehalt.

棧房 *chan-fang*, Speicher.

出店 *ch'u-tien*, Kuli (Schanghai Ausdruck).

兩下 *liang-hsia*, auf beiden Seiten.

一月以前 *i-yüeh i-ch'ien*, einen Monat vorher, im Voraus.

關照 *kuan-chao*, mittheilen.

歸還 *kuei-huan*, zurückgeben.

遲延 *ch'ih-yen*, hinzögern.

A. N° 76.

字據 *tse-chü*, Schriftstück.

張家聲 *Chang Chia-shêng* (Personenname).

王長貴 *Wang Ch'ang-kuei* (Personenname).

保薦 *pao-chien*, garantiren und empfehlen.

海軍 *hai-chün*, Marine.

工程廠 *kung-ch'êng-ch'ang*, Baustätte, Werft.

工資 *kung-tse*, Lohn.

船費 *ch'uan-fei*, Schiffsgeld, Passage.

工路 *kung-lu*, Arbeitsplatz.

尤 *yu*, ferner, ganz besonders.

勤謹 *ch'in-chin*, eifrig, fleissig.

上工 *shang-kung*, zur Arbeit kommen.

告假 *kao-chia*, Urlaub anmelden, um Urlaub bitten.

至於 *chih-yü*, was anbetrifft.

飲食 *yin-shih*, Essen und Trinken. (chin. Trinken und Essen).

備辦 *pei-pan*, besorgen.

一概 *i-kai*, alles.

守規矩 *shou kuei-chü*, sich an die Vorschriften halten.

生活 *shêng-huo*, Thätigkeit, Arbeit.

曉 *hsiao*, verstehen.

停歇 *t'ing-hsieh*, entlassen.

A. N° 77.

玉龍 *Yü-lung* (Eigenname).

醫生 *i-shêng*, Arzt.

蓋 *kai*, nämlich.
以 *i*, weil.
不敷 *pu fu*, nicht ausreichen.
分治 *fên chih*, an den verschiedenen Orten (die Kranken) behandeln.
而 *êrh*, und, aber.
是以 *shih-i*, deswegen.
醫治 *i-chih*, ärztlich behandeln.
僅 *chin*, nur.
貧富 *p'in-fu*, Arm und Reich.
第 *ti*, indess.
稍 *shao*, wenig.
藥資 *yao-tse*, Medizin Geld.
以示區別 *i-shih ch'ü-pieh*, um einen Unterschied zu machen.
刻下 *k'o-hsia*, augenblicklich.
官商 *kuan-shang*, Beamte und Kaufleute.
捐助 *chüan-chu*, freiwillige Beiträge leisten.
多金 *to-chin*, viele Dollar.
磚瓦 *chuan-wa*, Backsteine und Ziegel.
建造 *chien-tsao*, erbauen.
房屋 *fang-wu*, Gebäude, Häuser.
需 *hsü*, das Erforderliche, die Kosten.

置辦 *chih-pan*, anschaffen.
器物 *ch'i-wu*, Geräthe.
經費 *ching-fei*, Unkosten, Unterhaltungskosten.
籌 *ch'ou*, überlegen, beschaffen.
施 *shih*, spenden.
倦 *chüan*, ermüden.
酌量 *cho-liang*, überlegen.
慨 *k'ai*, edelmüthig.
招商局 *Chao-shang-chü*, *China Merchants Steam Navigation Company.*
電報局 *Tien-pao-chü*, Telegraphengesellschaft.
善舉 *shan-chü*, edeles Unternehmen.
仰 *yang*, hochschauen zu, hochschätzen.
博 *po*, ausgedehnt, in reichem Masse.
濟 *chi*, helfen.
胞與 *pao-yü*, wie leiblichen Bruder.
爲懷 *wei-huai*, trachten.
解囊 *chieh-nang*, den Beutel öffnen.
集腋成裘 *chi-yeh ch'êng-ch'iu*,

aus kleinen Fellstückchen einen Pelzmantel machen.

襄 *hsiang*, vollenden.

予 *yü*, geben.

資助 *tse-chu*, Beitrag.

垂 *ch'ui*, andauern.

永久 *yung-chiu*, ewig, immer.

A. N⁰ 78.

當經 *tang-ching*, bereits.

商董 *shang-tung*, kaufmännischer Leiter.

北方 *pei-fang*, die nördlichen Gegenden.

多事 *to-shih*, Verwickelungen.

巨 *chü*, gross.

耗 *hao*, Verlust.

承蒙‥委 *ch'êng mêng... wei*, die Anweisung erhalten.

勉力 *mien-li*, seine Kraft aufbieten, sein Bestes thun.

名下 *ming hsia*, im Namen von...

規銀 *kuei-yin*, Silber in (Shanghai) Währung.

掣 *ch'ê*, abreissen (von einem Formular).

莊票 *chuang-p'iao*, Bankanweisung.

萬分 *wan-fên*, im höchsten Grade.

竭蹶 *chieh-chüeh*, laboriren.

附上 *fu-shang*, beifolgend übersenden.

聊 *liao*, ich meine; wohl.

表 *piao*, zeigen. beweisen.

區區之意 *ch'ü-ch'ü chih yi*, meine persönliche Empfindung.

統希 *t'ung-hsi*, ich hoffe jedenfalls.

A. N⁰ 79.

‥一事 *i shih*, in der Angelegenheit des ... welcher ...

荷蒙 *ho-mêng*, erfahren haben.

隆情 *lung-ch'ing*, Edelmuth, Güte.

鉅 *chü*, gross.

肅函 *su-han*, ehrerbietiges Schreiben.

敬鳴謝悃 *ching ming hsieh-k'un*, höflichst die Gefühle des Dankes zum Ausdruck bringen.

A. N⁰ 80.

金聯沅 *Chin Lien-yüan* (Personenname).

麥吔 *Mai-yeh* (Firma).

浦東 *P'u-tung*, i.e. östlich vom Huang-p'u, (Gegend bei Schanghai).

·火油·*huo-yu*,· Petroleum. ·

火油池 *huo-yu ch'ih*, Petroleum Bassin (Tank).

法蘭西 *Fa-lan-hsi* = *France*, Frankreich, französisch.

出立 *ch'u-li*, ausstellen.

A. No 81.

前道 *ch'ien-tao*, der frühere Taotai.

當經 *tang-ching*, damals bereits.

A. No 82.

上諭 *shang-yü*, Kaiserliches Edikt.

拳匪 *ch'üan-fei*, Boxer.

倡 *ch'ang*, anführen, leiten.

勢 *shih*, Gewalt, Umstände, Umstände sind derart dass . . .

鴟 *ch'ih*, Eule; gewaltthätig, Gewaltthätigkeit.

日 *jih*, von Tage zu Tage mehr.

張 *chang*, um sich greifen.

朝廷 *ch'ao-t'ing*, Regierung.

勦 *chiao*, ausrotten.

撫 *fu*, beruhigen.

迭次 *tieh-tse*, zu wiederholten Malen.

召見 *chao-chien*, zur Audienz befehlen.

臣工 *ch'ên-kung*, hohe Beamte.

以期 *i-ch'i*, in der Hoffnung zu...

折衷一是 *chê chung i shih*, die (widerstreitenden) Ansichten vereinigen.

尙書 *shang-shu*, Präsident eines Ministeriums.

徐用儀 *Hsü Yung-i* (Personenname).

立山 *Li-shan* (Personenname).

許景澄 *Hsü Ching-ch'êng* (Personenname).

內閣 *nei-ko*, Grosssekretariat.

學士 *hsio-shih*, Sekretär des Grosssekretariats.

聯元 *Lien-yüan* (Personenname).

太常寺 *t'ai-ch'ang-sse*, Opferamt.

卿 *ching*, Präsident.

袁昶 *Yüan-ch'ang* (Personenname).

朕 *chên*, ich, Wir (nur vom Kaiser gebraucht).

一再 *i-tsai*, einmal und abermals, wiederholt.

垂詢 *ch'ui-hsün*, sich herablassen zu befragen (vom Kaiser gesagt).

詞意 *t'se-yi*, Worte und Gedanken.

涉 *shê*, sich beziehen auf, herauslaufen auf.

兩可 *liang k'o*, beide waren möglich, ausführbar.

首禍 *shou huo*, Unglück herbeiführen.

遂 *sui*, darauf.

乘機 *ch'êng-chi*, Gelegenheit benutzen.

誣陷 *wu-hsien*, verleumden.

交章 *chiao-chang*, Eingaben machen.

參劾 *t'san-ho*, denunziren.

身罹重辟 *shên li chung-pi*, sich die schärfste Strafe (Hinrichtung) zuziehen.

念 *nien*, denken, sich erinnern.

宣力 *hsüan-li*, Energie entfalten.

有年 *yu nien*, viele Jahre.

平日 *p'ing-jih*, für gewöhnlich.

交涉 *chiao-shê*, verknüpfen, in Beziehung stehen.

交涉事件 *chiao-shê shih-chien*, internationale Angelegenheiten.

和衷 *ho-chang*, Eintracht.

著 *chu*, bekannt machen, beweisen.

著勞績 *chu lao-chi*, sich grosse Verdienste erwerben.

加恩 *chia-ên*, Gnade hinzufügen, Gnade erweisen.

著 *cho*, ich befehle (der Kaiser).

開復原官 *k'ai-fu yüan-kuan*, in ihre alten Ämter wiedereinsetzen (die ihnen vor der Hinrichtung aberkannt waren).

該部知道 *kai-pu chih-tao*, das betr. Ministerium möge davon Kenntniss nehmen.

欽此 *ch'in-t'se*, Dies ist Kaiserlich d.h. ein Kaiserliches Edikt (Schlusssatz, welcher Kaiserlichen Erlassen von den Ministern zur Beglaubigung hinzugefügt wird).

A. N° 83.

啟秀 *Ch'i-hsiu* (Eigenname).

徐承煜 *Hsü Ch'êng-yü* (Eigenname).

革職 *ko-chih*, absetzen, degradiren.

奕劻 *I-k'uang* (Name des Prinzen *Ch'ing*).

李鴻章 *Li Hung-chang.*

確據 *ch'io* (*ch'üe*)-*chü*, sichere Beweise.

從嚴 *t'sung-yen*, in strenger Weise.

懲辦 *ch'êng-pan*, bestrafen.

A. N⁰ 84.

美時 *Mei-shih* (Firma).

碼頭 *ma-t'ou*, Landestelle, Anlegestelle.

無賴 *wu-lai*, nichtsnutzig.

匪徒 *fei-t'u*, übele Gesellen.

每 *mei*, jedesmal, immer.

勒索 *lo-so*, erpressen.

錢文 *ch'ien-wên*, Geld, Käsch.

聲言 *shêng-yen*, erklären.

需索 *hsü-so*, erpressen.

不法 *pu-fa*, gesetzwidrig.

此後 *t'se-hou*, in Zukunft.

懼 *chü*, fürchten.

裝運 *chuang-yün*, verschiffen.

大有關係 *ta yu kuan-hsi*, es hat sehr grosse Bedeutung.

巡船 *hsün-ch'uan*, Wachtschiff.

遇 *yü*, wenn es sich trifft, für den Fall dass ...

查拏 *ch'a-na*, verhaften.

日後 *jih-hou*, später.

A. N⁰ 85.

沈春山 *Shên Ch'un-shan* (Eigenname).

撥 *po*, detachiren.

A. N⁰ 86.

寶記 *Pao-chi* (Firma).

溯 *su*, auf die Quelle zurückgehen.

溯查 *su-ch'a*, in die Vergangenheit zurückgehend stellen wir fest, dass ...

昔年 *hsi-nien*, in früheren Jahren.

曾 *t'sêng*, bereits (Zeichen der Vergangenheit).

棉花 *mien-hua*, Baumwolle.

浸濕 *ch'in-shih*, durchtränken, anfeuchten.

重 *chung*, schwer machen.

觔兩 *chin-liang*, Gewicht.

冀圖 *chi-t'u*, erhoffen, erstreben.

多售錢文 *to shou ch'ien-wên*, für mehr Geld verkaufen.

出示 *ch'u-shih*, eine Proklamation erlassen.

禁 *chin*, verbieten.

弊端 *pi-tuan*, Betrügerei, Unredlichkeit.

行 *hang*, Geschäft, Hong.

復 *fu*, wiederum.

情事 *ch'ing-shih* = 事情, Dinge.

騙 *p'ien*, betrügen.

棉業 *mien-yeh*, Baumwoll Gilde.

董事 *tung-shih*, Vertrauensmann.

公同 *kung-t'ung*, gemeinsam.

稽查 *chi-ch'a*, prüfen.

情弊 *ch'ing-pi*, Vergehen.

爲要 *wei-yao*, das ist wichtig, darauf kommt es besonders an.

A. No 87.

花 = 棉花.

曉諭 *hsiao-yü*, durch Proklamation in Kenntniss setzen (das Volk).

分行 *fên hsing*, anweisen sowohl ... als auch ...

會審公廨 *hui-shen kung-ch'ieh*, das Gemischte Gericht.

妥議 *t'o-yi*, ordentlich vorschlagen, angemessene Vorschläge machen für (c. acc.).

一面 *i-mien*, andererseits.

僞 *wei*, fälschen.

訊究 *hsün-chiu*, in den Anklagezustand versetzen.

稿 *kao*, Kopie, Abschrift.

A. No 88.

代總領事 *tai-tsung-ling-shih*, stellvertretender Generalkonsul.

海 *Hai* (Personenname).

舞 *wu*, tanzen.

舞弊 *wu-pi*, Betrügereien verüben.

中心 *chung-hsin*, das Innere, Mitte.

漁 *yü*, fischen.

漁利 *yü-li*, sich unerlaubten Vortheil zu verschaffen suchen.

迨 *tai*, erreichen, ankommen; sobald als.

霉 *mei*, feucht, schimmelig.

霉爛 *mei-lan*, durch Feuchtigkeit verdorben.

不堪 *pu-k'an*, nicht ertragen können; schlimm, furchtbar.

匪淺 *fei-ch'ien*, nicht gering.

重申 *ch'ung shên*, abermals veröffentlichen.

花衣 *hua-yi*. entkernte, gereinigte (egrenirte) Baumwolle.

班 *pan*, Gilde, Innung.
公所 *kung-so*, Behörde.
舉 *chü*, wählen.
董理 *tung-li*, verwalten, leiten.
杜 *tu*, verstopfen, hindern.
璧 *Pi* (Personenname).
老公茂 *Lao-kung-mao* (Firma).
怡和 *I-ho* (Firma).
協隆 *Hsieh-lung* (Firma).
紡 *fang*, spinnen.
紗 *sha*, Garn.
紡紗廠 *fang-sha-ch'ang*, Spinnerei.
聯 *lien*, verknüpfen.
聯名 *lien-ming*, gemeinsam unterzeichnet.
爲數甚鉅 *wei shu shên chü*, es ist an Quantum sehr gross.
詎 *chü*, unerwarteter Weise; nun aber.
承定 *ch'êng-ting*, eine Bestellung erhalten.
往往 *wang-wang*, beständig.
漲高 *chang-kao*, steigen (Preis).
攙和水濕 *ch'an-ho shui shih*, Wasser beimischen, so dass die Baumwolle feucht wird.
希圖 *hsi-t'u*, erstreben.
沉重 *ch'ên-chung*, schwer.
利己損人 *li chi sun jên*, sich selbst nützen und andern schaden.
惡習 *o-hsi*, übele Gewohnheit.
申禁 *shên-chin*, Verbote erlassen.
著水 *cho-shui*, anfeuchten.
囤 *yü*, aufspeichern.
烈 *lieh*, glühend, schlimm.
加懲罰 *chia ch'êng-fa*, Strafen darauf setzen.
儆 *ching*, abschrecken.
各等因 *ko têng-yin*, alle dergleichen Umstände; und dergleichen mehr.
涉訟 *shê-sung*, in Prozesse verwickelt werden.
照常 *chao-ch'ang*, wie gewöhnlich.
安業 *an-yeh*, ruhig seinem Gewerbe nachgehen.
欺 *ch'i*, betrügen.
適 *shih*, gerade.
黄 *Huang* (Eigenname).
究辦 *chiu-pan*, zur Verantwortung ziehen.
示仰 *shih yang*, Proklamation richten an ...

爾等 *êrh-têng*, Ihr.

宜 *i*, es ist nöthig.

誠信 *ch'êng-hsin*, Treue und Glauben.

相孚 *hsiang-fu*, gegenseitiges Vertrauen.

聲名 *shêng-ming*, Ruf.

嗣後 *sse-hou*, später, in Zukunft.

售出 *shou-ch'u*, verkaufen.

一經 *i-ching*, bereits; sobald als.

指控 *chih-k'ung*, zur Anzeige bringen.

予 *yü*, zulassen.

究罰 *chiu-fa*, bestrafen.

貸 *tai*, verzeihen.

其 *ch'i*, es, acc. (abhängig von lin-tsun).

凜 *lin*, (vor Kälte) zittern.

凜遵 *lin-tsun*, zitternd gehorchen.

發行 *fa-hsing*, publiziren.

A. Nº 89.

案照 *an-chao*, gemäss; was anbetrifft.

王阿壽 *Wáng A-shou* (Eigenname).

巴爾德 *Pa-érh-tê* (Eigenname).

毆傷 *ou-shang*, durch Schlagen verwunden.

身死 *shên-sse*, sterben.

南洋商憲 *nan-yang shang-hsien*, der Handelssuperintendent für die Südlichen Meere.

劉 *Liu* = *Liu K'un-i* (Personenname).

確 *ch'io* (*ch'üeh*), wirklich.

証 *chêng*, bezeugen.

受熱 *shou-jo*, einen Hitzschlag bekommen.

屍親 *shih-ch'in*, Angehörige des Verstorbenen.

醫士 *i-shih*, Arzt.

大約 *ta-yüeh*, wahrscheinlich.

慮及 *lü-chi*, befürchten.

毆斃 *ou-pi*, totschlagen.

剖視 *p'ou-shih*, aufschneiden und sehen, obduziren.

重 *ch'ung*, zum zweiten Male, abermals.

慘 *t'san*, grausam, Elend.

死由於傷 *sse yu yü shang*, der Tod ist hervorgegangen aus der Verletzung, war eine Folge der Verletzung.

如德律 *ju tê-lü*, dem deutschen Rechte entsprechend.

罪人 *tsui-jen*, Verbrecher.

輕縱 *ch'ing-tsung*, leicht davon kommen.

含寃 *han-yüan*, fühlen, dass einem Unrecht geschehen ist.

犯 *fan*, der Schuldige.

固 *ku*, sicherlich, jedenfalls.

格 *ko*, bedingen, begrenzen.

王道 *wang-tao*, der Weg des Königs, das Gesetz.

外 *wai*, ausschliessen.

惻隱 *t'sê-yin*, bedauern.

縱或 *tsung-huo*, wenn auch vielleicht.

重治犯罪 *ch'ung chih fan-tsui*, den Schuldigen von Neuem aburtheilen.

或 *huo*, doch wohl.

如何 *ju-ho*, wie?

量 *liang*, erwägen.

加撫邺 *chia fu-hsü*, Mitleid üben; ein Schmerzensgeld zahlen.

是在。。, das steht bei..., liegt ob...

臬司 *nieh-sse*, Provinzialrichter.

知照 *chih-chao*, Kenntniss nehmen.

A. N° 90.

再四 *tsai-sse*, wiederholt.

思維 *sse-wei*, nachdenken, sich überlegen..

蓋 *kai*, nämlich; denn.

規費 *kui-fei*, Gebühren.

離 *li*, verlassen.

下落 *hsia-lo*, Aufenthalt.

受傭 *shou-yung*, Dienst nehmen.

帆 *fan*, Segel.

轄 *hsia*, beherrschen, kontrolliren.

查究 *ch'a-chiu*, untersuchen; die Sache in die Hand nehmen.

以故 *i-ku*, deswegen.

一節 *i-chieh*, die Angelegenheit, der Punkt.

無從 *wu-ts'ung*, es ist nicht möglich.

A. N° 91.

審理 *shên-li*, untersuchen und erledigen.

事宜 *shih-yi*, Angelegenheiten.

扎委 *cha-wei*, durch Erlass ernennen.

翁延年 *Wêng Yen-nien* (Eigenname).

牧 *mu*, (Titel eines Departementsmagistrats).

張辰 *Chang Ch'ên* (Name).

丞 *ch'êng*, Assistent, Subpräfekt.

准補 *chun pu*, definitiv ernennen zu.

陽湖 *Yang-hu* (Distrikt).

即日 *chi-jih*, sofort.

接辦 *chieh-pan*, die Erledigung übernehmen.

責成 *tsê-ch'êng*, die Verantwortung übertragen.

呈咨 *ch'êng-tse*, Bericht erstatten (nur von höheren Beamten gesagt).

A. N⁰ 92.

藩憲 *fan-hsien*, Seine Excellenz der Provinzialschatzmeister.

行知 *hsing-chih*, benachrichtigen.

補授 *pu-shou*, ernennen, zur Übernahme von ...

擇 *tsê*, auswählen.

交卸 *chiao-hsieh*, Geschäfte abgeben.

日內 *jih-nei*, in diesen Tagen.

清理 *ch'ing-li*, ordnen, ins Reine bringen.

案牘 *an-tu*, Akten.

晷 *kuei*, Zeit.

克 *k'o*, können.

辞行 *t'se-hsing*, sich verabschieden.

歉仄 *ch'ien-tsê*, einen Mangel bedauern.

索 *So* (Name).

佛延 *Fo*, *Yen* (Namen).

鑒原 *chien-yüan*, entschuldigen.

A. N⁰ 93.

禮和 *Li-ho* (Firma).

汪 *Wang* (Personenname).

遞 *ti*, übermitteln, befördern.

咨送 *tse-sung*, mit einem Begleitschreiben schicken.

藩司 *fan-sse*, Provinzialschatzmeister.

A. N⁰ 94.

佛爾克 *Fo-êrh-k'o* (Eigenname).

比國 *Pi-kuo*, Belgien.

德 *Tê* (Eigenname).

祥記 *Hsiang-chi* (Firma).

楊子祥 *Yang Tse-hsiang* (Eigenname).
玻璃 *po-li*, Glas.
倩 *ch'ien*, ersuchen.

A. N° 95.

公件 *kung-chien*, Prozess.
捕 *pu*, Polizist.
似 *sse*, es scheint; daher doch wohl.

A. N° 96.

發 *fa*, schicken an.
提督 *t'i-tu*, General.
軍門 *chün-mên* (Titel eines Generals).
張 *Chang* (Eigenname).
文 *wên*, Schriftstück.
王 *Wang* (Eigenname).
與 *yü*, mit.
厦門 *Hsia-mên*, Amoy.
港 *chiang*, Hafen, Ankerplatz.
乘 *ch'êng*, reiten.
一路 *i-lu*, der ganze Weg.
事故 *shih-ku*, Vorfall.
砲 *p'ao*, Kanone.
臺 *t'ai*, Aufbau.
砲臺 *p'ao-t'ai*, Batterie, Fort.
在彼 *tsai pi*, dort.
工作 *kung-tso*, Arbeiten verrichten.
抛擲 *p'ao-chih*, werfen.
驚 *ching*, erschrecken.
鍬 *ch'iao*, Spaten, Schaufel.
掀抛 *hsien-p'ao*, werfen.
白而 *Po-êrh* (Eigenname).
閑行 *hsien-hsing*, sich müssig fortbewegen, spazieren reiten.
毫無 *hao-wu*, nicht im Geringsten.
以情形 *i ch'ing-hsing*, nach den Umständen.
招募 *chao-mu*, engagiren, anwerben.
充 *ch'ung*, ausfüllen, dienen.
過於 *kuo yü*, das Mass überschreiten bei, zu sehr.
唯 *wei*, aber.
情節 *ch'ing-chieh*, Einzelheiten.
照明 *chao-ming*, mittheilen.
察知 *ch'a-chih*, Kenntniss nehmen.
擾 *jao*, behelligen.

A. N° 97.

片示 *p'ien-shih*, briefliche Mittheilung.

敝處 *pi-ch'u*, mein Ort, meine Adresse, ich.

束 *shu*, binden, im Zaume halten.

兵勇 *ping-yung*, die regulären Soldaten und die Freiwilligen (*braves*).

前項 *ch'ien-hsiang*, der vorgenannten Art.

哨 *shao*, Kompanie.

是問 *shih wên*, sie sind zu befragen, d.h. verantwortlich.

去訖 *ch'ü ch'i* = 去後, nachdem das geschehen war.

叙 *hsü*, erwähnen.

字樣 *tse-yang*, Zeichen, Wort.

詢及 *hsün-chi*, sich erkundigen.

奉聞 *fêng-wên*, Mittheilung machen.

再 *tsai*, ferner, *p.s.*

值 *chih*, sich treffen, ereignen.

台灣 *T'ai-wan*, Formosa.

緊急 *chin-chi*, bewegt, lebendig.

際 *chi*, Zeitpunkt.

大兵 *ta-ping*, grosse Truppenmengen.

雲集 *yün-chi*, sich wolkenweise sammeln, in Schaaren zusammenströmen.

渡 *tu*, übersetzen nach . . .

客兵 *k'o ping*, fremde Soldaten.

諳 *an*, verstehen.

齟齬 *chü-yü*, unregelmässige Zähne, Disharmonie.

涵 *han*, überschwemmen, weit, grossmüthig.

讓 *jang*, nachgeben.

升安 *shêng-an*, gutes Avancement und Wohlergehen.

唯照 *wei-chao*, wollen Sie, bitte, hiervon Kenntniss nehmen.

不一 *pu-i*, nicht ganz, nicht vollständig d.h. der Brief enthält nicht alles, was er müsste z.B. die üblichen Komplimente und Höflichkeitsphrasen, ist nicht ganz wie er sein müsste (übliche Schlussformel, eine Art Entschuldigung für das mangelhafte Schreiben).

A. N° 98.

統帶 *t'ung-tai*, das Oberkommando führen.

提督 *t'i-tu*, Admiral.

百 *Po* (Personenname).

面述 *mien-shu*, persönlich erklären.

廈 = 廈門.

早晨 *tsao-ch'ên*, früh Morgens.

隨帶 *sui-tai*, mitnehmen.

登 *têng*, besteigen.

岸 *an*, Ufer.

登岸 *têng-an*, an Land gehen, landen.

潮汎 *ch'ao-fan*, Fluth.

鼓浪嶼 *Ku-lang-hsü*, *Kulangsu*, *wörtl.* die Insel, an welcher die Wellen trommeln (die fremde Niederlassung bei Amoy).

行 *hsing*, gehen, marschiren.

就 *chiu*, sich begeben nach.

曠 *k'uang*, öde.

演習 *yen-hsi*, üben.

陣式 *chên-shih*, Exerzierübungen.

燃放 *jan-fang*, abfeuern.

軍民 *chün-min*, Soldaten und Volk.

勇丁 *yung-ting*, Freiwillige, Irreguläre.

擾碍 *jao-ai*, hindernd in den Weg treten.

展輪 *chan-lun*, abfahren.

他往 *t'a wang*, sich anderswohin begeben.

望乞 *wang-ch'i*, hoffen und bitten.

盼甚 *p'an-shên*, das hoffe ich sehr.

A. N⁰ 99.

爲照 *wei-chao*, ich theile Ihnen mit.

云云 *yün-yün*, und so weiter.

勤勞 *ch'in-lao*, sich abmühen.

整暇 *chêng hsia*, in vollkommer Ordnung und Ruhe.

令 *ling*, veranlassen.

欽佩 *ch'in-p'ei*, hochschätzen, bewundern.

欣慰 *hsin-wei*, sich freuen.

制度 *chih-tu*, Verwaltungsregeln.

職掌 *chih-chang*, sorgen für, in Obhut nehmen.

碍難 *ai-nan*, schwer d.h. unmöglich (höfliche Form fur eine Weigerung).

准照前因 *chun chao ch'ien-yin*, nach Empfang des Schriftstücks besagten Inhalts.

煩爲 *fan-wei*, bemühen, bitten.

轉達 *chuan-ta*, die Nachricht weitergeben.

A. N° 100.

邵 *Shao* (Personenname).
臺北 *T'ai-pei*, Stadt auf Formosa.
奧 *Ao*, Oesterreich.
正領事官 *chêng ling-shih kuan*, der volle Konsul (im Gegensatz zum Vicekonsul).
文稿 *wên-kao*, Abschrift eines Schriftstücks.
照抄 *chao-ch'ao*, abschreiben.
違背 *wei-pei*, übertreten.
公法 *kung-fa*, öffentliches Recht, Völkerrecht.
虛聲 *hsü-shêng*, die haltlose Behauptung aufstellen.
封禁 *fêng-chin*, blockiren.
碍 *ai*, hemmen, schädigen.
司道 *sse-tao*, Spitzen der Provinzialbehörden.
理論 *li-lun*, diskutiren.
緣由 *yüan-yu*, Umstände, Details.
密設 *mi-shê*, dicht postiren.
祇 *chih*, nur.
洋面 *yang-mien*, Meeresfläche.
梭 *so*, Webschiff.
梭巡 *so-hsün*, patrouilliren (wie ein Webschiff hin und her).
定所 *ting-so*, fester Platz.
者 *chê* (Finalpartikel des hypothetischen Nebensatzes).
封堵 *fêng-tu*, blockiren.
作…論 *tso…lun*, gelten als…
勢 *shih*, Kraft.
衰 *shuai*, erschöpft.
衰弱 *shuai-jo*, schwach.
作爲 *tso-wei*, gelten als.
廢弛 *fei-ch'ih* (*shih*), aufgeben, preisgeben.
安平 *An-p'ing* (Ort in Formosa).
旗后 *Ch'i-hou*, do.
迄今 *hsi-chin*, bis jetzt.
泊 *p'o*, ankern.
何在 *ho tsai*, wo?
何得 *ho tê*, wie können sie? wie dürfen sei?
弛封 *ch'ih-fêng*, die Blockade aufheben.
轉 *chuan*, im Gegentheil, stattdessen.
蹈 *ta*, treten auf.
蹈咎 *ta-chiu*, in einen Fehler verfallen.
詐 *cha*, betrügen.
局外 *chü-wai*, ausserhalb der Angelegenheit, der Aussenstehende.

禁止 *chin-chih*, hemmen.
殆 *tai*, wohl, doch wohl.
立 *li*, sofort.
危 *wei*, Gefahr.
困 *k'un*, bedrängen, ermatten.
力屈 *li ch'ü*, mit Gewalt beugen.
求和 *ch'iu-ho*, um Frieden bitten.
長出爭戰 *ch'ang ch'u chêng-chan*, der Kampf dauert lange.
用意 *yung-i*, Absichten hegen.
厚 *hou*, gütig, freundlich.
靦 *t'ien*, unverschämt.
踞 *chü*, sich festsetzen, occupiren.
敗於 *pai yü*, besiegt werden von.
挫 *ts'o*, aufreiben.
安之若素 *an chih jo su*, die Sache wie etwas ganz Gewöhnliches hinnehmen; sich nichts daraus machen.
守禦 *shao yü*, Wache halten und Widerstand leisten.
自如 *tse ju*, gerade so.
若 *jo*, als ob.
也者 *yeh ché* (Finalpartikel eines part. perf. pass.).
試問 *shih-wên*, ich versuche zu fragen, ich möchte fragen.
掩耳目 *yen êrh mu*, Augen und Ohren verschliessen gegen...
通行 *t'ung-hsing*, überall verkehren.
宣告 *hsüan-kao*, bekanntmachen.
商輪 *shang-lun* = 商輪船 Handelsdampfer.
以爲 *i-wei*, annehmen, meinen.
望 *wang*, nach hin.
裹足 *kuo-tsu*, den Fuss umwickeln, die Bewegungsfreiheit hemmen.
損傷 *sun-shang*, Schaden verursachen.
商局 *shang-chü*, Handel.
大有違碍 *ta yu wei-ai*, in hohem Grade Nachtheile haben.
大局 *ta-chü*, wichtige Angelegenheit, wichtige Interessen.
爲。。。起見 *wei... ch'i-chien*, bedacht sein auf, im Auge haben.
緘 *chien*, verschliessen.
默 *mo*, schweigen.
緘默 *chien-mo*, stumm bleiben.
詳 *hsiang*, berichten (an Vorgesetzte).
亟 *chi*, schleunigst.

相商 *hsiang-shang*, gemeinsam berathen.

照詣 *chao-yi*, sich mit einer Depesche wenden an.

電呈 *tien-ch'êng*, telegraphisch melden.

參酌 *ts'an-cho*, zusammen berathen.

事理 *shih-li*, die für die Frage massgebenden Grundsätze.

應否 *ying fou*, müssen sie, oder müssen sie nicht? müssen sie nicht etwa?

持公論 *ch'ih-kung lun*, in gerechter Weise regeln.

扶 *fu*, stützen.

A. N⁰ 101.

興泉永 *Hsing Ch'üan Yung*, Kreis bestehend aus den Präfekturen: 興化 *Hsing-hua-fu*, 泉州 *Ch'üan-chou-fu* und 永春 *Yung-ch'un-chou*, verwaltet vom Taotai von Amoy.

哈理青 *Ha-li-ch'ing* (Eigenname).

夜半 *yeh-pan*, Mitternacht.

子時 *tse shih*, die 3te Nachtwache, 11—1 Uhr Nachts.

舢舨 *shan-pan*, Ruderboot, Sampan; Gig (Es wird auch 杉板 geschrieben: 杉 *shan* ist eine Pinienart, 板 *pan* = Brett, oder 三板 = 3 Bretter).

住宿 *chu-su* (*hsü*), die Nacht zubringen.

將 *chiang*, im Begriff sein.

海灘 *hai-t'an*, Strand.

柴 *ch'ai*, Brennholz.

柴橋 *ch'ai-chiao*, Brennholzbrücke (Ortsname).

震 *chên*, erschüttern.

當 *tang*, damals.

永豐 *Yung-fêng* (Firma).

施放 *shih-fang*, abschiessen.

轟擊 *hung-chi*, beschiessen (mit einem Knall).

開五門 *k'ai wu-mên*, 5 Schuss abfeuern.

不等 *pu têng*, nicht gleicher Art: und; oder (nach einem Doppelausdruck).

適 *shih*, gerade.

所向砲彈之路 *so hsiang p'ao-tan chih lu*, der Weg, auf welchem die Kanonenkugeln hinfliegen, die Schusslinie der Geschütze.

所幸 *so hsing*, was das Glückliche ist, zum Glück.

理合 *li ho*, nach Billigkeit ist es erforderlich, ich fühle mich verpflichtet.

詫異 *ch'a-yi*, sich wundern; seltsam.

A. Nº 102.

洋藥 *yang-yao*, Opium.

蔡維 *Ts'ai-wei* (Personenname).

吳錠 *Wu-ting* (Personenname).

哨船 *shao-ch'uan*, Wachtschiff.

巡緝 *hsün-chi*, verfolgen.

水仙宮 *Shui-hsien-kung*, Palast des Wassergenius (Name eines Tempels).

艇 *t'ing*, Boot.

烙 *lo*, abstempeln.

私土 *sse-t'u*, geschmuggeltes Opium.

捉拿 *cho-na*, verhaften, festnehmen.

販 *fan*, Handel treiben, Kaufmann.

私販 *sse-fan*, heimlich Handel treibend, Schmuggler.

發洋鎗 *fa yang-ch'iang*, ein Gewehr abschiessen.

對擊 *tui-chi*, beschiessen.

拿獲 *na-huo*, festnehmen, wegnehmen.

廳 *t'ing*, Unterpräfekt.

阿 *A* (Personenname).

搖 *yao*, rudern, wricken.

擊打 *chi-ta*, beschiessen.

開放 *k'ai-fang*, abfeuern.

砲子 *p'ao-tse*, Kanonenkugel.

研 *yen*, reiben.

研訊 *yen-hsün*, genau untersuchen.

拒捕 *chü pu*, sich der Verhaftung widersetzen.

互 *hu*, wechselseitig.

不無 *pu-wu*, nicht nicht (eine starke Affirmation).

督率 *tu-shuai*, die obere Leitung führen.

稍 *shao*, ein wenig, im geringsten.

取咎戾 *ch'ü chiu-li*, Verantwortung, Schuld auf sich laden.

A. Nº 103.

旬 *hsün*, Dekade.

下旬 *hsia hsün*, die letzteren 10

Tage eines Monats, der in 上中下旬 zerfällt.

茂合 *Mao-ho* (Name).

外洋 *wai-yang*, Ausland.

大約 *ta-yüeh*, ungefähr, wahrscheinlich.

新加波 *Hsin-chia-p'o*, Singapore.

左右 *tso-yo*, links und rechts, Umgegend.

埠頭 *fou* (*fu*)-*t'ou*, Ankerplatz, Hafen.

舟 *chou*, Schiff.

搭 *ta*, hinzufügen, miethen.

搭船 *ta-ch'uan*, auf einem Schiffe Passage nehmen, als Passagier damit fahren.

病故 *ping-ku*, an einer Krankheit sterben.

海葬 *hai-tsang*, im Meere bestatten.

緣 *yüan*, nun.

孤身 *ku-shên*, alleinstehend.

籍 *chi*, Register.

貫 *kuan*, verknüpfen.

籍貫 *chi-kuan*, Heimatsangehörigkeit.

火食 *huo-shih*, Essen, Essvorräthe.

提籃 *t'i-lan*, Henkelkorb.

烏 *wu*, schwarz.

柄 *ping* (Numerativ für Gegenstände mit einem Griff).

牙粉 *ya-fên*, Zahnpulver.

糕餅包 *kao-ping-pao*, Kuchen, Brot.

A. Nº 104.

郝遠士德 *Hao-yüan-shih-té* (Personenname).

路頭 *lu-tou*, Ende des Weges.

起造 *ch'i-tsao*, errichten, bauen.

歷 *li*, verfliessen.

圍墻 *wei-chiang*, Umfassungsmauer.

地址 *ti-chih*, Untergrund.

與 *yü*, im Vergleich zu, als (beim Komparativ).

僅 *chin*, nur.

尺許 *ch'ih hsü*, über einen Fuss.

每遇 *mei yü*, jedesmal, wenn es sich trifft, dass; jedesmal, wenn.

潮 *ch'ao*, Fluth.

漲 *chang*, ansteigen (vom Wasser).

冲刷 *ch'ung-shua*, wegspülen.

德 *Tê* (verkürzt für den vollen Namen 郝遠士德. Die

Chinesen kürzen Namen ab, indem sie nur die erste Silbe oder die letzte gebrauchen).

後進 *hou-chin*, der hintere Eingang.

添起 *t'ien-ch'i*, aufbauen.

挖 *wa*, ausgraben.

舖塡 *p'u-t'ien*, ausfüllen.

圍 *wei*, umfriedigen.

基址 *chi-chih*, Grund und Boden.

築 *chu*, bauen.

倒塌 *tao-t'a*, einstürzen.

垣 *yüan*, Mauer.

墻垣 *ch'iang-yüan*, Mauer.

給塡 *chi t'ien*, die Auffüllung gestatten.

承租 *ch'êng-tsu*, die Pacht übernehmen.

准予 *chun-yü*, gestatten.

A. N° 105.

舖 *p'u*, auffüllen.

黃志 *Huang-chih* (Eigenname).

海白 *hai-pai*, Abgabe für Grundstücke am Meere.

A. N° 106.

船戶 *ch'uan-hu*, Schiffer.

全理和 *Ch'üan Li-ho* (Eigenname).

禀詞 *ping-ts'e*, Eingabe.

衝 *ch'ung*, zusammenstossen.

電驗 *tien-yen*, mit erleuchtetem Blicke prüfen.

載 *tsai*, laden.

寮 *liao*, Hütte.

仔 *tsai* (Diminutiv).

寮仔 *Liao-tsai* (Ortsname).

澳 *ao*, Bucht.

禍 *huo*, zum Unglück, unglücklicher Weise.

六鐘 *liu-chung*, um 6 Uhr.

永昌 *Yung-ch'ang* (Firma).

尼理亞沙 *Ni-li-ya-sha* (Name).

衝橫 *ch'ung-hêng*, schräg vorbeifahren.

船尾 *ch'uan-wei*, der Schwanz des Schiffes, der Heck.

桅 *wei*, Mast.

俱各 *chü-ko*, alle.

折 *chê*, zerbrechen.

椗 *ting*, Anker.

索 *so*, Kette.

斷 *tuan*, zerreissen.

走動 *tsou-tung*, sich hin- und herbewegen, schwanken.

非常 *fei-ch'ang*, aussergewöhnlich.

透 *t'ou*, durchdringen.

目擊 *mu-chi*, ansehen, zusehen.

証 *chêng*, zeugen, Zeuge.

伏 *fu*, ehrerbietigst.

思 *sse*, meinen.

末士 *mê-shih*, Mister, Mr.

武爾敏 *Wu-erh-min* (Personenname).

放港 *fang chiang*, durch den Hafen lootsen.

何乃 *ho nai*, wie kommt es, dass.

唐 *T'ang*, T'ang Dynastie, chinesisch.

非 *fei*, wenn nicht.

其 *ch'i*, wohl.

何以 *ho-i*, auf welche Weise.

儆將來 *ching chiang-lai*, für die Zukunft warnen.

瀝情 *li-ch'ing*, die Einzelheiten aufzählen.

沾 *chan*, eine Gunst erhalten.

感 *kan*, dankbar sein.

A. N⁰ 107.

兩造 *liang-tsao*, die beiden Parteien.

孔有才 *K'ung Yu-ts'ai* (Personenname).

巴哈力 *Pa-ha-li* (Personenname).

息 *hsi*, aufhören, ruhen lassen.

訟端 *sung-tuan*, Process.

索賠 *so-p'ei*, Ersatz verlangen.

欵項 *k'uan-hsiang*, Beträge.

恐口無憑 *k'ung k'ou wu p'ing*, da zu befürchten, dass eine mündliche Verabredung kein genügender Beweis ist.

A. N⁰ 108.

會銜 *hui-hsien*, mit vereinten Titeln.

會銜文 *hui-hsien-wên*, gemeinsame Note.

桂 *Kuei* (Personenname).

住宅 *chu-chai*, Wohnhaus.

甚至 *shên chih*, so sehr, dass.

晝夜 *chou yeh*, bei Tag und bei Nacht.

相繼 *hsiang-chi*, verknüpfen, aufeinander folgen.

多半 *to pan*, meistens, in der Regel.

晚間 *wan-chien*, des Abends.

晚餐 *wan-ts'an*, Abendessen, zu Abend speisen.

乘隙 *ch'êng-ch'i* (*hsi*), den Augenblick (Gelegenheit) benutzen.

通商局 *t'ung-shang-chü*, Amt für Fremden Handel.

破獲 *p'o-huo*, herausfinden, aufdecken.

絲毫 *sse-hao*, das Geringste.

贓 *tsang*, gestohlener Gegenstand.

申飭 *shên-ch'ih*, verwarnen.

比捕 *pi-pu*, die Konstabler zur Verantwortung ziehen, prügeln lassen (weil sie die Schuldigen nicht gefunden haben).

得以安枕 *tê i an-chên*, sie können infolgedessen ruhig (auf ihren Kissen) schlafen.

至切 *chih-ch'ieh*, sehr dringend.

A. N⁰ 109.

高 *Kao* (Personennamen).

瑞記 *Jui-chi* (Firma).

僕人 *p'u-jên*, Diener.

黃致永 *Huang Chih-yung* (Personenname).

早晨 *tsao ch'ên*, in der Frühe.

女婦 *nü-fu*, Frau.

僱工 *ku-kung*, Kuli.

守更人 *shou-ching jên*, Nachtwächter.

查檢 *ch'a-chien*, nachprüfen.

餐房 *ts'an-fang*, Speisezimmer.

失去 *shih-chü*, verlieren.

食飯手巾 *shih-fan shou-chin*, Serviette.

箍 *ku*, umwinden, Reif, Ring.

箍手巾金箍 *ku-shou-chin chin-ku*, metallener Serviettenring.

當場 *tang-ch'ang*, an Ort und Stelle, am Thatorte.

搜 *sou*, suchen.

獲 *huo*, finden.

佈函 *pu-han*, briefliche Mittheilung machen.

A. N⁰ 110.

名正肅 *ming chêng su*, der Name ist ordnungsmässig separat geschrieben.

A. N⁰ 111.

閩海關 *Min-hai-kuan*, Foochow Zollamt.

佐領 *tso-ling*, Major (einer Mandschu Garnison).

吉 *Chi* (Eigenname).

令牌 *ling-p'ai*, Befehl (bei Militärs).

王廷喜 *Wang T'ing-hsi* (Personenname).

呂永和 *Lü Yung-ho* (Personenname).

轅 *yüan*, Amtsgebäude.

退辦 *t'ui-pan*, sich von den Geschäften zurückziehen.

懸曠 *hsüan-k'uang*, in der Schwebe und unerledigt bleiben.

李天祥 *Li T'ien-hsiang* (Eigenname).

吳成泰 *Wu Ch'êng-t'ai* (Eigenname).

承充 *ch'êng-ch'ung*, etwas übernehmen.

接頂 *chieh-ting*, an jemands Stelle treten.

示照 *shih-chao*, Anweisung, Bestellung.

尅日 *k'o-jih*, einen Tag festsetzen.

洋稅官銀號 *yang-shui kuan yin-hao*, amtliche Zollbank.

執照 *chih-chao*, Ausweis.

征收 *chêng-shou*, erheben (Zoll).

知照 *chih-chao*, Kenntniss nehmen.

A. N⁰ 112.

方 *Fang* (Personenname).

照知 *chao-chih*, Mittheilung machen.

陳 *Ch'ên* (Personenname).

閩浙總督 *Min-Chê tsung-tu* Generalgouverneur von Fukien und Chekiang.

部堂 *pu-t'ang*, Präsident eines Ministeriums (Titel eines Generalgouverneurs).

周 *Chou* (Personenname).

校閱 *chiao-yüeh*, inspiziren.

長福 *Ch'ang-fu* (Name eines Lagers).

興化 *Hsing-hua-fu* (Präfektur in Fukien).

泉州 *Ch'üan-chou-fu*, do.

漳州 *Chang-chou-fu*, do.

汀州 *T'ing-chou-fu*, do.

邵武 *Shao-wu-fu*, do.

延平 *Yen-p'ing-fu*, do.

建甯 *Chien-ning-fu*, do.

檄委 *chi (hsi)-wei*, durch Anweisung beauftragen.

藩司 *fan-sse*, Provinzialschatzmeister.

代拆代行 *tai ch'ai tai hsing*, die Schreiben vertretungsweise eröffnen und die Geschäfte erledigen.

在在 *tsai-tsai*, alle.

包封 *pao-fêng*, in ein Kouvert thun.

遞 *ti*, übersenden.

行次 *hsing-ts'e*, Aufenthaltsort auf der Reise.

時日 *shih-jih*, Zeit.

渡 *tu*, übersetzen nach.

臺 *T'ai*, Taiwan, Formosa.

主稿 *chu kao*, Schriftstücke entwerfen, selbständig die Korrespondenz erledigen.

以昭愼密 *i chao shen-mi*, damit die Heimlichkeit bewahrt bleibe.

遲滯 *ch'ih-chih*, verzögern.

具奏 *chü-tsou*, an den Thron berichten.

照行 *chao-hsing*, Mittheilung machen.

同前由 *t'ung ch'ien-yu*, von gleichem Inhalt wie das Vorhergehende.

卽便 *chi-pien*, sogleich.

A. N° 113.

敝委員 *pi wei-yüan*, ich, der Deputirte.

賈 *Chia* (Personenname).

旋 *hsüan*, zurückkehren.

掌 *chang*, Handfläche.

頓推 *tun-t'ui*, einen Stoss versetzen.

趨 *ch'ü*, eilen, laufen, taumeln.

幾乎 *chi-hu*, fast, beinahe.

樸倒 *p'u-tao*, hinfallen.

回頭 *hui-t'ou*, den Kopf wenden.

乃 *nai*, da.

身軀 *shên-ch'ü*, Körper.

持 *ch'ih*, halten.

木拐 *mu-kuai*, Krückstock, Knüttel.

揚 *yang*, erheben.

巡勇 *hsün-yung*, Polizist.

桔 *chü*, Apfelsine.

枚 *mei*, Stück (Numerativ).

把 *pa*, Kopf (Kohl) (Numerativ).

其 *ch'i*, er (acc.).

兇橫 *hsiung-hêng*, rohes Betragen.

已極 *i chi*, bereits den höchsten Grad erreichen.

扣留 *k'ou-liu*, in Haft nehmen.

拉達馬力 *La-ta-ma-li* (Name).

夾舨船 *chia-pan-ch'uan*, Segelschiff.

隨時 *sui-shih*, darauf.

差片 *ch'ai p'ien*, die Visitenkarte schicken.

前來 *ch'ien-lai*, herkommen.

公出 *kung ch'u*, in Geschäften ausgehen.

胆敢 *tan-kan*, die Frechheit haben, zu.

辱 *ju*, beschimpfen.

官長 *kuan-chang*, Beamter und Höhergestellter.

藐法 *miao fa*, das Gesetz verachten.

從重 *ts'ung-chung*, in schwerer Weise.

切禱 *ch'ieh-tao*, dringend bitten.

A. N⁰ 114.

攜 *hsi*, tragen.

過署 *kuo shu*, (das Schreiben) traf in meinem Amte ein.

容俟 *yung sse*, gütigst abwarten; sobald als.

A. N⁰ 115.

別駕 *pieh-chia*, Titel eines Subpräfekt-Assistenten.

效尤 *hsiao-yu*, böses Beispiel nachahmen.

述 *shu*, erzählen.

大副 *ta-fu*, der erste Offizier eines Kauffahrteischiffes.

石板德 *Shih-pan-tê* (Eigenname).

科罪 *k'o-tsui*, Strafe festsetzen.

無力 *wu li*, keine Mittel haben.

禁押 *chin-ya*, in Haft nehmen.

開赴 *k'ai-fu*, abfahren nach.

汕頭 *Shan-t'ou*, Swatow.

具狀 *chü-chuang*, eine Eingabe machen.

呈訴 *ch'êng-su*, anmelden.

日內 *jih-nei*, in diesen Tagen.

返 *fan*, zurückkehren.

收禁 *shou-chin*, in Haft behalten.

A. N⁰ 116.

違禁 *wei chin*, Verbote übertreten.

妄爲 *wang-wei*, Ausschreitungen begehen.

議 *yi*, Vorschlag.

A. N⁰ 117.

步軍統領 *pu-chün t'ung-ling*, der Stadtkommandant von Peking.

懸賞 *hsüan-shang*, eine Belohnung versprechen.

教堂 *chiao-t'ang*, Missionsanstalt, Kirche.

燒燬 *shao-hui*, verbrennen, einäschern.

殆 *tai*, fast, beinahe.

隱藏 *yin-ts'ang*, sich verbergen, verstecken.

盡 *chin*, vollkommen; vollenden bis zum letzten Ende.

勢 *shih*, der Art, dass...

紛紛 *fên-fên*, wirr durcheinander.

士庶 *shih-shu*, Litteraten und Volk.

團 *t'uan*, Bürgerwehr.

誅 *chu*, hinrichten.

生擒 *shêng ch'in*, lebend fangen.

幼 *yu*, Kind.

眞正 *chên-chêng*, wirklich.

活口 *huo-k'ou*, lebendig.

懍遵 *lin-tsun*, zitternd gehorchen.

A. N⁰ 118.

總理各國事務 *tsung-li ko-kuo shih-wu*, die Angelegenheiten der verschiedenen (fremden) Länder in höchster Instanz erledigen.

御前大臣 *yu-ch'ien ta-ch'ên*, Oberst Kämmerer.

郡王 *chün-wang*, Kaiserlicher Prinz 2. Ranges.

多羅貝勒 *tê-lê pei-lê* (mandschurischer Prinzentitel).

奕 *I* (Name des Prinzen Ch'ing).

軍機大臣 *chün-chi ta-ch'ên*, Mitglied des Staatsraths.

閻 *Yen* (Personenname).

麟 *Lin* do.

右侍郎 *yo shih-lang*, rechter d.h. zweiter Vicepräsident.

許 *Hsü* (Personenname).

內閣學士 *nei-ko hsioh-shih*, Sekretär des Grosssekretariats.

周 *Chou* (Personenname).

都察院 *tu-ch'a-yüan*, Zensorat.

左副都御史 *tso fu-tu-yü-shih*, linker d.h. erster Vicepräsident des Zensorats.

陳 *Ch'ên* (Name).

順天府 *Shun-t'ien-fu*, die Präfektur von Peking.

府尹 *fu-yin* (Titel des Präfekten von Peking).

宗人府 *tsung-jen fu*, Kaiserliches Familienamt.

府丞 *fu-ch'êng*, Vicedirektor des Kaiserlichen Familienamts.

吳 *Wu* (Name).

翰林院 *han-lin yüan*, Hanlin Akademie.

侍講學士 *shih-chiang hsio-shih*, Exeget der Hanlin Akademie.

升用 *shêng-yung*, charakterisirt, *wörtl.* zu befördern und zu verwenden als . . .

許景澄 *Hsü Ching-ch'êng* (Personenname).

著 *cho*, befehlen, verordnen (vom Kaiser gesagt).

充 *ch'ung*, ausfüllen (ein Amt).

出使 *ch'u-shih*, als Gesandter fungiren in . . . (mit acc.).

大和國 *Ta Ho-kuo*, Holland.

大奧國 *Ta Ao-kuo*, Österreich.

未到任以前 *wei tao jên i ch'ien*, bevor er seim Amt angetreten hat.

李鳳苞 *Li Fêng-pao* (Personenname).

兼 *chien*, zugleich, gleichzeitig.

入華 *ju-hua*, nach China kommen.

便宜行事大臣 *pien-yi hsing-shih ta-ch'ên*, ein hoher Beamter der nach den Umständen handelt = bevollmächtigter Minister.

代理 *tai-li*, vertretungsweise wahrnehmen.

曾 *Tsêng* (Personenname).

Anm. In Kollektiv Noten wie die des Tsungli Yamen stehen die Namen der Absender mit Titeln nebeneinander. Der Name des Beamten mit dem höchsten Range steht in der Mitte, darum gruppiren sich die andern so, dass die rechte Seite vor der linken den Vorrang hat und die der Mitte nächsten Plätze die höchsten sind, also nach folgendem Schema: 9. 7. 5. 3. 1. 2. 4. 6. 8.

A. N⁰ 119.

貝 *Pei* (Personenname).

洋土各貨 *yang t'u ko-huo*, fremde und einheimische Waaren.

近 *chin*, kürzlich.

王大臣 *wang ta-ch'ên*, Prinz und Minister.

來往文件 *lai-wang wên-chien*, die hin- und her gehenden Schriftstücke, die Korrespondenz.

管見 *kuan-chien*, das Blicken durch ein Rohr, der beschränkte Horizont, mein beschränkter Horizont.

所及 *so chi*, was erreicht, soweit reicht.

開具 *k'ai-chü*, entwerfen.

節畧 *chieh-lüeh*, Memorandum.

相安 *hsiang-an*, im Frieden auskommen.

緩 *huan*, aufschieben.

籌 *ch'ou*, überlegen, ersinnen.

久遠 *chiu-yüan*, dauernd.

計 *chi*, Plan.

A. N⁰ 120.

談及 *t'an-chi*, das Gespräch bringen auf.

同治 *T'ung-chih* (Kaiser).

松 *Sung* (Personenname).

田地 *t'ien-ti*, Grundstück, Grund und Boden.

傳教士 *ch'uan-chiao-shih*, der die Lehre verbreitende Gelehrte, Missionar.

奉教人 *fêng-chiao-jên*, der die Lehre annehmende Mensch, Konvertit.

可否 *k'o-fou*, kann oder kann nicht, kann wohl?

總辦 *tsung-pan*, erster Sekretär des Tsungli Yamen.

回明 *hui-ming*, persönlich melden.

堂憲 *t'ang-hsien*, Präsident.

詧入 *ch'a-ju*, prüfen und zu den Akten nehmen (詧 = 察).

A. N° 121.

慶 *Ch'ing*, Prinz Ch'ing.

大學士 *ta-hsio-shih*, Grosssekretär.

協辦大學士 *hsieh-pan ta-hsio-shih*, assistirender Grosssekretär.

錫 *Hsi* (Personenname).

毅勇 *i-yung*, grossherzig und muthig scl. *Baturu* (ein militärischer Ehrentitel).

侯 *hou*, Marquis.

徐 *Hsü* (Personenname).

續 *Hsü*, do.

廖 *Liao* (Personenname).

鴻臚寺 *hung-lu-sse*, Zeremonienamt.

卿 *ch'ing*, Direktor.

鄧 *Têng* (Personenname).

沈 *Shên* (Personenname).

訂定 *ting-ting*, festsetzen.

稅釐 *shui-li*, Zoll und Likin.

征 *chêng*, Zoll erheben.

舉行 *chü-hsing*, den Anfang machen.

總稅務司 *tsung-shui-wu-sse*, Generalzollinspektor.

薩 *Sa* (Personenname).

克 *K'o* (Eigenname).

A. N° 122.

總署 *tsung-shu*, Tsungli Yamen.

議 *yi*, Absicht.

關懷 *kuan-huai*, warmes Interesse zeigen.

足資 *tsu-tse*, es kann dazu dienen.

參考 *ts'an-k'ao*, vergleichen.

A. N° 123.

修約 *hsiu-yüeh*, der verbesserte, revidirte Vertrag (Zusatzkonvention).

停泊 *t'ing-p'o*, vor Anker gehen.

船鈔 *ch'uan-ch'ao*, Tonnengeld.

窒礙 *chih-ai*, unzuträglich, schwierig.

從新 *t'sung-hsin*, von neuem.

披閱 *p'i-yüeh*, erbrechen und lesen.

披閱之餘 *p'i-yüeh chih yü*, nachdem ich davon Kenntniss genommen habe.

A. N° 124.

片 *p'ien*, Karte, Brief.

恭照 *kung-chao*, ehrerbietigst mittheilen (etwas, das sich auf den Kaiser bezieht).

祀 *sse*, opfern.

文昌 *Wên-ch'ang* (Gott der Litteratur).

關帝 *Kuan-ti* (Kriegsgott).

地安門 *Ti-an-mên* (Thor in Peking).

嚴肅 *yen-su*, ernst und feierlich.

閑雜 *hsien-tsa*, Müssiggänger.

行 *hsing*, benachrichtigen.

以垂久遠 *i ch'ui chiu-yüan*, damit es für lange dauert, Bestand hat.

敦友誼 *tun yo-yi*, die freundschaftlichen Beziehungen pflegen.

通行 *t'ung-hsing*, zur allgemeinen Kenntniss bringen.

省分 *shêng-fên*, Provinz.

A. N⁰ 125.

文底 *wên-ti*, Kopie eines Schriftstücks.

丹 *Tan* (Personenname).

照稱 *chao ch'êng*, eine Note, worin gesagt wird, dass ...

意見 *i-chien*, Ansicht.

不得 *pu tê*, nicht dürfen.

擅行 *shan-hsing*, eigenmächtig handeln.

作主 *tso-chu*, Entscheidung treffen.

仍前 *jêng-ch'ien*, wie früher.

自出主見 *tse ch'u chu-chien*, selbst eine Entscheidung treffen

恪遵 *ko (ch'üeh)-tsun*, peinlichst befolgen.

A. N⁰ 126.

虞 *Yü* (Personenname).

崇 *Ch'ung*, do.

慎重 *shên-chung*, sorgfältig.

處 *ch'u*, Angelegenheit, Umstände (bildet wie 事 mit vorangehendem Partizipialsatz einen abstrakten Begriff).

函知 *han-chih*, brieflich benachrichtigen.

泰西 *T'ai-hsi*, Europa.

扼腕 *o-wan*, das Handgelenk umklammert halten, die Hände ringen.

欷嘘 *hsi-hsü*, seufzen und jammern.

情義 *ch'ing-i*, Freundschaft.

和好 *ho-hao*, Eintracht.

起見 *ch'i-chien*, zu einem Entschluss kommen; der Beweggrund.

諒 *liang*, meinem.

鑒及 *chien-chi*, einen Blick werfen auf, Rücksicht nehmen auf...

區區 *ch'ü-ch'ü*, klein, gering, mein.

衷 *chung*, Empfindung.

勛祉 *hsün-chih*, wohlverdientes Glück.

A. N⁰ 127.

薩 *Sa* (Personenname).

條款 *t'iao-k'uan*, Vertragsparagraph.

抽釐 *ch'ou-li*, Likin erheben.

整頓 *chêng-tun*, reorganisiren, verbessern.

均霑 *chün chan*, gleichmässig geniessen.

一體均霑之例 *i-t'i chün chan chih li*, Meistbegünstigungsklausel.

轉覺 *chuan chio*, hingegen den Eindruck haben, als ob...

歧 *ch'i*, Abzweigung.

兩歧 *liang-ch'i*, verschiedenartig.

欣悅 *hsin-yüeh*, sich freuen.

御賜 *yü-t'se*, durch Kaiserliche Verleihung.

參議 *t'san-yi*, Geheimrath.

柏 *Po* (Eigenname).

A. N⁰ 128.

浮徵 *fou chêng*, übermässig Zoll erheben.

恭 *Kung* (Personenname).

酌覈 *cho-ho*, berathen.

文尾 *wên-wei*, Schluss des Schreibens.

黏連 *nien-lien*, ankleben, anfügen.

清單 *ch'ing-tan*, Memorandum.

逐款 *chu k'uan*, Paragraph für Paragraph.

設想 *shê-hsiang*, der Ansicht sein.

爲宜 *wei yi*, es ist angemessen.

資格 *tse-ko*, Seniorität.

日期 *jih-ch'i*, Zeitpunkt.

再者 *tsai-cho*, ferner.

內外 *nei-wai*, im Innern und Äussern, in Peking und den Provinzen.

交涉案件 *chiao-shê an-chien*, gemischte Sachen, an denen

Europäer und Chinesen betheiligt.

晤會 *wu-hui*, Besuch.

禮儀 *li-yi*, Ceremoniell.

乘便 *ch'êng-pien*, die Gelegenheit benutzen.

不另 *pu-ling*, *wörtl.* nicht extra noch Komplimente machen (Schlussformel in Briefen).

名正肅 *ming chêng su*, der Name ist ordnungsgemäss d.h. auf besonderem Blatte geschrieben.

A. N° 129.

本爵 *pên-chüoh*, ich der Adlige; ich.

同伴 *t'ung-pan*, Reisegefährte.

克 *K'o* (Personenname).

陸 *Lu* do.

蒙古 *Mêng-ku*, Mongolen.

以南 *i-nan*, im Süden.

西藏 *Hsi-tsang*, Tibet.

馬加國 *Ma-chia-kuo*, Magyarenreich, Ungarn.

嘟囒 *Tu-lan*, Turan.

部 *pu*, Stamm.

親支 *ch'in-chih*, nahverwandter Zweig.

委 *wei*, in Wirklichkeit, in der That.

從來之地 *t'sung-lai chih ti*, Herkunftsland.

住址 *chu-chih*, Wohnsitz.

遺踪 *i-tsung*, zurückgelassene Spuren.

不無 *pu-wu*, nicht nicht = ganz besonders (2 Negationen geben eine starke Affirmation).

抱思 *pao-sse*, an dem Gedanken festhalten.

申祈禱 *shên ch'i-tao*, Gebete darbringen.

庶 *shu*, es steht zu hoffen, zu erwarten.

籍以 *chieh-i*, dies benutzen, um zu...

佑 *yo*, beschützen.

耳 *êrh* (Finale).

開闢 *k'ai-p'i*, entwickeln, kolonisiren.

歐洲 *Ou-chou*, Europa.

歷有 *li-yu*, es sind verflossen.

探討 *t'an-t'ao*, erforschen.

遺跡 *yi-chi*, hinterlassene Spuren.

尤爲 *yu-wei*, ganz besonders.

加意 *chia-yi*, Sorgfalt darauf verwenden.

講求 *chiang-ch'iu*, erforschen.
追憶 *chui-yi*, zurückdenken an...
元太祖 *Yüan T'ai-tsu*, der Urahn der Yüan Dynastie = Dschengiskhan.
神威 *shên-wei*, gewaltige Macht.
遠播 *yüan-po*, weithin ausbreiten.
親炙 *ch'in-chih*, genau bekannt.
始祖 *Shih-tsu*, Kublaikhan.
禮義 *li-yi*, Kultus.
文物 *wên-wu*, Wissenschaft.
遜 *hsün*, nachstehend, zurückstehend hinter.
羨慕 *hsien-mu*, bewundern.
座右 *tso-yu*, Ew. Hochwohlgeboren, *in diesem Falle* Ew. Hoheit.
體諒 *t'i-liang*, sich hineindenken in.
慨 *k'ai*, edelmüthig, bereitwillig.
鈞諾 *chün-no*, Ihre Zustimmung.
暢遊 *ch'ang-yu*, frei reisen.
感荷良深 *kan-ho liang-shên*, die tiefste Dankbarkeit empfinden.
耗用 *hao-yung*, verausgaben.
與否 *yü fou*, oder nicht?

道途 *tao-t'u*, Wege.
意外變端 *i-wai pien-tuan*, unvorhergesehener Unglücksfall.
鞭長莫及 *pien ch'ang mo chi*, etwas das man nicht erreichen kann trotz der Länge der Peitsche; etwas, wogegen sich nichts thun lässt.
累究於中國 *lei-chiu yü Chung-kuo*, China dafür die Schuld aufbürden.
邸 *ti*, prinzliches Palais, Prinz.

A. N° 130.

辦就 *pan-chiu*, fertigstellen.
訖 *ch'i*, vollenden.
公牘 *kung-tu*, amtliches Schriftstück.
行祉 *hsing-chih*, Reiseglück, glückliche Reise.

A. N° 131.

世襲伯爵 *shih-hsi po-chüoh*, der sich von Geschlecht zu Geschlecht forterbende Grafentitel, erblicher Grafenrang.
照料 *chao-liao*, sorgen für.

A. N° 132.

肆 *sse* = 四.

玖 *chiu* = 九.

那 *Na* (Personenname).

詢 *hsün*, sich erkundigen.

陜西 *Shan-hsi*, Shensi.

甘肅 *Kan-su*, Kansu.

嘉峪關 *Chia-yü-kuan*, der Chia-yü Pass.

因而 *yin-êrh*, dann.

統領 *t'ung-ling*, Kommandant.

A. N° 133.

文移 *wên-yi*, amtliche Schriftstücke.

刊 *k'an*, schnitzen, graviren.

關防 *kuan-fang*, Amtssiegel.

信守 *hsin-shou*, Vertrauen.

刊就 *k'an-chiu*, fertig schnitzen.

顆 *k'o* (Numerativ für Siegel).

截 *chieh*, schneiden, Stück, Abschnitt.

旗號 *ch'i-hao*, Flaggenabzeichen, Wappen.

江漢關 *Chiang-han-kuan*, des Hankou Zollamt.

A. N° 134.

華泰 *Hua-t'ai* (Firma).

柏林 *Po-lin*, Berlin.

有年 *yu nien*, es sind Jahre vergangen, seit einigen Jahren.

廣州 *Kuang-chou*, Canton.

香港 *Hsiang-chiang*, Hongkong.

禮和 *Li-ho* (Firma).

經理 *ching-li*, als Agent besorgen.

謹啟 *chin-ch'i*, ergebenste Bekanntmachung.

A. N° 135.

台啟 *t'ai-ch'i*, für Sie zu öffnen (Formel für Adresse) *t'ai* = erhaben.

西路 *hsi-lu*, die Wege im Westen, der Westen (Turkestan).

捷報 *chieh-pao*, Siegesnachricht.

左 *Tso* = *Tso Tsung-t'ang* (Name).

A. N° 136.

書籍 *shu-chi*, Bücher.

至 *chih*, was anbetrifft.

各堂 *ko-t'ang* = 各堂官 *ko t'ang-kuan*, die Präsidenten, die Herren Chefs.

奉送 *fêng-sung*, zum Geschenk schicken.

以購價爲念 *i kou-chia wei nien*, an den Kaufpreis denken.

A. N° 137.

使署 *shih-shu*, Gesandtschaft.

約定 *yüeh-ting*, verabreden.

早間 *tsao-chien*, in der Frühe.

畫院 *hua-yüan*, Gemäldegallerie.

候 *hou*, erwarten, wünschen.

城稅 *ch'êng-shui*, Kommunalsteuer.

又及 *yu chi* = postscriptum.

桂林 *Kuei-lin* (Personenname).

頓首 *tun-shou*, Kotou machen (Schlussphrase in einem Privatbrief).

A. N° 138.

教習 *chiao-hsi*, Lehrer.

家屬 *chia-shu*, Angehörige.

脩金 *hsiu-chin*, Remuneration, Gehalt.

扣除 *k'ou-ch'u*, abziehen.

馬 *ma*, Mark.

計算 *chi-suan*, berechnen.

逾 *yü*, überschreiten, vorübergehen.

低昂 *ti-ang*, niedrig und hoch; Höhe.

互相 *hu-hsiang*, wechselseitig.

載 *tsai*, Jahr.

同事 *t'ung-shih*, Kollege.

潘 *P'an* (Name).

家書 *chia-shu*, Familienbrief.

薩 *Sa* (Name).

A. N° 139.

管駕官 *kuan-chia-kuan*, Kapitän, Kommandant eines Kriegsschiffs.

接晤 *chieh-wu*, den Besuch empfangen.

設或 *shê-huo*, falls etwa.

寄椗 *chi-ting*, Anker werfen.

海心 *hai-hsin*, die Mitte des Meeres.

泊 *p'o*, vor Anker liegen.

拘禮 *chü li*, an einer Sitte festhalten.

往還 *wang-huan*, hin- und hergehen, Besuch und Gegenbesuch machen:

誼 *i*, Beziehungen.

A. N⁰ 140.

停泊 *t'ing-p'o*, vor Anker liegen.

五十里以外 *wu-shih li i-wai*, ausserhalb von 50 Li, über 50 Li entfernt.

如此次來文 *ju t'se-t'se lai-wên*, das diesmalige, derartige Schreiben (此 gehört zu 如 und zu 次).

管帶官 *kuan-tai-kuan*, Kommandant.

酌奪 *cho-to*, Entscheidung treffen.

先期 *hsien-ch'i*, im Voraus.

單帮 *tan pang*, einzeln und im Geschwader.

禮節 *li-chieh*, Ceremoniell.

大吏 *ta-li*, die hohen Beamten.

船機 *ch'uan-chi*, Schiffsmaschinen.

砲械 *p'ao-hsieh*, Kanonen und Waffen, Armirung.

統帶官 *t'ung-tai-kuan*, Kommandant.

回答 *hui-ta*, Besuch erwidern.

A. N⁰ 141.

與國 *yü-kuo*, befreundeter Staat.

聲敬國炮 *shêng ching-kuo p'ao*, Kanonen abfeuern um das Reich zu ehren i.e. Salut feuern.

響 *hsiang*, Ton, Schuss.

海軍衙門 *hai-chün ya-mên*, Admiralitätsamt.

答復 *ta-fu*, antworten.

A. N⁰ 142.

曾 *Tsêng*, *Kuo-fan* (Name).

火票 *huo-p'iao*. Eildepesche.

公使 *kung-shih*, Gesandter (bei den fremden Gesandtschaften verpönter Ausdruck).

入中國籍 *ju chung-kuo chi*, sich in die chinesischen Listen aufnehmen, immatrikuliren lassen d.h. die chinesische Staatsangehörigkeit erwerben.

遠人 *yüan-jên*, Leute aus der Ferne, Fremde.

管轄 *kuan-hsia*, beherrschen, die Hoheit ausüben über . . .

徒 *t'u*, nur, lediglich.

葛籐 *ko-t'êng*, Verwickelungen.

咨會 *tse-hui*, Mittheilung machen.

A. N⁰ 143.

潮州 *Ch'ao-chou-fu* (Präfekturstadt von Swatow).

謠 *yao*, Gerücht.

剖 *p'ou*, ausschneiden.

挖 *wa*, ausbohren.

加防 *chia fang*, Vorsichtsmassregeln treffen.

事故 *shih-ku*, Vorfall.

揭陽 *Chieh-yang* (Distrikt).

揭 *chieh*, bekannt machen.

揭帖 *chieh-t'ieh*, Plakat (verläumderischen oder aufreizenden Inhalts).

督 *tu*, anführen.

鈞示 *chün-shih*, Ihr Schreiben.

希圖 *hsi-t'u*, beabsichtigen.

煽惑 *shan-huo*, aufreizen.

不動聲色 *pu tung shêng-sê*, ohne viel Aufhebens zu machen.

不任 *pu jên*, nicht zulassen.

教民 *chiao-min*, Konvertiten.

浮言 *fou-yen*, Gerede.

稍涉張皇 *shao shê chang-huang*, etwas in eine Panik gerathen.

惹 *jo*, hervorrufen.

民教 *min chiao*, das Volk und die Christen.

瀚章 *Han-chang* = *Li Han-chang* (Name).

A. N⁰ 144.

主教 *chu-chiao*, Bischof.

安治泰 *An Chih-t'ai* (Name).

鄒縣 *Tsou-hsien* (Distrikt in Shantung).

教案 *chiao-an*, Missionsangelegenheit, Missionsprozess.

包賠 *pao-p'ei*, den Gesammtschaden ersetzen.

一總 *i-tsung*, insgesammt, alle.

重修 *ch'ung hsiu*, wiederherstellen.

錢文 *ch'ien-wên*, Geld.

印委 *yin wei*, Beamte mit und ohne Amtsiegel.

回音 *hui yin*, Antwort geben.

孟玉莪 *Mêng Yü-o* (Name).

董樹坦 *Tung Shu-t'an* (Name).

在場 *tsai ch'ang*, bei dem Vorfall.

下手 *hsia-shou*, zufassen, Thätlichkeiten begehen.

苦主 *k'u-chu*, der Beschädigte.

呈控 *ch'êng-k'ung*, Klage einreichen.
調 *tiao*, vorlegen lassen.
利害 *li hai*, Nutzen und Schaden.
兗州府 *Yen-chou-fu* (Präfektur in Shantung).
畢 *Pi* (Personenname).
令 *ling* (Titel eines Distriktsmagistrats).
福 *Fu* (Personenname).
函會 *han-hui*, brieflich mittheilen.
謝念書 *Hsieh Nien-shu* (Name).
籍 *chi*, Heimat.
收 *shou*, einernten.
現今 *hsien-chin*, jetzt.
斷乎 *tuan hu*, sicherlich.
輕縱 *ch'ing-tsung*, Milde walten lassen.
責令 *tsê-ling*, zur Pflicht machen, auferlegen.
集場 *chi-ch'ang*, Marktplatz.
擺灘 *pai-t'an*, Waaren zum Verkauf aufstellen; Verkaufsstand.
肇衅 *chao-hsin*, Streit anfangen.
互鬪 *hu-tou*, sich prügeln, streiten.
釀命 (*jang*) *niang-ming*, einen Totschlag begehen.
兇手 *hsiung-shou*, Mörder.
中國子民 *Chung-kuo tse-min*, Söhne Chinas.
憑空 *p'ing k'ung*, für nichts und wieder nichts.
遠颺 *yüan yang*, das Weite suchen.
勒緝 *lo chi*, dringend die Festnahme anordnen.
據報獲 *chü pao huo*, die Meldung von der Gefangennahme erhalten.
頻 *p'in*, verschiedentlich, wiederholt.
至再至三 *chih-tsai chih-san*, zwei-dreimal.
秦長庚 *Ch'in Ch'ang-kêng* (Personenname).
期 *ch'i*, hoffen, erwarten.
破獲 *p'o-huo*, auffinden und zur Haft bringen.
習教 *hsi chiao*, das Christenthum ausüben.
赤子 *ch'ih-tse*, Sohn.
爭鬪 *chêng-tou*, sich streiten.
悉 *hsi*, alles.
聽 *t'ing*, zulassen.
偏袒 *p'ien-t'an*, parteiisch sein.

歧視 *ch'i shih*, verschiedene Ansichten haben; ungleich behandeln.

詳晰 *hsiang-hsi*, genau.

致復 *chih-fu*, Antwort senden.

候補 *hou-pu*, erwarten auszufüllen (einen Posten); designirt, charakterisirt.

可以無用 *k'o-i wu yung*, man braucht nicht, kann davon absehen.

無知 *wu-chih*, unwissend.

愚 *yü*, dumm, ungebildet.

Anm. Man beachte, dass das Schreiben des Bischofs halb in Umgangssprache geschrieben ist, was nicht nachahmenswerth.

A. N° 145.

登萊青 *Têng Lai Ch'ing*, der Têng Lai Ch'ing Kreis: Têng-chou-fu, Lai-chou-fu und Ch'ing-chou-fu.

東海關 *Tung-hai-kuan*, das Chefoo Zollamt.

咪吔 *Mi-yeh* (Firma).

美最時 *Mei-tsui-shih* (Firma).

奸 *chien*, unehrenhaft.

假冒 *chia-mao*, nachmachen.

蛺蝶 *chieh-tieh*, Schmetterling.

蜂籠 *fêng-lung*, Bienenkorb.

火柴 *huo-ch'ai*, Streichholz.

招牌 *chao-p'ai*, Waarenzeichen.

印 *yin*, Siegel, Marke.

仿造 *fang-tsao*, nachahmen, nachmachen.

連 *Lien* (Name).

Proklamation.

廣行 *kuang-hsing*, weit und breit.

銷 *hsiao*, vertreiben, absetzen (Waaren).

千箱之多 *ch'ien-hsiang chih to*, über 1000 Kisten.

烟台 *Yen-t'ai*, Chefoo.

在於 *tsai-yü*, in.

日勝一日 *jih shêng i jih*, von Tage zu Tage mehr.

禁除 *chin-ch'u*, verbieten, untersagen.

前由 *ch'ien-yu*, das Vorhergehende.

大干例禁 *ta kan li chin*, sehr gegen das Verbot verstossen.

僞造 *wei-tsao*, nachmachen.

仍前 *jêng-ch'ien*, wie früher.

影射 *ying-shê*, Vorspiegelungen machen.

漁利 *yü-li*, nach Verdienst jagen.

炤 = 照.

A. N⁰ 146.

聶 *Nieh* (Personenname).

吉興 *Chi-hsing* (Firma).

各色 *ko-sê*, jeder Art.

機器 *chi-ch'i*, Maschine.

揀淨 *chien-ching*, reinigen.

起運 *ch'i-yün*, verschicken.

水脚 *shui-chiao*, Fracht.

過重 *kuo chung*, zu schwer.

汽 *ch'i*, Wasserdampf.

汽機 *ch'i-chi*, Dampfmaschine.

水鍋二口 *shui-kuo êrh-k'ou*, zwei Dampfkessel.

阻止 *tsu-chih*, verbieten.

准照辦理 *chun chao pan-li*, Sie sagten zu, dass es geschehen solle.

諳 *an*, verstehen.

洞鑒 *tung-chien*, klares Verständniss.

煤氣 *mei-ch'i*, Gas.

暢旺 *ch'ang-wang*, sich entfalten, ausbreiten.

啟。。。由 *ch'i...yu*, es wird Veranlassung gegeben zu...

盼切望切 *p'an ch'ieh wang ch'ieh*, das hoffe ich sehr.

A. N⁰ 147.

照准 *chao-chun*, genehmigen.

法 *Fa* (Personenname).

起岸 *ch'i-an*, landen.

明文 *ming-wên*, deutliche Erklärung.

通融 *t'ung-jung*, Entgegenkommen.

出具甘結 *ch'u-chü kan-chieh*, Verpflichtungsschein ausstellen, Garantieschein zeichnen.

改造 *kai-tsao*, bearbeiten.

A. N⁰ 148.

森寶 *Sên-pao* (Firma).

鬱林 *Yü-lin* (Departement in Kuangsi).

厘金廠 *li-chin ch'ang*, Likinstation.

北海 *Pei-hai* = Pakhoi.

屢屢 *lü-lü*, zu wiederholten Malen.

擱淺 *ko-ch'ien*, festfahren (auf Untiefen).

日久 *jih-chiu*, seit vielen Tagen.

不堪 *pu k'an*, nicht ertragen können, unerträglich.

潮 *ch'ao*, Fluth.

着淺 *cho-ch'ien*, aufs Trockene gerathen.

抑 *yi*, oder.

備繳 *pei chiao*, im vollen Betrage zahlen.

作押 *tso ya*, als Pfand dienen.

任令 *jên-ling*, zulassen.

充公 *ch'ung-kung*, confisciren.

扣抵 *k'ou-ti*, als Ersatz zurückbehalten.

交復 *chiao-fu*, zurückgeben.

似省於 *sse shêng yü*, so könnte wohl vermieden werden..... (vulgär).

負累 *fu-lei*, zu leiden haben.

台祉 *t'ai-chih*, Ew. Excellenz Wohlergehen.

A. N⁰ 149.

匿名 *ni-ming*, anonym.

河南 *Ho-nan* = Honam, Vorstadt von Canton.

開派 *k'ai-p'ai*, vertheilen.

侵害 *ch'in-hai*, Verderben bringen.

五孔 *wu-k'ung*, die 5 Öffnungen, wohl: Nase, Mund und Augen gemeint, gewöhnlich spricht man von 7 Öffnungen, indem die Ohren hinzugerechnet werden.

不惺 *pu hsing*, nicht wahrnehmen, kein Bewusstsein haben.

齊集 *ch'i-chi*, sich zusammenschaaren.

捆綁 *k'un-pang*, fesseln.

垣 *yüan*, Mauer, Stadt.

紳 *shên*, Honoratioren.

番人 *fan-jên*, die Wilden = Europäer.

清滅 *ch'ing-mieh*, rein ausrotten.

Anm. Der Stil dieses Plakats ist naturgemäss sehr vulgär.

A. N⁰ 150.

連夜 *lien-yeh*, noch in der Nacht.

廣州協 *Kuang-chou hsieh*, das Canton Regiment.

副將 *fu-chiang*, Oberst.

南 *Nan* = *Nan-hai*, einer der Distrikte von Canton.

番 *P'an* = *P'an-yü*, der zweite Distrikt von Canton.

將 = 副將.

Instruktion.

銷毀 *hsiao-hui*, vernichten.

城廂 *ch'êng-hsiang*, Weichbild der Stadt.

時疫 *shih-yi*, die zur Zeit herrschende Pest.

迷 *mi*, irreführen, der Besinnung berauben.

揑造 *nieh-tsao*, fabriziren, erfinden.

從中 *t'sung-chung*, bei der Gelegenheit.

殊堪痛恨 *shu k'an t'ung-hên*, worüber man sich wirklich empören kann.

張貼 *chang-t'ieh*, anschlagen (Plakate).

海幢寺 *Hai-ch'uang-sse* (Name des sog. Honam Tempels in Canton).

札到 *cha-tao*, einen Erlass richten an.

兵差 *ping ch'ai*, Soldaten und Konstabler.

汛 *hsün*, Polizeistation.

撕去 *sse-ch'ü*, abreissen.

責革 *tsê-ko*, zur Strafe absetzen.

姑寬 *ku-k'uan*, Milde walten lassen.

枷責 *chia-tsé*, mit dem Kang bestrafen.

斥革 *ch'ih-ko*, entlassen, wegjagen.

禀報 *ping-pao*, Bericht erstatten.

B.

B. N° 1.

黨 *tang* (politische Partei).

聯合 *lien-ho*, sich vereinigen.

述 *shu*, erzählen, berichten.

電 *tien*, Telegramm.

字林報 *Tse-lin pao*, die Zeitung *North China Daily News*.

東京 *Tung-ching*, *Tokio*.

目下 *mu hsia*, unter den Augen, augenblicklich.

而 *érh* (dient hier zur Trennung des voranstehenden Objekts vom Verbum).

議院 *i-yüan*, Parlament.

政友會 *chêng-yu-hui*, die regierungsfreundliche Partei.

進 *chin*, vorgehen.

進步黨 *chin-pu-tang*, Fortschrittspartei.

爲一 *wei i*, eins werden.

開辦 *k'ai-pan*, die Verhandlungen beginnen.

設非 *shé-fei*, gesetzt dass nicht, falls nicht.

協議 *hsieh-yi*, gemeinsam verhandeln.

效 *hsiao*, Erfolg.

樞 *shu*, Angel, Kernpunkt.

密 *mi*, geheim.

樞密院 *shu-mi-yüan*, der geheime Staatsrath, das Ministerium.

將 *chiang* (Zeichen des Futurum).

剛强 *kang-chiang*, hart, hartnäckig.

反對 *fan-tui*, Opposition.

B. N° 2.

逐 *chu*, vertreiben, ausweisen.

聞 *wên*, das Gehörte, die Nachricht.

潛 *ch'ien*, sich verbergen, heimlich.

飛列濱 *Fei-lieh-pin*, Philippinen.

羣島 *ch'ün-tao*, die gesammten Inseln, Archipel.

設法 *shé-fa*, einen Plan fassen, Massregeln ergreifen.

驅逐 *ch'ü-chu*, vertreiben, ausweisen.

文匯報 *Wên-hui-pao*, die Zeitung *Shanghai Mercury*.

B. N⁰ 3.

釋放 *shih-fang*, freilassen.

鎮江 *Chên-chiang* = *Chinkiang* (Stadt am Yangtse).

招商局 *Chao-shang-chü*, *China Merchants Steam Navigation Company*.

艘 *sou* (Num. für Schiffe).

常州 *Ch'ang-chou-fu* (Präfektur in *Kiangsu*).

奔牛 *Pên-niu* (Ort).

煤炭 *mei-t'an*, Steinkohlen.

報捐 *pao chüan*, sich zur Zahlung (des Likin) melden.

扣留 *k'ou-liu*, zurückbehalten, festhalten.

朱 *Chu* (Eigenname).

雷樂石 *Lei Lo-shih* (Personenname).

矣 *i* (Finalpartikel; drückt oft die Ungewissheit und Unbestimmtheit aus).

B. N⁰ 4.

申 *Shên* = *Shanghai.*

候補 *hou-pu*, charakterisirt, designirt.

沈幼彥 *Shên Yu-yen* (Eigenname).

觀察 *kuan-ch'a* (Titel eines Taotai, dem Namen angehängt).

邦憲 *Pang-hsien* (Zuname).

督撫 *tu-fu*, Generalgouverneur und Gouverneur.

埠 *fou* (*pu*), Hafen, Handelsplatz.

製造局 *chih-tsao-chü*, Arsenal.

拜會 *pai-hui*, Besuch abstatten.

B. N⁰ 5.

主教 *chu-chiao*, Bischof.

選 *hsüan*, erwählen.

德文報 *Tê-wén-pao*, die deutsche Zeitung, der *Ostasiatische Lloyd*.

安 *An* = *Anzer*.

逝世 *shih-shih*, aus dem Leben scheiden (von höheren Beamten gesagt).

合宜 *ho-i*, passend.

繼 *chi*, fortsetzen.

當 … 時 *tang...shih*, damals als, zur Zeit als...

羅馬 *Lo-ma*, Rom.

覲見 *chin-chien*, c. acc., bei einem Souverän Audienz haben.

教皇 *chiao-huang*, Papst.

優待 *yu-tai*, gut behandeln, freundlich aufnehmen.

足見 *tsu chien*, daraus kann man ersehen, woraus sich ersehen lässt.

生前 *shêng ch'ien*, früher bei Lebzeiten.

欽佩 *ch'in-p'ei*, hochschätzen.

B. N⁰ 6.

常鎮通海 *Ch'ang Chên T'ung Hai* (der Kreis *Ch'ang-chou-fu*, *Chinkiang*, *T'ung-chou* und *Hai-mên-ting* in *Kiangsu*).

郭月樓 *Kuo Yüeh-lou* (Personenname).

以 *i*, wegen, weil.

鬧教 *nao-chiao*, es kommt zu Missionsunruhen.

層 *ts'êng*, mehrmals.

見 *chien*, sich zeigen.

疊 *tieh*, wiederholt.

不力 *pu li*, ohne Kraft, ohne Energie.

爰 *yüan*, deswegen; so (den Folgesatz einleitend).

淮徐揚 *HuaiHsüYang* = *Huai-an*, *Hsü-chou* und *Yang-chou*.

抄錄 *ch'ao-lu*, abschreiben.

歷次 *li-ts'e*, verschiedene Male.

頒行 *pan-hsing*, bekannt machen.

分屬 *fên shu*, die verschiedenen Unterbeamten.

畧 *lio* (*lüo*), ungefähr, im Grossen und Ganzen.

教民 *chiao-min*, Konvertiten.

境 *ching*, Gebiet.

加意 *chia-yi*, die Sorgfalt vermehren, mit vermehrter Sorgfalt.

照料 *chao-liao*, sorgen für.

民教 *min chiao*, das Volk und die Konvertiten, Nicht-Christen und Christen.

交涉案件 *chiao-shê an-chien*, gemischte Streitsachen.

理結 *li-chieh*, erledigen.

稍 *shao*, im Geringsten.

袒護 *t'an-hu*, unrechtmässig in Schutz nehmen, protegiren.

允洽 *yün-hsia*, harmoniren, sich vertragen.

視爲具文 *shih-wei chü-wên*, etwas als toten Buchstaben ansehen (sich nicht darum kümmern).

實事求是 *shih shih ch'iu shih*, die Sache ernst nehmen.

稟詳 *ping-hsiang*, berichten (nach oben).

參 *ts'an*, denunziren.

革職 *k'o-chih*, absetzen.

永不叙用 *yung pu hsü yung*, nie wieder für eine Verwendung (Anstellung) erwähnt werden dürfen (dauernd zur Bekleidung öffentlicher Ämter unfähig sein).

B. N⁰ 7.

藩 *fan*, Grenze; Fürst, Prinz.

親藩 *ch'in-fan*, Kaiserlicher Prinz.

疾 *chi*, Krankheit.

愈 *yü*, heilen.

感受 *kan-shou*, c. acc., afficirt werden von, eine Vergiftung erleiden von.

昏 *hun*, schwindelig.

眩 *hsüan*, wirr vor den Augen.

B. N⁰ 8.

和戰 *ho chan*, Frieden und Krieg.

决 *chüeh*, entscheiden.

侍御 *shih-yü*, Censor.

上一封奏 *shang i-fêng tsou*, eine Eingabe an den Kaiser einreichen.

失機 *shih chi*, den richtigen Zeitpunkt verpassen.

在 *tsai*, es liegt in.

因循 *yin-hsün*, nachgeben, sich gehen lassen.

盤踞 *p'an-chü*, besetzen, occupiren.

藉端 *chieh-tuan*, einen Vorwand benutzen.

要挾 *yao chia* (*hsieh*), hart bedrängen.

所難 *so nan*, was das Schwierige ist.

主戰 *chu chan*, sich zum Kampfe entschliessen.

延緩 *yen-huan*, hinausschieben, zaudern.

布置 *pu-chih*, aufstellen (Truppen).

非所宜 *fei so yi*, es ist nicht, wie es sein müsste.

定大計 *ting ta-chi*, einen grossen Entschluss fassen.

檄 *hsi* (*chi*), Befehl geben.

調 *tiao*, abordnen, aufbieten.

重兵 *ch'ung ping*, grosse Truppenmengen.

决一生死 *chüeh i shêng sse*, über Tod und Leben entscheiden.

日久 *jih chiu*, es verfliesst noch viel Zeit.

枝節 *chih-chieh*, Schwierigkeiten.

B. N⁰ 9.

緩 *huan*, aufschieben.

出洋 *ch'u-yang*, in's Ausland gehen.

業 *yeh*, Studium.

館 *kuan*, Schule.

咨送 *tse-sung*, mit einem Begleitschreiben schicken.

留學 *liu hsüeh*, zum Studium dort lassen.

以廣見聞 *i kuang chien-wên*, um den Gesichtskreis zu erweitern.

旋 *hsüan*, drehen, darauf.

程度 *ch'êng-tu*, Mass, Kapazität, Können.

大約 *ta-yüeh*, wahrscheinlich.

開歲 *k'ai-sui*, das nächste Jahr.

移 *yi*, verlegen nach.

施醫局 *shih-yi chü*, Klinik.

肄業 *yi-yeh*, Studien treiben.

外間 *wai-chien*, ausserhalb, im Volke.

傳言 *ch'uan yen*, es wird weitererzählt, es geht das Gerücht.

B. N⁰ 10.

庫車 *K'u-ch'ê* (Stadt in Turkestan).

喀喇沙爾 *K'o-la-sha-êrh*, *Harashar*.

台卒 *t'ai-tsu*, Diener, Bote.

掩 *yen*, bedecken.

沒 *mo*, versinken, ertrinken.

掩沒 *yen-mo*, verschütten.

下落 *hsia-lo*, Aufenthalt, Verbleib.

災 *tsai*, Unglück.

B. N⁰ 11.

京師 *ching-shih*, Residenzstadt (Peking).

雨雪 *yü hsüeh*, es regnet Schnee, es schneit.

傍晚 *p'ang wan*, gegen Abend.

始 *shi*, dann erst.

積 *chi*, aufhaüfen.

B. Nº 12.

蕭 *Hsiao* (Personenname).

火藥 *huo-yao*, Schiesspulver.

硝磺 *hsiao-huang*, Salpeter.

局 *chü*, Fabrik.

明府 *ming-fu* (Titel eines Distriktsmagistrats).

附近 *fu-chin*, nahe bei.

施放 *shih-fang*, abfeuern.

花爆 *hua-p'ao*, Racketen.

不得不 *pu té pu*, man kann nicht umhin zu, man muss...

燥 *tsao*, glühen, heiss.

患 *huan*, Unheil.

預防 *yü-fang*, Vorsichtsmassregeln treffen.

B. Nº 13.

凡 *fan*, alle.

信件 *hsin-chien*, Briefe (件 Numerativ).

訛 *o*, Irrthum.

因一字之訛遂鑄九州之錯 *yin i-tse chih o sui chu chiu-chou chih ts'o*, wegen eines falschen Wortes wird ein verkehrtes Zeichen für das ganze Reich (die 9 Provinzen) gegossen d.h. der geringste Irrthum hat die weittragendsten Folgen.

涉訟 *shé-sung*, in einen Process gerathen.

倩 *ch'ien*, engagiren.

曷 *ho*, wie?

曷若 *ho-jo*, wie, wenn? wäre es nicht besser, wenn?

愼之 *shên chih*, darauf Acht geben.

先舉 *hsien chü*, der erste Anfang.

件 *chien*, Schriftstück, Pièce.

名手 *ming-shou*, renommirt.

隙 *ch'i* (*hsi*), Lücke, Gelegenheit.

乘 *ch'êng*, benutzen.

鄙人 *pi-jên*, wir (geringen Leute).

新聞報 *hsin-wên-pao*, "*Neueste Nachrichten*" (Name einer chin. Zeitung).

顏仲山 *Yen Ch'ung-shan* (Personenname).

公餘之暇 *kung yü chih hsia*, die freie Zeit, die nach den

Amtsgeschäften noch übrig bleibt.

按 *an*, prüfen; nun.

肄習 *yi-hsi*, studiren.

文憑 *wên-p'ing*, Zeugniss.

精 *ching*, erfahren sein in.

擬稿 *ni kao*, das Konzept entwerfen.

周密 *chou-mi*, vollkommen richtig, ganz genau.

有素 *yu su*, schon lange.

登 *têng*, hinaufsteigen.

登報 *têng-pao*, in die Zeitung setzen.

報館 *pao-kuan*, Zeitungsexpedition.

信函 *hsin-han*, Briefe.

稟牘 *ping-tu*, Eingaben.

指針 *chih-chên*, die zeigende Nadel, der Kompass.

有在 *yu tsai*, ist vorhanden.

虞 *yü*, Besorgniss.

嚴信厚 *Yen Hsin-hou* (Eigenname).

B. N⁰ 14.

兩宮 *liang kung*, die beiden Paläste = die beiden Majestäten, Kaiser und Kaiserin.

園 *yüan*, Garten, Park.

記 *chi*, Notiz, notiren.

擇 *tsê*, auswählen.

于 *yü*, an.

還 *huan*, zurückkehren.

連日 *lien-jih*, vereinigte Tage, aufeinander folgende Tage.

典 *tien*, Ritual.

致祭 *chih chi*, Opfer darbringen.

畢 *pi*, vollenden.

頤和園 *I-ho-yüan*, *Iho* Park = *Wan-shou-shan*.

內廷 *nei t'ing*, Palast, Hof; Hofmarschallamt.

推緩 *t'ui-huan*, aufschieben.

召見 *chao-chien*, Audienzen empfangen, abhalten.

駐蹕 *chu-pi*, wohnen, residiren (vom Kaiser gebraucht).

刻 *k'o*, jetzt.

傳知 *ch'uan-chih*, Mittheilung ergehen lassen.

敬謹 *ching-chin*, ehrerbietigst und sorgfältigst.

矣 *i* (Finale, weniger positiv als 也).

裕朗西 *Yü Lang-hsi* (Eigenname).

大司僕 *ta-sse-p'u*, Präsident des kaiserlichen Gestüts.

傳調 *ch'uan-tiao*, berufen.

印度 *Yin-tu*, Indien.

馬戲 *ma-hsi*, Zirkus.

進呈 *chin-ch'êng*, vorführen.

慈覽 *ts'e-lan*, der mütterliche Blick (der Kaiserin-Mutter. 慈 ist ein mit Vorliebe für die Kaiserin gebrauchtes epitheton).

邀 *yao*, einladen.

欽使 *ch'in-shih*, Gesandter.

參隨 *ts'an-sui*, Legationssekretäre und Attachés, 參贊 und 隨員.

女眷 *nü chüan*, weibliche Anverwandte, Familienmitglieder (namentlich Frauen).

俯覽 *fu-lan*, von oben herab zuschauen.

嘉奬 *chia-chiang*, anfeuern und loben, auszeichnen.

B. Nº 15.

近日 *chin-jih*, in den letzten Tagen.

使 *shih*, Gesandter.

事宜 *shih-yi*, Angelegenheiten.

進忠告之言 *chin chung-kao chih yen*, loyale Vorschläge machen.

納 *na*, annehmen.

使館 *shih-kuan*, Gesandtschaftshotel.

晤談 *wu-t'an*, sich unterhalten.

許久 *hsü-chiu*, sehr lange.

協商 *hsieh-shang*, bei der Berathung helfen; freundschaftliche Rathschläge geben.

要求 *yao-ch'iu*, energisch verlangen.

權 *ch'üan*, Macht, Einfluss.

均沾 *chün chan*, gemeinsam geniessen, theilhaftig werden.

獨 *tu*, nur.

讓 *jang*, überlassen.

赫 *Ho*, *Sir Robert Hart* (der Generalzollinspektor der internationalen chinesischen Seezollverwaltung).

君 *chün*, Herr.

總持 *tsung-ch'ih*, die obere Leitung haben.

一切 *i-ch'ieh*, alles.

政府 *chêng-fu*, Regierung.
一節 *i-chieh*, Angelegenheit.
不得 *pu tê*, nicht finden können.
主義 *chu-i*, Entscheidung.
命 *ming*, befehlen.
張 *Chang*, *Chang Chih-tung*.
宮保 *kung-pao*, Prinzenerzieher.
以爲 *i-wei*, um zu.
調停 *t'iao-t'ing*, arrangiren, Schwierigkeiten beseitigen.

B. N° 16.

遭 *tsao*, treffen, stossen auf.
匪 *fei*, Banditen, Räuber.
甬 *Yung* = *Ningpo* (alter Name).
屬 *shu*, abhängig, ressortirend von.
境 *ching*, Gebiet.
岳林寺 *Yo-lin-sse* (Ortsname, bez. Tempelname).
僕傭 *p'u-yung*, Diener.
遊覽 *yu-lan*, spazieren gehen, einen Ausflug machen.
詎 *chü*, wie?, unerwarteter Weise.
突 *t'u*, plötzlich, unerwartet.
匪黨 *fei-tang*, Banditen, Bande.
擁 *yung*, zusammendrängen, zusammenströmen.
强行 *chiang-hsing*, Gewalt anwenden.
刼掠 *chieh-lüeh*, berauben, ausplündern.
僕從 *p'u-ts'ung*, Begleiter, Diener.
擊 *chi*, schlagen.
差 *ch'ai*, abschicken.
美益 *Mei-yi* (fremde Firma).
報警 *pao ching*, die Alarmnachricht melden.
惠 *Hui* (Personenname).
急 *chi*, eilig.
衞勇 *wei-yung*, Freiwillige der Schutztruppe.
提台 *t'i-t'ai*, General.
呂道生 *Lü Tao-shêng* (Eigenname).
副中營 *fu-chung-ying*, das zweite mittlere Bataillon.
勇丁 *yung-ting*, Freiwilliger, *Brave*.

B. N° 17.

意見 *i-chien*, Ansicht.
歐洲 *Ou-chou*, der europäische Kontinent, Europa.

傳播 *ch'uan-po*, weiterverbreiten, ausstreuen.

謠言 *yao-yen*, Gerede, Gerücht.

廣備 *kuang pei*, in umfassender Weise vorbereiten.

開戰 *k'ai-chan*, den Kampf, Krieg eröffnen.

舉 *chü*, Unternehmen, Vorgehen, Beginnen.

幾若 *chi jo*, fast wie.

發狂 *fa-k'uang*, in Raserei ausbrechen.

其實 *ch'i shih*, die Wahrheit davon, in Wahrheit.

毫 *hao*, Haar.

毫無 *hao-wu*, nicht im Geringsten.

根底 *kên-ti*, Grund.

特別 *t'ê-pieh*, besonders.

異常 *i-ch'ang*, aussergewöhnlich.

震動 *chên-tung*, erschüttern, heftig erregen.

平素 *p'ing-su*, gewöhnlich, regelmässig.

戒備 *chieh-pei*, Vorsichtsmassregeln treffen.

愈 *yü*, umsomehr.

形 *hsing*, erscheinen.

穩固 *wên-ku*, sicher, gesichert.

決不 *chüeh-pu*, durchaus nicht, entschieden nicht.

致 *chih*, dazu kommen, dass.

憂慮 *yu-lü*, sich Sorgen und Gedanken machen.

至 *chih*, was anbetrifft.

刊 *k'an*, drucken.

傳單 *ch'uan-tan*, Zirkular, Flugblatt.

言之過甚 *yen chih kuo shên*, sie haben zuviel Gewicht darauf gelegt, zuviel Aufhebens davon gemacht.

視 *shih*, ansehen, meinen.

大局 *ta-chü*, das allgemeine Interesse, des Wohl des Volkes.

與...關係 *yü...kuan-hsi*, verknüpft sein mit, von Belang sein für.

大半 *ta-pan*, hauptsächlich, in erster Linie.

國務黨派 *kuo-wu tang-p'ai*, eine politische Parteirichtung.

B. N° 18.

利 *li*, Vortheil bringen *c. acc.*

沂州府 *I-chou-fu* (Präfektur in Schantung).

胡建樞 *Hu Chien-shu* (Personenname).

太守 *t'ai-shou* (Titel eines Präfekten, zwischen Familien- und Zunamen gestellt).

捐 *chüan*, subskribiren, freiwillige Beiträge leisten.

廉 *lien*, unbestechlich, uneigennützig.

因利局 *yin-li-chü*, Wohlthätigkeitsanstalt.

經 *ching*, verfliessen.

缺乏 *ch'üeh-fa*, ermangeln.

資本 *ts'e-pên*, Kapital.

商農 *shang nung*, Handel und Ackerbau, Kaufleute und Bauern.

取有 *ch'ü yu*, sich verschafft haben.

妥保 *t'o-pao*, sichere Bürgschaft.

貸 *tai*, (gegen Zinsen) leihen.

整 *chêng*, voll, im Ganzen.

分 *fên*, in Raten.

利息 *li-hsi*, Zinsen.

償 *ch'ang*, ersetzen, zurückzahlen.

逾越 *yü-yüeh*, überschreiten.

營生 *ying-shêng*, Handel.

胼 *pien*, harte Haut, Schwielen.

胝 *chih*, do.

濟急 *chi chi*, der Noth helfen.

德之 *tê chih*, dankbar dafür sein, es dankbar empfinden.

織 *chih*, weben.

紡織 *fang-chih*, do.

安 *an*, aufstellen.

機 *chi*, Webstuhl.

土布 *t'u-pu*, einheimisches Tuch.

B. N⁰ 19.

垂 *ch'ui*, sich herablassen, gnädigst.

滿 *Man* = 滿州, Mandschurei.

奉天 *Fêng-t'ien*, *Mukden*.

府尹 *fu-yin*, Stadtpräfekt.

玉恒 *Yü-hêng* (Eigenname).

京兆 *ching-chao* (Titel des Präfekten der Hauptstadt).

現狀 *hsien-chuang*, die jetzige Gestalt, Aussehen, Lage.

揮淚 *hui lei*, eine Thräne wegwischen.

因 *yin*, deswegen.

盡 *chin*, vollenden.

詞 *ts'e*, Worte.

B. N⁰ 20.

干預 *kan-yü*, sich einmischen.

粵督 *Yüeh tu*, Generalgouverneur der beiden Kuang Provinzen.

岑雲 *Ts'ên-yün* (Personenname).

帥 *shuai* (Titel eines Generalgouverneurs, wird der ersten Silbe seines Zunamens zügefügt).

藉口 *chieh-k'ou*, einen Vorwand benutzen.

竄 *ts'uan*, sich einschleichen, eindringen.

越 *Yüeh*, *Annam*.

將 *chiang*, wollen; im Begriff sein.

扼 *o*, besetzen.

明江 *Ming-chiang* (Unterpräfektur in *Kuangsi*).

堅辭 *chien ts'e*, energisch zurückweisen.

拒絕 *chü-chüeh*, verhindern.

勦 *chiao*, ausrotten.

爲名 *wei-ming*, als Vorwand benutzen.

楚 *Ch'u*, *Hunan*.

太平 *T'ai-p'ing* (Präfektur in *Kuangsi*).

然則 *jan-tsê*, indess aber.

西非 *Hsi fei*, die Rebellen des Westens = *Kiangsi*.

蔓 *wan*, sich ausbreiten.

一時 *i-shih*, sofort.

蕆 *ch'an*, vollenden.

B. N⁰ 21.

監工 *chien-kung*, Arbeiter Aufseher.

自來火 *tse-lai-huo*, Schwefelholz, Zündholz.

身故 *shên-ku*, sterben.

同伴 *t'ung-pan*, Kamerad.

驗屍 *yen shih*, den Leichnam untersuchen, Leichenschau halten.

醫 *i*, Arzt.

以 X 爲確 *i x wei ch'ioh*, x für richtig halten.

B. N⁰ 22.

鑿 *tsao* (*tso*), bohren.

井 *ching*, Quelle, Brunnen.

竣 *chün*, vollenden.

佳 *chia*, gut, schön.

竟 *ching*, vollenden.

彰儀門 *Chang-i-mên* (das Westthor der Chinesenstadt in Peking).

王府 *wang-fu*, Prinzenpalais.

掘 *chüeh*, graben.

告竣 *kao chün*, die Vollendung anzeigen.

B. N⁰ 23.

幣 *pi*, Münze.
墨西哥 *Mo-hsi-ko*, *Mexiko*.
銀洋 *yin-yang*, Silberdollar.

查詢 *ch'a-hsün*, nachforschen, eine Enquête anstellen.
流幣 *liu-pi*, das Zirkuliren des Geldes; die Währungsfrage.

B. N⁰ 24.

大令 *ta-ling* (Titel eines Distriktsmagistrats).
毀 *hui*, verderben, entwerthen.
制 *chih*, reguliren.
制錢 *chih-ch'ien*, Normal *Käsch*, kleine *Käsch* (wie sie in China überall üblich ausser in Peking, wo man grosse *Käsch* hat).
羅銀桂 *Lo Yin-kuei* (Eigenname).
監 *chien*, Gefängniss.
斃 *pi*, sterben.
汪瑤庭 *Wang Yao-t'ing* (Personenname).
申詳 *shên-hsiang*, an die vorgesetzte Behörde berichten.
袁 *Yüan* (Personenname).
鄰 *lin*, benachbart.
封 *fêng*, belehnen, zum Beamten ernennen.
鄰封 *lin-fêng*, Beamter der benachbarten Gegend.
列 *lieh*, aufführen, melden.
前報 *ch'ien-pao*, die frühere Zeitung, eine frühere Nummer.
犯 *fan*, Verbrecher.
上憲 *shang-hsien*, der Vorgesetzte.
判定 *p'an-ting*, Entscheidung fällen.
收禁 *shou-chin*, in Haft, gefangen halten.
遂 *sui*, darauf.
午後 *wu-hou*, nach Mittag.
帶同 *tai-t'ung*, mit.
仵作 *wu-tso*, Leichenbeschauer, *Coroner*.
書役 *shu-yi*, Schreiber.
羅文蘭 *Lo Wên-lan* (Personenname).
投案 *t'ou-an*, vor Gericht kommen.

殮 *lien*, in ein Leichentuch thun.
收殮 *shou-lien*, einsargen.
以 *i*, weil.
不得不 *pu tê pu*, er konnte nicht nicht, konnte nicht umhin, musste.
驗得 *yen-tê*, durch Untersuchung feststellen.
身死 *shên-sse*, sterben.
判令 *p'an-ling*, die Entscheidung treffen, dass.
具結 *chü-chieh*, einen Garantieschein ausstellen.

B. N° 25.

界 *chieh*, Gebiet, Niederlassung.
火警 *huo-ching*, Feuer Alarm.
新閘 *Hsin-cha* = *Sinza* (Ort bei Schanghai).
東首 *tung-shou*, das östliche Ende.
天益堂 *T'ien-i t'ang*, die Halle des Himmlischen Vortheils (Firma).
藥材 *yao-ts'ai*, Medizinen, Droguen.
失愼 *shih-shên*, die Aufmerksamkeit ausser Acht lassen, durch Unachtsamkeit Feuer aufkommen lassen.
旋 *hsüan*, darauf.
救火會 *chiu-huo-hui*, die beim Feuer rettende Vereinigung; Feuerwehr.
驅 *ch'ü*, antreiben, jagen.
熄 *hsi*, löschen.
焚去 *fên-ch'ü*, abbrennen.
容 *jung* (*yung*), man möge uns erlauben.
錄 *lu*, verzeichnen, melden.

B. N° 26.

工藝 *kung-yi*, Gewerbe.
刷印 *shua-yin*, drucken.
仿 *fang*, nachahmen.
約 *yüeh*, ungefähr.
版 *pan*, Druckplatte.
出版 *ch'u-pan*, mit dem Druck beginnen.

B. N° 27.

振興 *chên-hsing*, zur Blüthe bringen.
濟南 *Chi-nan* (Hauptstadt von Schantung).
舊 *chiu*, seit langem.

呈設 *ch'êng-shé*, ausstellen.

三向 *san-hsiang*, 3 Richtungen.

辦公 *pan-kung*, die Geschäfte (des Vereins) führen.

住宿 *chu-hsü* (*su*), wohnen.

繡 *hsiu*, sticken.

行銷 *hsing-hsiao*, absetzen, verkaufen.

殆 *tai*, fast.

器 *ch'i*, Geräth.

銷路 *hsiao-lu*, Absatzgebiet.

集 *chi*, sammeln, zusammenbringen.

股 *ku*, Antheil, Aktie.

人力車 *jên-li-ch'ê*, *Jinriksha* (der bekannte, von Kulis gezogene Personenwagen).

出賃 *ch'u-lin*, vermiethen.

入股 *ju-ku*, eine Aktie zahlen, übernehmen.

尙稱 *shang ch'êng*, davon lässt sich noch sagen:

踴躍 *yung-yo*, hüpfen vor Freude, begeistert sein.

B. N⁰ 28.

續 *hsü*, fortsetzen.

一則 *i-tsé*, ein Punkt, Angelegenheit.

幢 *tung*, Schirm (Num. für Häuser).

祥豐 *Hsiang-fêng* (Firma).

紗莊 *sha-chuang*, Garn Geschäft (Laden).

榮盛 *Jung-shêng* (Firma).

保火險 *pao huo-hsien*, gegen Feuersgefahr versichern.

隔 *ko*, trennen.

壁 *pi*, Wand.

隔壁 *ko-pi*, anstossend, angrenzend.

殃 *yang*, Unglück.

及 *chi*, erreichen.

餘大 *Yü-ta* (Firma).

核奪 *hê-to*, eine Entschiedung treffen.

B. N⁰ 29.

平度縣 *P'ing-tu hsien* (Distrikt in Schantung).

令 *ling*, Distriktsmagistrat.

相近 *hsiang-chin*, nahe.

雇請 *ku-ch'ing*, engagiren.

精熟 *ching-shu*, gehörig verstehen.

煤礦 *mei-kung*, Kohlenbergwerk.

否 *fou*, oder nicht? (Finale Fragepartikel = 沒有).

予 *yü*, ich.

渠 *ch'ü*, er sie (auch 佢 geschrieben).

豐足 *fêng tsu*, von hinreichender Güte.

苗 *miao*, Sprossen.

煤苗 *mei-miao*, Kohlenlager, Kohlenflötze.

噸 *tun*, Tonne.

須 *hsü*, nöthig haben, kosten.

運費 *yün-fei*, Transportkosten.

昂貴 *ang-kuei*, theuer.

過此 *kuo ts'e*, hier vorbeikommen.

沿途 *yen t'u*, längs des Weges, unterwegs.

測量 *ts'ê-liang*, vermessen.

地圖 *ti-t'u*, Landkarte.

謠啄 *yao-cho*, Gerade.

繁興 *fan hsing*, zahlreich entstehen.

預兆 *yü-chao*, Omen.

稽 *chi*, prüfen.

B. N⁰ 30.

築 *chu*, bauen.

張 *Chang* = 張家口, *Kalgan*.

鐵路 *t'ieh-lu*, Eisenbahn.

駁 *po*, bekämpfen, umstossen, kassiren.

路礦總局 *lu-kung tsung-chü*, Zentralamt für Eisenbahnen und Bergbau.

以前 *i-ch'ien*, früher.

比 *pi*, gemeinsam mit, im Einvernehmen mit.

德勝門 *Tê-shêng-mên* (nördliches Thor von Peking).

提 *t'i*, erheben, abheben (Geld).

沈敦和 *Shên Tun-ho* (Eigenname).

督飭 *tu ch'ih*, anweisen.

齊 *ch'i*, vollständig.

B. N⁰ 31.

蘆 = 蘆溝橋 *Lu-kou-ch'iao* (Name einer Brücke über den *Hun-ho* bei Peking).

蘆漢鐵路 *Lu Han t'ieh-lu*, die *Lu Han* Bahn (zwischen der *Lu-kou* Brücke und *Hankou*).

工程 *kung-ch'êng*, Arbeiter.

建造 *chien-tsao*, herstellen.

硃批 *chu-p'i*, eine Kaiserliche

Verfügung mit rothem Pinsel (硃 Zinnober).

袁張盛 *Yüan Chang Shêng*, die Staatsmänner: *Yuan Shih-kai*, *Chang Chih-tung* und *Shêng Hsüan Huai*.

會議 *hui-i*, gemeinsam berathen und Vorschläge machen.

二督 *êrh tu*, die beiden Generalgouverneure.

督辦 *tu-pan*, Generaldirektor.

B. N⁰ 32.

探聞 *t'an-wên*, durch Erkundigungen in Erfahrung bringen.

遠東 *yuan tung*, der Ferne Osten.

阿 *A* = *Alexeyeff*.

電致 *tien-chih*, telegraphiren an...

意在 *i tsai*, der Sinn liegt darin, dass..., es läuft darauf hinaus, dass...

庫倫 *K'u-lun*, *Kurun* = *Urga*.

劃 *hua*, abgrenzen.

專管之地 *chuan kuan chih ti*, Land, wofür speziell gesorgt wird, Interessensphäre.

不知 *pu chih*, man weiss nicht, wir wissen nicht.

將來 *chiang-lai*, in Zukunft.

政府諸公 *chêng-fu chu kung*, die Mitglieder der Regierung.

如何 *ju-ho*, wie?

B. N⁰ 33.

覲見 *chin-chien*, eine Audienz beim Kaiser haben.

廿 = 卄 = 二十.

男爵 *nan-chüeh* (5. Adelsklasse = von).

男爵穆默君 *nan-chüeh Mu-mo chün*, Herr *v. Mumm*.

B. N⁰ 34.

沽 *Ku* = 大沽 *Taku* (Hafen von Tientsin).

通 *t'ung*, verkehren, im Verkehr stehen.

意人 *I-jên*, Italiener.

馬可尼 *Ma-k'o-ni* = *Marconi*.

無綫 *wu-hsien*, keinen Draht habend, drathlos.

遞 *ti*, befördern.

消息 *hsiao-hsi*, Nachricht.

B. N⁰ 35.

機器 *chi-ch'i*, Maschine.

金陵 *Chin-ling* = *Nanking.*

劉聚卿 *Liu Chü-ch'ing* (Personenname).

世珩 *Shih-hêng* (Zuname).

江督 *Chiang tu*, Generalgouverneur der beiden Kiang Provinzen.

博覽會 *po-lan-hui*, Ausstellung.

重 *chung*, Gewicht legen auf.

實業 *shih-yeh*, praktischer Beruf; reeller Erwerb.

尤 *yu*, besonders.

會場 *hui-ch'ang*, Ausstellungsplatz.

機械 *chi-hsieh*, Maschine.

機械館 *chi-hsieh-kuan*, Maschinenhalle.

審度 *shên-tu*, genau in Augenschein nehmen.

靈巧 *ling-ch'iao*, erfindungsreich, sinnreich.

合中國應用 *ho Chung-kuo ying yung*, chinesischen Bedürfnissen entsprechen.

大阪 *Ta-fan*, *Osaka.*

訂購 *ting-kou*, bestellen, ankaufen.

架 *chia* (Numerativ für Maschinen).

質 *chih*, Substanz, Material.

提花布 *t'i-hua-pu*, geblümter Brokat.

彈 *tan*, klopfen, lockern.

軋 *ya*, pressen, egreniren.

其外 *ch'i wai*, ausserdem.

發動 *fa-tung*, in Bewegung setzen.

發動機 *fa-tung-chi*, Motor Maschine.

打米機 *ta-mi-chi*, Reis Enthülsungsmaschine.

燭 *chu*, Kerze.

隨後 *sui-hou*, später.

稟知 *ping-chih*, Meldung machen.

以爲然 *i-wei jan*, es für richtig halten, es billigen.

黃 *Huang* (Eigenname).

方伯 *fang-po* (Titel eines Provinzialschatzmeisters).

安置 *an-chih*, aufstellen.

然後 *jan-hou*, später.

興辦 *hsing-pan*, in Betrieb setzen.

陳述 *ch'ên-shu*, berichten.

靈便 *ling-pien*, sinnreich.

輕廉 *ch'ing-lien*, billig.

仿 *fang*, gemäss.

仿造 *fang-tsao*, nacharbeiten, nachahmen.

漸 *chien*, allmählich.

漸次 *chien-ts'e*, nach und nach.

擴 *k'uo*, breit, verbreitern.

充 *ch'ung*, anfüllen.

擴充 *k'uo-ch'ung*, weiterausdehnen.

欵項 *k'uan-hsiang*, Summen, Beträge.

聘定 *p'ing-ting*, engagiren.

甯 *Ning* = *Nanking*.

教習 *chiao-hsi*, unterrichten, unterweisen.

司道 *sse-tao*, die höchsten Provinzialbeamten(d.h.die 三司: Provinzialschatzmeister, Richter, Salzkommissar und der Korn Taotai oder Korn Intendant 糧道).

籌議 *ch'ou-yi*, Vorschläge machen.

B. N° 36.

藏 *Tsang*, Tibet.

裕 *Yü* (Personenname).

都統 *tu-t'ung*, Generalleutnant (Militärgouverneur).

偪 *pi*, Gewalt anwenden.

土人 *t'u-jên*, Eingeborener.

拒 *chü*, Widerstand leisten.

守 *shou*, Wache halten.

甚力 *shên li*, mit grosser Energie.

悍 *han*, wild.

箠 *chui*, Peitsche.

撻 *t'a*, schlagen.

界務 *chieh-wu*, Grenzangelegenheiten.

何光燮 *Ho Kuang-hsieh* (Personenname).

收效 *shou hsiao*, Erfolg erzielen.

遊擊 *yu-chi*, Major.

趙鈺 *Chao-yü* (Eigenname).

挑剔 *t'iao-t'i*, Ausstellungen machen, etwas auszusetzen haben.

品秩 *p'in-chih*, Rang.

B. N° 37.

寶 *pao*, Kostbarkeit, Kleinod.

星 *hsing*, Stern.

寶星 *pao-hsing*, Orden.

延明敏 *Yen Ming-min* (Personenname).

通達 *t'ung-ta*, verstehen, kenntnissreich.

精習 *ching hsi*, vorzüglich verstehen, beherrschen.

雇全 *ku ch'üan*, zu wahren bestrebt sein.

大局 *ta-chü*, das Allgemeinwohl, das Staatsinteresse.

兼督憲 *chien tu-hsien*, der stellvertretende Herr Generalgouverneur.

欽仰 *ch'in-yang*, hochschätzen, anerkennen.

賞給 *shang-chi*, verleihen.

雙龍三等第二寶星 *shuang-lung san-têng ti-êrh pao-hsing*, der Doppelte Drachenorden, 3. Klasse, 2. Stufe.

顆 *k'o* (Numerativ für Orden).

頒到 *pan tao*, ausfertigen.

B. N⁰ 38.

疎 *su* (*shu*), offen, öffnen, passirbar machen.

濬 *chün*, vertiefen, ausgraben.

疎濬 *su-chün*, ausbaggeren.

河道 *ho-tao*, Flusslauf.

粤 *Yüeh* = *Kuangtung*.

鵝潭 *O-t'an* (Ortsname).

車尾 *Ch'ê*-wei, do.

勢 *shih*, Gewalt; Art.

日就 *jih chiu*, von Tage zu Tage mehr (werden).

淤 *yü*, versanden.

淤淺 *yü-ch'ien*, versanden, verflachen.

暗 *an*, verborgen.

礁 *chiao*, Felsen, Klippe.

沙面 *Sha-mien* = *Shameen*, die fremde Niederlassung in Canton.

疏 = 疎.

彭剛直 *P'êng Kang-chih* (Personenname).

未果 *wei kuo*, es wurde nicht wirklich, es kam nicht dazu.

輪 *lun*, verkürzt für 輪船.

堤 *ti*, Deich, Damm.

詳爲 *hsiang-wei*, genau.

花地 *Hua-ti* (Ortsname).

塘 *t'ang*, Deich.

順流 *shun-liu*, der Strömung folgen, mit der Strömung.

勘試 *k'an-shih*, untersuchen.

記識 *chi-shih*, Aufzeichnungen machen.

就近 *chiu-chin*, in der Nähe, an Ort und Stelle.

挖 *wa*, graben.

塹 *ch'ien* (*chan*), Stadtgraben, Graben.

坦 *t'an*, flach, Seichtigkeit.

施機 *shih chi*, Maschinen verwenden.

挑挖 *t'iao-wa*, ausgraben, freilegen.

B. N° 39.

鎮 *Chên* = 鎮江 *Chên-chiang*, *Chinkiang* am Yangtse.

郡 *chün*, Präfektur.

常年 *ch'ang-nien*, alljährlich.

江 *Chiang*, verkürzt für 江寧 *Chiang-ning* = *Nanking*.

江綢 *Chiang-chou*, Nanking Seidenstoffe.

認捐 *jên chüan*, bereit sein, freiwillige Beiträge zu leisten.

土產 *t'u-ch'an*, Lokalerzeugnisse.

培 *p'ei*, pflegen, aufziehen.

通盤 *t'ung-p'an*, alles zusammen, in der That.

籌畫 *ch'ou-hua*, aufbringen, beschaffen.

祥遂安 *Hsiang Sui-an* (Personenname).

着 *cho*, anordnen.

機戶 *chi-hu*, Weber.

一倍 *i-pei*, das Doppelte.

席 *hsi*, Matte, Lehrstuhl.

趙銘辛 *Chao Ming-hsin* (Personenname).

他就 *t'a chiu*, anders wohin gehen.

辭退 *ts'e-t'ui*, den Abschied nehmen.

丁麗生 *Ting Li-shêng* (Personenname).

立瀛 *Li-ying* (Beiname).

B. N° 40.

獎 *chiang*, loben, auszeichnen.

河內 *Ho-nei* = *Hanoi* (Stadt in *Annam*).

賽會 *sai-hui*, Ausstellung.

景泰藍 *ching-t'ai-lan*, Blau aus der Zeit *Ching-tai* (1450 – 1456) = *Cloisonné*.

評議 *p'ing-yi*, begutachten.

評議員 *p'ing-yi-yüan*, Preisrichter.

超等文憑 *ch'ao-têng wên-p'ing*, Zeugniss erster Klasse, erster Preis.

栽羢地毯 *tsai-jung ti-t'an*, Teppich aus feiner Wolle.

駕乎。。。之上 *chia hu . . . chih shang*, übertreffen.

B. N⁰ 41.

賭 *tu*, Glücksspiel.

琉璃廠 *Liu-li-ch'ang* (Gegend in Peking).

土地祠 *T'u-ti ts'e*, Tempel des Erdgotts.

轉彩機器 *chuan-ts'ai chi-ch'i*, eine den Gewinn umdrehende Maschine, Glücksrad.

豐泰 *Fêng-t'ai* (Firma).

照相 *chao-hsiang*, Photographie.

乏 *fa*, ermangeln.

官場 *kuan-ch'ang*, Beamtenkreise.

不過問 *pu kuo wên*, sich nicht darum kümmern.

B. N⁰ 42.

晋 *Chin* (Name eines alten Feudalstaats im heutigen *Shansi*) *Shansi*.

保 *pao*, empfehlen.

護晉撫 *hu Chin-fu*, der stellvertretende Gouverneur von *Shansi*.

趙 *Chao* (Personenname).

中丞 *chung-ch'êng* (Titel eines Gouverneurs, dem Namen angehängt).

銜名 *hsien-ming*, Amtstitel.

開具清單 *k'ai-chü ch'ing-tan*, ein genaues Verzeichniss aufstellen.

奬敘 *chiang-hsü*, auszeichnen.

瑪璽理 *Ma-hsi-li* (Personenname).

端貴 *Tuan-kuei* (Personenname).

花翎 *hua-ling*, Pfauenfeder.

補用 *pu-yung*, designirt als..., charakterisirt.

遊擊 *yu-chi*, Major.

林輔臣 *Lin-fu-ch'ên* (Personenname).

參將 *ts'an-chiang*, Oberstleutnant.

教會 *chiao-hui*, Missionsgesellschaft.

方濟衆 *Fang-chi-chung* (Personenname).

宇嗣安 *Yü-sse-an* (Personenname).

范濟如 *Fan-chi-ju* (Personenname).

耶穌教 *Yeh-su chiao*, Jesu Lehre, Protestantismus.

李提摩太 *Li T'i-mo-t'ai* (*Timothy Richard*).

敦崇禮 *Tun-ch'ung-li* (Personenname).

榮晃熙 *Jung-huang-hsi* (Personenname).

B. N⁰ 43.

診 *chên*, untersuchen (eine Krankheit).

醫藥所 *yi-yao-so*, Apotheke.

B. N⁰ 44.

川漢 *Ch'uan Han*, *Ssechuan-Hankou*.

垂涎 *ch'ui yen*, den Speichel fallen lassen, lechzen nach..., begierig sein auf...

貴族 *kuei tsu*, vornehme Familie.

出面 *ch'u-mien*, sich melden, als Strohmann dienen.

集股 *chi-ku*, Antheile, Aktien aufbringen.

批駁 *p'i-po*, durch Verfügung ablehnen.

李某 *Li mou*, ein gewisser *Li*.

相國 *hsiang-kuo*, Grosssekretär.

兒女姻親 *êrh-nü yin-ch'in*, durch Verheirathung der Kinder verwandt.

因緣 *yin-yüan*, gute Beziehung.

營幹 *ying-kan*, betreiben, in die Hand nehmen.

都 *tu*, Hauptstadt.

賄賂 *hui-lu*, bestechen.

獻 *hsien*, zum Geschenk darbringen (einem Höherstehenden).

當道 *tang-tao*, Beamte.

惜 *hsi*, sparen.

酬勞 *ch'ou-lao*, Mühen belohnen, sich für Dienste erkenntlich zeigen.

伺 *ts'e*, erwarten, abwarten.

動靜 *tung-ching*, Bewegung und Ruhe, Benehmen, Handlungsweise.

B. N⁰ 45.

榮壽 *Jung-shou* (Personenname).

固倫公主 *ku-lun kung-chu*, kaiserliche Prinzessin 1. Grades.

注意於 *chu i yü*, seine Aufmerksamkeit richten auf, sich interessiren für.

慈 *ts'e*, gütig.

B. N° 46.

此間 *ts'e-chien*, hier.

請帖 *ch'ing-t'ieh*, Einladung.

大阪 *Ta-fan*, *Osaka*.

賽會 *sai-hui*, Ausstellung.

卽此 *chi ts'e*, diese Gelegenheit benutzen.

擴充 *k'uo-ch'ung*, erweitern.

眼界 *yen-chieh*, Gesichtskreis.

淡 *tan*, lau, indifferent, abgekühlt.

陳設 *ch'ên-shê*, ausstellen, aufstellen.

野蠻 *yeh-man*, wilde Völkerschaften.

蝦夷 *Hsia-yi*, *Ainos* (auf der Insel *Jesso*).

柴瘠 *ch'ai chi*, dürr wie ein Stück Holz, zum Skelett abgemagert.

吸 *hsi*, rauchen.

鴉片 *ya-p'ien*, Opium.

誹謗 *fei-pang*, verleumden.

恥辱 *ch'ih-ju*, beschimpfen.

川貲 *ch'uan-tse*, Reisekosten.

B. N° 47.

博覽會 *po-lan-hui*, Ausstellung.

人類 *jên-lei*, Volksrassen.

纏足 *ch'an tsu*, die Füsse umwickeln (verkrüppeln).

紀 *chi*, verzeichnen, erzählen.

廢止 *fei-chih*, beseitigen.

大公報 *ta-kung-pao* (Name einer Zeitung).

B. N° 48.

昌樂 *Ch'ang-lo* (Distrikt in *Shantung*).

訪 *fang*, sich erkundigen.

訪事人 *fang-shih-jên*, Reporter, Berichterstatter.

包工人 *pao-kung-jên*, Bauunternehmer.

起釁 *ch'i-hsin*, Streit anfangen.

小工 *hsiao-kung*, Arbeiter, Kuli.

攻擊 *kung-chi*, schiessen auf...

B. N° 49.

徐延昇 *Hsü Yen-shêng* (Personenname).

禮參店 *Li-ts'an-tien* (Ortschaft).

棄 *ch'i*, wegwerfen.

張貼 *chang-t'ieh*, ankleben, anheften.

盤踞 *p'an-chü* (mit untergeschlagenen Beinen dasitzen), sich festsetzen (in der Kirche).

代書 *tai-shu*, Schreiber.

投奉教 *t'ou-fêng chiao*, (fremden) Glauben annehmen, sich bekehren.

鄒平 *Tsou-p'ing* (Distrikt in *Shantung*).

林惠生 *Lin Hui-shêng* (Personenname).

牧師 *mu-shih*, (protestant.) Missionar.

枷責 *chia-tsê*, in den Kang stecken und durchprügeln lassen.

不貲 *pu tse*, sehr viel Geld (*wörtl.* ungezähltes).

革出教會 *ko-ch'u chiao-hui*, aus der Religionsgemeinschaft ausschliessen.

戒 *chieh*, warnen, abschrecken.

B. N° 50.

鑾 *luan*, kaiserlicher Wagen.

啟鑾 *ch'i-luan*, abreisen (Kaiser).

陵 *ling*, Grabhügel, Ahnengrab.

在卽 *tsai-chi*, bevorstehend.

連日 *lien-jih*, an aufeinander folgenden Tagen.

保 *Pao* = *Paotingfu*.

行宮 *hsing-kung*, Reisepalast (wo der Kaiser auf einer Reise Wohnung nimmt).

器具 *ch'i-chü*, Geräthe.

書明 *shu-ming*, schreiben.

上用 *shang yung*, vom Kaiser benutzt.

姜 *Chiang* (Name eines Generals *Chiang Kuei-ti*).

B. N° 51.

袁慰 *Yüan-wei*, *Yüan Shih-kai* (*Wei* ist Beiname, abgekürzt für *Wei-ting*).

帥 *shuai* (Titel eines Generalgouverneurs, steht nach dem Beinamen).

雷費耳 *Lei-fei-êrh* (Personenname).

柬邀 *chien yao*, brieflich einladen.

葉 *Yeh* (Personenname).

唐 *T'ang*, do.

着禮服 *cho li-fu*, Gesellschaftstoilette anlegen.

欵接 *k'uan-chieh*, liebenswürdig empfangen.

盡醉 *chin tsui*, in heiterster Weinstimmung.

B. N° 52.

晉 *chin*, sich begeben nach.

庽駐 *yü-chu*, Wohnung nehmen.

公使 *kung-shih*, Gesandter (von den fremden Vertretern in China perhorrescirter Ausdruck, da er eigentlich "Tributgesandter" bedeuten soll (?)).

游覽 *yu-lan*, herumreisen und sich ansehen.

B. N° 53.

行止 *hsing-chih*, reisen und anhalten.

旅寓 *lü-yü*, logiren, Logis.

任便 *jên-pien*, nach Belieben.

引導 *yin-tao*, führen.

自居 *tse chü*, auf etwas bestehen.

B. N° 54.

貽穀 *I-ku* (Personenname).

墾 *k'ên*, urbar machen.

圈定 *ch'üan-ting*, abgrenzen.

大同府 *Ta-t'ung-fu* (Präfektur in *Shansi*).

邊墻 *pien-chiang*, Grenz Mauer, Grosse Mauer.

豐鎮 *Fêng-chên* (Flecken in *Shansi*).

盟 *mêng*, Liga, Bund (die Inneren Mongolen bilden 6 Ligen).

袤 *mou*, von Norden nach Süden.

袤廣 *mou-kuang*, in der Länge und Breite.

放荒 *fang-huang*, unbebautes Land urbar machen.

佃 *tien*, bebauen; pachten.

察哈爾 *Ch'a-ha-erh*, *Chakhar*, mongolischer Stamm.

沃 *wo*, gut bewässert, fruchtbar.

壤 *jang*, fruchtbarer Boden.

游牧 *yu-mu*, herumwandernde Hirten, Nomaden; Mongolen an der Grossen Mauer.

荒廢 *huang-fei*, brach liegen lassen.

懼 *chü*, fürchten.

理藩院 *Li-fan-yüan*, Kolonialamt.

開導 *k'ai-tao*, ermahnen, unterweisen.

大旨 *ta-chih*, der Hauptinhalt.

徵課 *chêng-k'o*, Abgaben erheben.

部落 *pu-lo*, Stamm (der Mongolen).

四子 *Sse-tse* (Name eines Stammes).

蘇尼特 *Su-ni-t'ê*, *Sunid* Stamm.

翼 *yi*, Flügel.

相晤 *hsiang-wu*, Zusammenkunft haben.

B. N° 55.

京師 *ching-shih*, Hauptstadt, *Peking*.

會黨 *hui-tang*, geheime Gesellschaft.

通氣 *t'ung-ch'i*, im Einvernehmen stehen.

陸鳳石 *Lu Fêng-shih* (Personenname).

無關係 *wu kuan-hsi*, nicht von Belang.

字跡 *tse-chi*, Schriftspuren.

混迹 *hun-chi*, sich in der Menge verlieren.

B. N° 56.

關內外 *kuan nei wai*, innerhalb und ausserhalb von *Shan-hai-kuan*.

車頭 *chü* (*ch'ê*)-*t'ou*, Wagenkopf, Lokomotive.

利權 *li-ch'üan*, Profit.

外溢 *wai yi*, in's Ausland abfliessen.

唐山 *T'ang-shan*, Ort bei *Tien-tsin*.

督工監造 *tu kung chien tsao*, den Betrieb leiten und die Herstellung beaufsichtigen.

竣 *chün*, vollenden.

堅 *chien*, fest, solide.

實 *shih*, solide, dauerhaft.

稱許 *ch'êng-hsü*, anerkennen.

B. N° 57.

萬能 *Wan-nêng* (Firma).

拖帶 *t'o-tai*, schleppen, ziehen.

航 *hang*, grosses Schiff; segeln.

唐沽 *T'ang-ku*, Hafen von *Tientsin*.

囤 *tun*, aufspeichern.

B. N⁰ 58.

立夏 *li-hsia*, Sommeraufang (einer der 24 Zeitabschnitte des chinesischen Jahres, ca. der 5. Mai).

減於 *chien yü*, geringer als.

歷 *li*, andauern.

御重棉 *yü ch'ung-mien*, doppelte Baumwollstoffe tragen.

患喉症 *huan hou-chêng*, an Halskrankheiten leiden.

蠶 *ts'an*, Seidenraupe.

B. N⁰ 59.

蝗蝻 *huang-an*, Heuschrecken (ohne Flügel). 蝗 die Heuschrecke, 蝻 die junge Heuschrecke ohne Flügel.

方伯 *fang-po*, Titel des Provinzialschatzmeisters.

藩司 *fan-sse*, Provinzialschatzmeister.

元 *Yüan* = *Yüan-ho-hsien* in *Kiangsu*.

甯 *Ning* = *Chiang-ning-hsien* in *Kiangsu*.

亟 *chi*, eilig, sofort.

撲滅 *p'u-mieh*, ausrotten.

蔓延 *wan-yen*, sich ausbreiten.

盧 *Lu* (Personenname).

B. N⁰ 60.

種牛痘 *chung niu-tou*, mit Kuhlymphe gegen Pocken impfen.

施醫 *shih-yi*, ärztlich behandeln.

稱便 *ch'êng-pien*, seine Befriedigung zum Ausdruck bringen.

望日 *wang-jih*, der 15te Tag eines Monats.

尤甚 *yu shên*, noch mehr.

司役 *sse-yi*, Dienstpersonal.

需索 *hsü-so*, verlangen, erpressen.

B. N⁰ 61.

創 *ch'uang*, zuerst.

網 *wang*, Fischnetz; fischen.

網罟 *wang-ku*, Fischnetze.

術 *shu*, Art, Methode.

止 *chih*, nur.

齟齬 *chü-yü*, Streitigkeit.

班班 *pan-pan*, der Reihe nach.

己事 *yi-shih*, frühere Vorfälle.
攷 = 考.
漁 *yü*, fischen.
生計 *shêng-chi*, Erwerb.
主權 *chu-ch'üan*, Herrenrecht, Hoheitsrecht.

B. N° 62.

陛下 *pi-hsia*, Majestät.
懿旨 *i-chih*, ein vorzüglicher Erlass; Befehl der Kaiserin-Regentin.
簡派 *chien-p'ai*, entsenden.
專使 *chuan-shih*, Spezialgesandter.
載振 *Tsai-chên* (Personenname).
優禮 *yu li*, ausgesuchte Höflichkeit.
邦交 *pang-chiao*, Beziehungen zwischen zwei Staaten.
親密 *ch'in-mi*, sehr intim.
申謝 *shên-hsieh*, Dank aussprechen.
明治 *Ming-chih*, Regierungsname des Kaisers von Japan (*Meiji*) seit 1868.
頌謝 *sung-hsieh*, Dank aussprechen.
交際 *chiao-chi*, Beziehungen.
厚望 *hou wang*, die feste Hoffnung hegen.

B. N° 63.

失火 *shih-huo*, Feuer fangen, in Brand gerathen.
息 *hsi*, aufhören.
灰燼 *hui chin*, in Asche verwandelt werden.
水會 *shui-hui*, Feuerwehr.
水龍 *shui-lung*, Feuerspritze.
撲救 *p'u-chiu*, löschen und retten.
幇同 *pang-t'ung*, helfen.
內廷 *nei-t'ing*, Palast.
花衣 *hua-yi*, bunte Gewänder, Gala.
祥 *hsiang*, glückliche Vorbedeutung, glücklich.
議處 *i-ch'u*, Disciplinarstrafe.
檔 *tang*, Archiv.
查取 *ch'a-ch'ü*, feststellen.
揣測 *ch'uai-ts'ê*, überlegen, die Überzeugung haben.
因 *yin*, Grund.
耳 *êrh* (Finale, oft mit der Bedeutung "nur").

B. N⁰ 64.

火燄 *huo-yen*, Flamme.
携 *hsi*, tragen, mit sich führen.
器械 *ch'i-hsieh*, Waffen.
街口 *chieh-k'ou*, Strassenzugang.
鎔化 *jung-hua*, schmelzen.
授 *shou*, belehnen, ernennen zu...
那桐 *Na-t'ung* (Personenname).
甫行 *fu-hsing*, gerade.
法律 *fa-lü*, Gesetze.
主任之官員 *chu-jên chih kuan-yüan*, der erste Beamte.
每每 *mei-mei*, jedesmal.

B. N⁰ 65.

袁 *Yüan* = *Yüan Shih-kai.*
籌及 *ch'ou-chi*, berathen.
京漢 *Ching Han*, *Peking-Hankou.*
支路 *chih-lu*, Zweigbahn.
津鎮 *Chin Chên*, *Tientsin-Chinkiang.*
束手無策 *shu shou wu ts'ê*, die Hände gebunden haben und sich nicht zu helfen wissen.
善爲調處 *shan wei t'iao-ch'u*, in angemessener Weise vermitteln.

B. N⁰ 66.

交鬨 *chiao-hung*, in Streit gerathen.
衆寡 *chung-kua*, viele und wenige.
敵 *ti*, Widerstand leisten.
攜 = 携 *hsi* (*hsieh*), tragen, mit sich führen.
刺 *ts'e*, Stachel.
鎗刺 *ch'iang-ts'e*, Seitengewehr.
殊 *shu*, ernstlich.
跌 *tieh*, ausgleiten, fallen.
水窟 *shui-k'u*, Wasserloch.
翌 *i*, hell, leuchtend.
翌日 *i jih*, der nächste Tag.

B. N⁰ 67.

戲 *hsi*, eine Frau beleidigen (durch unanständiges Benehmen).
報知 *pao-chih*, anzeigen, melden.
囑咐 *chu-fu*, anordnen.
開除此禁 *k'ai-ch'u ts'e chin*, dies Verbot aufheben.

B. N⁰ 68.

粵垣 *Yüeh yüan*, die Stadt *Canton.*
岑雲帥 *Ts'ên-yün shuai*, der

Generalgouverneur *Tsên Ch'un-hsüan* (*yün* ist Beiname).

查知 *ch'a-chih*, feststellen.

準 = 准 *chun*, erlauben.

觀望 *kuan-wang*, ruhig zusehen, etwas an sich herankommen lassen.

刻日 *k'o-ji*, an einem festgesetzten Tage; so bald wie möglich.

巡警局 *hsün-ching-chü*, das Amt welches hineilt, wo Alarm ist, die Polizei.

B. N⁰ 69.

制 *chih*, fabrizieren; hemmen.

限制 *hsien-chih*, einschränken.

銅元 *t'ung-yüan*, Kupfermünzen (nach europäischer Art).

鼓鑄 *ku-chu*, giessen, prägen.

整齊 *chêng-ch'i*, gleichmässig gestalten.

無窮 *wu-ch'iung*, ohne Ende, unendlich viel.

貶 *pien*, verringern.

圜法 *yüan-fa*, Währung.

B. N⁰ 70.

湘 *Hsiang*, Provinz *Hunan*.

烘焙 *hung-pei*, dörren, rösten.

銅綠 *t'ung-lü*, Kupfer Grün, Grünspan.

改良 *kai-liang*, eine Besserung herbeiführen.

釋羣疑 *shih ch'ün yi*, die Bedenken des Publikums zerstreuen.

B. N⁰ 71.

議和全權大臣 *yi ho ch'üan-ch'üan ta-ch'ên*, Friedensbevollmächtigter.

韋特 *Wei-t'ê*, *Witte*.

和局 *ho-chü*, das Eintrachtswerk, der Friede.

依從 *i-ts'ung*, Folge leisten.

指示 *chih-shih*, Weisung.

B. N⁰ 72.

誌 *chih*, erzählen, berichten.

溢 *i*, überfliessen.

上游 *shang-yu*, Oberlauf.

嘉定 *Chia-ting* (Ort in *Ssechuan*).

敘府 *Hsü-fu* do.

陡 *tou*, plötzlich.

江安 *Chiang-an* (Ort in *Ssechuan*).

瀘州 *Lü-chou* (Ort in *Ssechuan*).
澤 *tsê*, Sumpf.
坍 *t'an*, einstürzen.
無算 *wu-suan*, nicht zu zählen, zahllos.
斷絕 *tuan-chüeh*, unterbrechen.

B. N⁰ 73.

檢查 *chien-ch'a*, durchsuchen.
郵 *yu*, Post.
倫敦 *Lun-tun*, *London*.
露透 *Lu-t'ou*, *Reuter*.
汽 *ch'i*, Dampf.
奧司利斯 *Ao-sse-li-sse* (Name eines Dampfers).
駛 *shih*, fahren.
栢連的西 *Po-lien-ti-hsi*, *Brindisi*.
相距 *hsiang-chü*, entfernt.
炮艦 *p'ao-chien*, Kanonenboot.
克拉比利 *K'o-la-pi-li* (Name eines Kriegsschiffs).
號發空炮 *hao fa k'ung-p'ao*, als Signal einen leeren Schuss abfeuern.

B. N⁰ 74.

賭棍 *tu-kun*, Spieler.
著名 *chu-ming*, berühmt, berüchtigt.
王玉書 *Wang Yü-shu* (Personenname).
邱少峯 *Ch'iu Shao-fêng* (Personenname).
誘 *yu*, verführen.
妓 *chi*, Courtisane.
妓院局 *chi-yüan-chü*, Bordell.
鄧遣抱 *Têng Ch'ien-pao* (Personenname).
讞 *yen* (*hsien*), entscheiden, urtheilen, richten.
讞員 *yen-yüan*, Richter.
司馬 *sse-ma* (Titel eines Unterpräfekten).
在逃 *tsai t'ao*, auf der Flucht.
爲首 *wei-shou*, der Hauptschuldige.
包探 *pao-t'an*, Detektiv.
倪順泉 *Ni Shun-ch'üan* (Personenname).
金四開 *chin sse-k'ai*, der vierte Theil eines Dollars, 25 Cents = 一角, oder 10 Cents.
抄出 *ch'ao ch'u*, einem Gefangenen etwas abnehmen und vorlegen (vor Gericht).

鈔票 *ch'ao-p'iao*, Geldanweisung.
鍊 *lien*, Kette.
戒指 *chieh-chih*, Fingerring.
商之繙譯 *shang chih fan-yi*, er berieth sich darüber mit dem Dolmetscher.
師謀 *Shih-mou* (Personenname), *Schirmer*.
硏 *yen*, schleifen; sorgfältig.

B. N° 75.

郵政局 *yu-chêng-chü*, Postamt.
所里 *So-li* (Name einer Strasse).
關 *kuan*, Thor, Aussenthor.
修葺 *hsiu-ch'i*, in Stand setzen, repariren.
信件 *hsin-chien*, Briefe, Poststücke.
司事 *sse-shih*, Verwalter, Leiter.
李齊 *Li-ch'i* (Personenname).
申辨 *shên-pien*, einen Einspruch damit begründen, dass...
侵越 *ch'in-yüeh*, übergreifen.
郵寄 *yu-chi*, mit der Post befördern.

B. N° 76.

濬 *chün*, tief, ausgraben, ausbaggern.
黃浦 *Huang-p'u*, der *Huangpu* Fluss bei *Shanghai*.
旅華 *lü hua*, sich in China aufhalten.
任 *jên*, auf sich nehmen.
關平銀 *kuan-p'ing yin*, Silber in Zollamts Gewicht d.h. *Haikwan Taels*.
燈塔 *têng-t'a*, Leuchtthurm.
執事 *chih-shih*, dirigiren.
承允 *ch'êng-yün*, Zusicherung geben.
公舉 *kung-chü*, empfehlen, vorschlagen.
公會 *kung-hui*, Versammlung, Vereinigung, Korps.

B. N° 77.

贊揚 *tsan-yang*, rühmen.
光輝 *kuang-hui*, Glanz, Ruhm.
歷代 *li-tai*, vergangene Zeitalter, Dynastien.
大都 *ta-tu*, im Allgemeinen.
媲 *p'i*, gleichkommen.
不特 *pu t'ê*, nicht nur.
幾及 *chi-chi*, nahekommen, gleichkommen.

得手 *tê shou*, die Oberhand gewinnen, Erfolg haben.

較諸 *chiao-chu*, im Vergleich zu.

特出 *t'e-ch'u*, hervorragen.

斯丹達 *Sse-tan-ta*, *Standard*.

卓著 *cho-chu*, hervorragend.

鮮 *hsien*, wenig.

堵塞 *tu-sai*, blockiren.

旅順口 *Lü-shun-k'ou*, *Port Arthur*.

韜 *t'ao*, Schwertscheide.

韜畧 *t'ao-lüo*, Taktik, Strategie.

莫不 *mo-pu*, nicht nicht d.h. in hohem Grade.

贊賞 *tsan-shang*, rühmen.

報章 *pao-chang*, Zeitungen.

贊美 *tsan-mei*, preisen.

B. N⁰ 78.

中將 *chung chiang*, *jap.* = *chūshō*, Generalleutnant.

片岡 *P'ien-kang* (Personenname).

水雷艇 *shui-lei-t'ing*, Torpedo Boot.

續 *hsü*, nacheinander.

掃除 *sao-ch'u*, wegfegen, wegräumen.

水雷 *shui-lei*, Torpedo; Seemine.

大窰口 *Ta-yao-k'ou* (Ortsname).

大連灣 *Ta-lien-wan* (*Dalny*).

架 *chia*, aufstellen.

野戰炮 *yeh-chan-p'ao*, Feldgeschütze.

竭力 *chieh-li*, die Kräfte zum Äussersten anspannen.

死拒 *sse chü*, bis zum Äussersten (dem Tode) Widerstand leisten.

冒 *mao*, trotzen.

具 *chü*, Numerativ für Minen.

炸裂 *cha-lieh*, explodiren.

巡洋艦 *hsün-yang-chien*, Aviso.

役 *yi*, Unternehmen, Expedition.

陣亡 *chên-wang*, im Kampfe fallen.

B. N⁰ 79.

高等學堂 *kao-têng hsüeh-t'ang*, Hochschule.

往年 *wang-nien*, vergangenes Jahr.

端 *Tuan* (Personenname).

中丞 *chung-ch'êng* (Titel eines Gouverneurs).

舉考 *chü-k'ao*, Prüfung abhalten.

畢業 *pi-yeh*, das Studium vollenden.

額 *o*, festgesetzte Zahl.

提調 *t'i-tiao*, Direktor.

太尊 *t'ai-tsun* (Titel eines Präfekten).

格 *ko*, Vorschrift.

剔去 *t'i-ch'ü*, ausscheiden, ausmerzen.

相 *hsiang*, untersuchen.

目力 *mu-li*, Sehschärfe.

筋絡 *chin-lo*, Muskeln und Venen.

藩憲 *fan-hsien*, der Herr Provinzialschatzmeister.

莅堂 *li t'ang*, in die Halle eintreten.

卷 *chüan*, Schein, Examensarbeit.

文理 *wên-li*, Stil.

優劣 *yu lieh*, gut oder schlecht.

B. N⁰ 80.

熾 *ch'ih*, brennen; lebendig sein, sich rühren.

廳 *t'ing*, Unterpräfektur.

地處 *ti-ch'u*, Ortschaften, Gegend.

遼廓 *liao-k'uo*, weit ausgedehnt.

馬賊 *ma-tsei*, berittene Räuber.

出沒 *ch'u-mê*, erscheinen und wieder verschwinden.

屯 *t'un*, ansiedeln.

烟戶 *yen-hu*, Heimstätten (Häuser aus denen Rauch kommt), Bevölkerung.

漸 *chien*, allmählich.

層 *ts'êng*, Stockwerk; Schicht; wiederholt.

憚 *tan*, fürchten.

置諸不問 *chih chu pu wên*, etwas liegen lassen und nicht danach fragen.

夥盜 *huo tao*, sich den Räubern anschliessen.

啻 *t'i*, nur.

羽翼 *yü-yi*, Flügel; Helfer.

稞 *k'o*, Weizen.

薯芋 *shu-yu*, *Yam* (*Dioscorea japonica*).

糧 *liang*, Proviant.

惶迫 *huang-po*, in Aufregung und Bedrängniss.

張 *Chang* (Personenname).

常備營 *Ch'ang-pei ying* (das immer schlagfertige Lager. Name).

星馳 *hsing-ch'ih*, blitzschnell eilen.

蹤 *tsung*, Spur.

飄忽 *p'iao-hu*, schwanken.

茫茫 *mang-mang*, weit und breit, endlos.

搜 *sou*, aufsuchen.

勦 *chiao*, ausrotten.

流民 *liu-min*, herumziehendes Volk.

土著 *t'u-chu*, ortsansässig.

廬 *lu*, Hütte.

戀 *lüan* (*lien*), hängen an, lieben.

顯著 *hsien-chu*, sichtbar.

續 *hsü*, Fortsetzung.

肅清 *su-ch'ing*, beruhigen.

噫 *i*, ach!

漠然 *mo-jan*, gleichgültig.

惕 *t'i*, in Angst sein.

息 *hsi*, unthätig sein.

聞 *wên*, bekannt werden lassen, melden.

朦 *mêng*, vertuschen.

禍機 *huo-chi*, Veranlassung zum Unglück.

伏 *fu*, verborgen liegen.

臟腑 *tsang-fu*, Eingeweide.

B. N° 81.

西摩 *Hsi-mo* (Personenname).

氏 *shih*, Familienname.

鐵軌 *t'ieh-kuei*, Schienenweg, Geleise.

豫省 *Yü shêng*, Provinz *Honan*.

彰德府 *Chang-tê-fu* (Präfektur in *Honan*).

路基 *lu-chi*, Bahndamm.

衛輝府 *Wei-hui-fu* (Präfektur in *Honan*).

汲 *Chi* (Distrikt).

邯鄲 *Han-tan* (Ort in *Chili*).

磁州 *Ts'e-chou* do.

臨洺 *Lin-lo* (Name eines Thores).

滹沱 *Hu-t'o* (Fluss).

樑 *liang*, Balken, Pfeiler.

漳 *Chang* (Fluss).

浩大 *hao-ta*, gewaltig gross.

平衍 *p'ing-yen*, flach, eben.

塞門德土 *sai-mên-tê-t'u*, Zement.

傾陷 *ch'ing-hsien*, einstürzen.

便橋 *pien-ch'iao*, provisorische Brücke (Nebenbrücke).

福公司 *Fu kung-sse* (das Englisch-Italienische Syndikat).

螺絲 *lo-sse*, Schraube.

依然 *i-jan*, ebenso.

如故 *ju-ku*, wir früher.

陳筱 *Ch'ên-hsiao* (Personenname).

簡 *chien*, kurz.

六言告示 *liu-yen kao-shih*, eine (volksthümliche) Proklamation, in Reihen von je 6 Worten.

從。。。請 *ts'ung....ch'ing*, dem Wunsche entsprechen.

無幾 *wu chi*, nicht viel.

關係人命 *kuan-hsi jên-ming*, Menschenleben werden in Mitleidenschaft gezogen, kommen in Gefahr.

何苦 *ho k'u*, weswegen.

澤盛煤廠 *Tsê-shêng mei-ch'ang* (Name eines Kohlenlagers).

上白作 *Shang-pai-tso*, (Ortsname).

首犯 *shou-fan*, der Hauptschuldige).

丁玉堂 *Ting yü-t'ang* (Familienhallen Name).

部 *pu*, Abtheilung.

哨 *shao*, Kompanie.

B. N⁰ 82.

藥局 *yao-chü*, Pulverfabrik.

轟炸 *hung-cha*, explodiren.

兩句鐘 *liang chü chung*, 2 Uhr.

隅 *yü*, Ecke.

土名 *t'u-ming*, Lokalname.

横枝岡 *Hêng-chih-kang* (Ortsname).

永濟 *Yung-chi* (Name).

拔 *pa*, ausreissen.

呂 *Lü* (Personenname).

救援 *chiu-yüan*, helfen.

水龍 *shui-lung*, Feuerspritze.

扑滅 *p'u-mieh*, löschen.

燼 *chin*, Asche.

餘燼 *yü chin*, was vom Feuer übrig ist.

吉玉琨 *Chi Yü-k'un* (Personenname).

司庫 *sse-k'u*, Magazin Verwalter.

庫丁 *k'u-ting*, Magazin Diener.

壓 *ya*, erdrücken.

安勇 *An yung*, Freiwillige aus *Anhui*.

屋宇 *wu-yü*, Häuser.

倒塌 *tao-t'a*, einstürzen.

山麓 *shan-lu*, Fuss eines Berges.

掃墓 *sao-mu*, die Gräber fegen (beim Totenfest).

痲瘋 *ma-fêng*, Aussatz, Lepra.

黃孖塘 *Huang tse-t'ang* (Lokalname).

甫怡順 *Fu-yi-shun* (Firma).

薙 *t'i*, rasiren.

行經 *hsing-ching*, vorübergehen.

糢糊 *mu-hu*, undeutlich.

數輩 *shu-pei*, einige.

敷藥 *fu-yao*, Medizin verabreichen (äusserlich).

三元里 *San-yüan-li* (Ort).

仍蹈覆轍 *jêng tao fu-ch'é*, wieder in die Spuren treten, in denen früher ein Wagen umgeworfen hat = wieder in denselben Fehler verfallen.

隧道 *sui-tao*, Tunnel.

避雷綫 *pi-lei-hsien*, Blitzableiter.

及至 *chi chih*, wenn es kommt zum....

諉 *wei*, schieben auf (Schuld).

引去 *yin-ch'ü*, ableiten.

攝 *shê*, helfen; anziehen.

虧挪 *k'uei-no*, veruntreuen, bei Seite schaffen.

縱火 *tsung-huo*, Feuer anlegen.

遽行 *chü-hsing*, unüberlegter Weise.

爆烈 *pao-lieh*, explodiren.

B. N⁰ 83.

虹口 *Hung-k'ou*, *Hongkew* (Gegend in *Shanghai*).

葡萄牙 *P'u-t'ao-ya*, *Portugal.*

戳斃 *ch'o-pi*, erstechen.

藐視 *miao-shih*, verachten, herabsehen mit Geringschätzung auf...

按 *an*, es muss festgestellt werden dass...., es ist so, dass.... (oft gar nicht zu übersetzen).

痼 *ku*, chronisches Leiden.

習 *hsi*, Gewohnheit.

辱詈 *ju-li*, beschimpfen; schmähen.

較 *chiao*, sich messen.

伸冤 *shên-yüan*, das Unrecht vergelten, Vergeltung üben.

一若 *i jo*, ganz als ob....

凌辱 *ling-ju*, beleidigen.

童 *t'ung*, Knabe.

撞破 *chuang-p'o*, zertrümmern.
夫 *fu*, nämlich.
責 *tsê*, züchtigen, strafen.
處 *ch'u*, bestrafen.
遷怒 *ch'ien-nu*, den Zorn ablenken auf...
洩忿 *hsieh-fên*, seine Wut auslassen.
文明 *wên-ming*, fein gebildet, zivilisirt.
自稱 *tse ch'êng*, sich rühmen.
於 X 何居 *yü x ho chü*, wie verhält sich das zu...?
正法 *chêng-fa*, Hinrichtung.
終日 *chung jih*, der Tag geht zu Ende.
行兇 *hsing-hsiung*, eine Unthat begehen.
咎 *chiu*, Strafe.
降革 *chiang-ko*, absetzen.
身首 *shên shou*, der eigene Kopf.
若 *jo*, beispielsweise.
割 *ko*, abtrennen.
要地 *yao-ti*, wichtiges Gebiet.
謝罪 *hsieh-tsui*, Unrecht sühnen.
題中必有之義 *t'i chung pi yu chih yi*, im Gedanke, der sicherlich mit zum Thema gehört.
嗚呼 *wu-hu*, ach!
至此 *chih ts'e*, bis zu dem Punkte.
謂 *wei*, meinen.
域 *yü*, Gebiet.
流 *liu*, Klasse.
從事 *ts'ung-shih*, thätig sein.
工役 *kung-yi*, Dienste.
視同草芥 *shih t'ung t'sao chieh*, wie geringes Unkraut ansehen, verachten.
庇護 *p'i-hu*, beschützen.
處於 *ch'u yü*, versetzen in....
危機之象 *wei-chi chih hsiang*, gefährliche Lage.
强禦 *ch'iang-yü*, gewaltsamer Widerstand.
伸寃 *shên-yüan*, das Unrecht sühnen.
吐氣 *t'u-ch'i*, dem Groll Luft machen.
顧恤身世 *ku-hsü shên shih*, für sein eigenes Leben besorgt sein.

B. N⁰ 84.

商家 *shang-chia*, Handelshaus.
電政局 *tien-chêng-chü*, Amt der Telegraphenverwaltung.

楊士琦 *Yang Shih-ch'i* (Personenname).

車站 *ch'ê-chan*, Eisenbahnstation.

膠濟 *Chiao Chi*, *Kiaochou-Chinanfu.*

信息 *hsin-hsi*, Nachrichten.

接通 *chieh-t'ung*, den Verkehr aufnehmen mit . . .

濰縣 *Wei-hsien* (Distrikt in *Shantung*).

職道 *chih-tao*, ich, der Taotai.

就近 *chiu-chin*, an Ort und Stelle.

附路 *fu lu*, an der Bahn.

攬 *lan*, an sich reissen.

價目 *chia-mu*, Preis.

舍貴趨賤 *shê kuei ch'ü chien*, das Theure vermeiden und dem Billigen zueilen.

常 *ch'ang*, gewöhnliche Eigenschaft.

滬烟沽 *Hu Yen Ku*, *Shanghai-Chefoo-Taku.*

水綫 *shui-hsien*, Kabel.

大東大北公司 *Ta-tung ta-pei kung-sse*, *Great Northern and Eastern Extension Telegraph Co.*

成本 *ch'êng-pên*, Grundkapital.

出欵 *ch'u-k'uan*, Ausgaben.

無底止 *wu ti chih*, ohne Ende.

從不 *ts'ung-pu*, unter keinen Umständen.

界限 *chieh-hsien*, Grenze, Scheidung.

悖 *pei*, im Widerspruch stehen.

公例 *kung-li*, öffentliches Recht.

維 *wei*, Sorge tragen für.

B. N⁰ 85.

奏陳 *tsou-ch'ên*, an den Thron berichten.

快船 *k'uai-ch'uan*, schneller Kreuzer.

恭摺 *kung-ché*, unterthänigster Bericht.

仰祈聖鑒 *yang ch'i shêng-chien*, demüthigst um den heiligen Blick bitten d.h. zur Allerhöchsten Kenntnissnahme.

硃批 *chu-p'i*, Kaiserliche Verfügung mit rother Tusche.

欽奉 *ch'in-fêng*, vom Kaiser erhalten.

魏光燾 *Wei Kuang-tao* (Personenname).

伏查 *fu ch'a*, gehorsamst feststellen.

濱 *pin*, Ufer; längs (des Ufers).
林立 *lin-li*, waldartig stehen; dicht nebeneinander liegen.
彈壓 *t'an-ya*, im Zaume halten.
鎮懾 *chên-shê*, Schutz ausüben.
兵輪 *ping-lun*, verkürzt für 兵輪船 *ping lun ch'uan.*
鋼 *kang*, Stahlpanzer.
蚊船 *wên-ch'uan*, Kanonenboot.
濡滯 *ju-chih*, langsam.
適 *shih*, sich eignen, passen.
裁停 *t'sai-t'ing*, ausrangiren.
節存 *chieh-t'sun*, durch Ersparniss übrig haben.
薪費 *hsin-fei*, Ausgaben für Gehälter.
以資 *i-tse*, zum Zweck des...
觀瞻 *kuan-chan*, emporschauen zu; Prestige.
壯 *chuang*, stärken.
多方 *to-fang*, die verschiedensten Arten.
川崎 *Ch'uan-ch'i*, *Kawasaki.*
廉 *lien*, bescheiden, mässig (Preis).
餉需 *hsiang-hsü*, Ausgaben, Finanzen.
裨益 *p'i-yi*, Nutzen.

事關 *shih kuan*, die Angelegenheit betrifft....
不厭 *pu yen*, nicht überdrüssig sein, nicht Anstoss nehmen an.
精詳 *ching-hsiang*, genau, sorgfältig.
籌防局 *ch'ou-fang-chü*, das Vertheidigungsamt.
熟諳 *shu-an*, verstehen, erfahren sein in...
逐 *chu*, der Reihe nach.
甯 *Ning*, *Chiang-ning*, *Nanking.*
署 *shu*, schreiben.
署名 *shu ming*, unterzeichnen.
提 *t'i*, abheben (Geld), erheben.
兌換 *tui-huan*, umwechseln.
滙豐 *Hui-fêng*, *Hongkong and Shanghai Banking Corporation.*
不時 *pu-shih*, unerwartet, plötzlich.
生息 *shêng-hsi*, Zinsen geben, sich verzinsen.
高抬 *kao-t'ai*, sehr erhöhen.
不合算 *po ho suan*, sich nicht gut verrechnen lassen.
變通 *pien-t'ung*, sich anpassen.
釐 *li*, $^1/_{1000} = 0{,}1°/_{0}$ (Die Chinesen rechnen Zinsen nach Monaten.

Bei europäischer Zinsberechnung wie hier gebraucht man aber 釐 für 1°/₀ pro Jahr, also 四釐 = 4°/₀, indem, wie im Folgenden ausgeführt, fingirt wird, dass das Jahr nur 10 Monate hat, dann macht nämlich 0,1°/₀ pro Monat 1°/₀ pro Jahr aus).

行息 *hsing-hsi*, Zinsen zahlen.

訂定 *ting-ting*, festsetzen.

墊付 *tien-fu*, vorschiessen.

無出入 *wu ch'u-ju*, es macht keinen Unterschied.

遴 *lin*, auswählen.

無訛 *wu-o*, nicht abweichend.

訓示 *hsün shih*, Instruktion, anweisen.

B. N° 86.

商部 *shang-pu*, Ministerium für Handel.

外務部 *wai-wu-pu*, Ministerium für Äusseres.

商標 *shang-piao*, Handelsmarke, Waarenzeichen.

版權 *pan-ch'üan*, Druck Recht, Urheberrecht an Druckwerken.

康 *K'ang* (Personenname) *Conger*.

交換 *chiao-huan*, austauschen (Vertrag).

創製 *ch'uang-chih*, als erster fabriziren; erfinden.

創製專律 *ch'uang-chih chuan lü*, Urhebergesetz.

印件 *yin-chien*, Drucksachen.

鐫件 *chien-chien*, Gravirungen.

援照 *yüan-chao*, analog, entsprechend.

享 *hsiang*, geniessen.

作速 *tso-su*, schnell machen, beeilen.

伊始 *i shih*, der Anfang davon.

編訂 *pien-ting*, verfassen, abfassen.

B. N° 87.

附件 *fu-chien*, Zusatz, Nachtrag.

內河 *nei-ho*, Binnenfluss.

內港 *nei-chiang*, Binnengewässer.

補續章程 *pu-hsü chang-ch'êng*, Zusatzbestimmungen.

牌照 *p'ai-chao*, Schiffszertifikat.

關牌 *kuan-p'ai*, Zollamts Zertifikat.

厥 *chüeh*, dieser.

鈔 *ch'ao*, Tonnengeld.

上落客貨 *shang lo k'o huo*, Waaren und Passagiere an Bord nehmen und ausschiffen.

艙口單 *t'sang-k'ou-tan*, Schiffsmanifest.

運入 *yün-ju*, importiren.

運出 *yün-ch'u*, exportiren.

郵袋 *yu-tai*, Postsack, Postbeutel.

偷漏 *t'ou-lou*, den Zoll hinterziehen, Zolldefraudation.

襄辦 *hsiang-pan*, bei der Ausführung unterstützen.

走私 *tsou-sse*, schmuggeln.

格外 *ko-wai*, aussergewöhnlich; ganz besonders.

B. N⁰ 88.

奏牘 *tsou-tu*, Bericht an den Thron.

議覆 *i-fu*, ein Gutachten abgeben (zu dem man aufgefordert ist).

直督東撫 *Chih-tu Tung-fu*, der Generalgouverneur von *Chili* und der Gouverneur von *Shantung*.

臣部 *ch'ên pu*, unser (der Unterthanen) Ministerium.

擴利源 *k'uo li-yuan*, die Vortheile weiterausbeuten.

膠澳 *Chiao-ao*, die *Kiaochou* Bucht.

瞬 *shun*, blinzeln.

轉瞬 *chuan-shun*, im Augenblick; in allernächster Zeit.

津鎮 *Chin Chên*, *Tientsin-Chinkiang*.

樞紐 *shu-niu*, Knotenpunkt.

轉輸 *chuan-shu*, hin- und herschicken.

迤 *yi*, nach hin.

商賈 *shang-ku*, Kaufleute.

薈萃 *wei-t'sui*, sich zusammenschaaren, vereinigen.

最重商務 *tsui chung shang-wu*, das grösste Gewicht auf den Handel legen.

爲主國者 *wei chu-kuo chê*, was der herrschende Staat ist d. h. der herrschende Staat.

榷稅 *ch'üeh-shui*, Zoll erheben.

秦王島 *Ch'in-wang-tao* (Vertragshafen).

岳州 *Yo-chou* (Vertragshafen).

商約大臣 *shang-yüeh ta-ch'ên*, Vertragsbevollmächtigter (Minister, der neue Verträge zu berathen hat).

條奏 *t'iao-tsou*, im Einzelnen berichten.

商場 *shang-ch'ang*, Handelsplatz.

扼要 *o-yao*, wichtig.

依議 *i-i*, nach Vorschlag d. h. Genehmigt (vom Kaiser).

直省 *chih-shêng*, Provinz unter der Regierung (alter technischer Ausdruck für eine Provinz).

交接 *chiao-chieh*, verknüpfen.

成案 *ch'êng-an*, Präcedenzfall.

俞允 *yü-yün*, zustimmen.

參酌 *t'san-cho*, entwerfen, abfassen.

欽遵 *ch'in-tsun*, Folge leisten.

B. N⁰ 89.

柔 *Jou* (Personenname).

伯理璽天德 *po-li-hsi-t'ien-té*, Präsident (der Vereinigten Staaten und anderer Republiken).

權 *ch'üan*, Berechtigung.

担責任 *tan tsé-jên*, die Verantwortung tragen.

周 *Chou* (Personenname).

驚嚇 *ching-hsia*, einschüchtern.

不友 *pu-yu*, unfreundlich.

友愛 *yu-ai*, freundschaftlich lieben.

苛待 *k'o* (*ho*)-*tai*, ungerecht, hart behandeln.

禁約 *chin-yüeh*, Verbot.

誼切同胞 *i-ch'ieh t'ung pao*, in ihren Beziehungen zu einander sind alle wie leibliche Brüder.

激於公憤 *chi yü kung fên*, sie brechen in eine allgemeine Entrüstung aus, es entsteht ein Sturm der Entrüstung.

抵制 *ti-chih*, Repressalien üben.

釋疑 *shih-yi*, Befürchtungen zerstreuen.

公共界 *kung-kung-chieh*, internationale Niederlassung.

B. N⁰ 90.

赴引 *fu-yin*, sich zur Audienz zum Kaiser begeben.

薩 *Sa* (Personenname), *Satow*.
搶刧 *ch'iang-chieh*, rauben.
人力砲船 *jên-li p'ao-ch'uan*, ein chinesisches Kanonenboot alten Stils, ohne Maschinen.
獷悍 *kung-han*, wild, furchtbar.
襲 *hsi*, angreifen.
迅疾 *hsün-chi*, schnell.
精銳 *ching-jui*, kühn und energisch.
窩巢 *wo-ch'ao*, Schlupfwinkel.
香山 *Hsiang-shan* (Distrikt in *Kuangtung*).
順德 *Shun-tê* do.
村莊 *t'sun-chuang*, Ortschaften, Dörfer.
指不勝屈 *chih pu shêng ch'ü*, es lässt sich nicht aufzählen.
諄囑 *chun-chu*, ernstlich ersuchen.
贖回 *shu-hui*, zurückkaufen.
設施 *shê-shih*, verwenden.
不稍靳制 *pu shao chin-chih*, es nicht an Disciplin fehlen lassen.
遂心 *sui-hsin*, seinen Zweck erreichen.
蕩寇 *tang k'ou*, die Räuber vernichten.
切要 *ch'ieh-yao*, sehr wichtig.

B. N° 91.

鑾儀衛 *Luan-i-wei*, Hofmarstallamt.
光祿寺 *Kuang-lu-sse*, Bankettamt.
正白旗 *Chêng-pai ch'i*, das einfach (ungeränderte) Weisse Banner.
値 *chih*, Dienst haben.
引見 *yin-chien*, dem Kaiser zur Audienz vorführen.
沈 *Shên* (Personenname).
佩公 *P'ei-kung* (Personenname) Herzog *P'ei*.
悳 = 德.
悳銘 *Tê-ming* (Personenname).
請安 *ch'ing-an*, dem Kaiser seine Aufwartung machen.
副都統 *fu-tu-t'ung*, Mandschu Brigade General.
托克湍 *T'o K'o-t'uan* (Personenname).
張楷 *Chang-ch'ieh* (*ch'iai-k'ai*) (Personenname).

侍講 *shih-chiang*, Exeget (Amt im *Han-lin-yüan*).

授 *shou*, erneunen zu...

永順 *Yung-shun* (Personenname).

賜奠 *t'se-tien*, ein Trankopfer spenden, sein Beileid kundthun (wozu der Kaiser einen besondern Beamten abschickt, namentlich zu mongolischen Prinzen).

燦 *T'san* (Name).

B. N⁰ 92.

片 *p'ien*, Begleitbericht.

滇 *Tien*, *Yünnan*.

咨會 *tse-hui*, Mittheilung.

緬甸 *Mien-tien*, *Birma*.

進貢 *chin-kung*, Tribut bringen.

供應 *kung-ying*, für den Unterhalt sorgen.

陶彥壽 *T'ao Yen-shou* (Name).

磁州 *T'se-chou* (Departement in *Chili*).

貽悮 *i-wu*, vernachlässigen, versäumen.

筵宴 *yen-yen*, Bankett.

犒賞 *k'ao-shang*, Geschenke machen.

行司 *hsing sse*, den betreffenden Beamten (Provinzialbehörden) Mittheilung machen.

B. N⁰ 93.

奴才 *nu-t'sai*, ich, der Sklave (So sprechen mandschurische Beamte in Eingaben an den Kaiser von sich).

景瑞 *Ching-jui* (Personenname).

銷假 *hsiao-chia*, den Urlaub beendigen.

風寒 *fêng-han*, Erkältung.

鬱 *yü*, verdichten, sich entwickeln zu...

瘟疹 *wên-chên*, Scharlach,

引動 *yin-tung*, erregen.

腸風 *ch'ang-fêng*, Darmleiden.

下血 *hsia-hsüeh*, bluten.

症 *chêng*, Krankheit.

痲 = 痳 *ma*, Gefühllosigkeit, Lähmung.

痲木 *ma-mu*, empfindungslos (wie ein Stück Holz).

仰蒙 *yang-mêng*, von oben erhalten.

天恩 *t'ien-ên*, die Gnade des Kaisers.

覓得 *mi-tê*, suchen und finden.
通 *t'ung*, verstehen.
診視 *chên-shih*, untersuchen (Krankheit).
服葯 *fu-yao* (*yüeh*) (*yo*), Medizin nehmen.
邪 *hsieh*, Übel, Leiden.
疏散 *su* (*shu*)-*san*, sich verlieren.
下陷 *hsia-hsien*, Durchfall haben.
不收 *pu shou*, nicht aufhören.
寐 *mei*, Schlaf.
四肢 *sse-chih*, Arme und Beine.
抽筋 *ch'ou-chin*, Reissen in den Muskeln, Krampf.
動履 *tung-li* (*lü*), gehen, auftreten.
桂 *kuei*, Zimmt.
附 = 附 *fu*, Akonit.
蔘 *shên*, Ginseng (Heilwurzel).
朮 *chu* (*shu*) Medizinalpflanze: *Atractylus ovata.*
職守 *chih-shao*, Amt, Posten.
曠誤 *k'uang-wu*, vernachlässigen.
勉力 *mien-li*, die Kräfte anspannen.
支持 *chih-ch'ih*, seinen Dienst verrichten.
劑 *chi*, Dosis Arznei.
緩爲 *huan-wei*. allmählich.
調理 *t'iao-li*, sich erholen.

B. N⁰ 94.

總管內務府 *tsung-kuan nei-wu-fu*, Präsident des Ministeriums des Kaiserlichen Hauses.
體元殿 *T'i-yüan-tien* (Halle im Kaiserpalaste).
人犯 *jên-fan*, Verbrecher.
巳刻 *sse k'o*, 9—11 Uhr Vormittags.
內 *nei*, der Kaiserpalast, der *innere* Palast.
交出 *chiao-ch'u*, ausliefern, überliefern.
香火 *hsiang-huo*, Opferstange zum Feueranzünden.
噯 *ai*, (Ausruf).
熬審 *ao-shên*, bei Licht untersuchen.
神氣 *shên-ch'i*, Geist.
支離 *chih-li*, anormal.
昧 *mei*, verwirrt.
供 *kung*, aussagen (als Zeuge).
籍貫 *chi-kuan*, Ortsangehörigkeit.
瘋疾 *fêng-chi*, Geistesgestörtheit.

時。時。, *shih。shih。*, bald . . . bald. . . .

患 *huan*, leiden an...

瘋顛 *fêng-tien*, wahnsinnig.

裝點 *chuang-tien*, simuliren.

難保 *nan pao*, es ist schwer zu garantiren, dass nicht...

根究 *kên-chiu*, der Sache auf den Grund gehen.

供招 *kung-chao*, Zeugenaussage.

B. N⁰ 95.

詳 *hsiang*, berichten, Bericht.

夏秋之交 *hsia ch'iu chih chiao*, Zeit zwischen Sommer und Herbst.

滹沱 *Hu-t'o* (Fluss).

滋唐 *Tse-t'ang* do.

祁州 *Ch'u-chou* (Departement in *Chili*).

軍洗 *Chün-hsi* (Dorf).

決口 *chüeh-k'ou*, ein Loch reissen.

注 *chu*, fluthen.

値 *chih*, sich treffen, sich ereignen.

無方 *wu-fang*, es gab kein Mittel, war unmöglich.

虔禱 *ch'ien-tao*, demüthig beten.

關帝 *Kuan-ti*, der Kriegsgott.

頃刻 *ch'ing-k'o*, im Moment, sofort.

生靈 *shêng-ling*, lebende Wesen.

亢旱 *k'ang-han*, aussergewöhnliche Dürre.

應 *ying*, entsprechen, Gehör schenken; Wirkung ausüben.

捍 *han*, abwenden.

功德及民 *kung-tê chi min*, das Volk wird der Wohlthaten theilhaftig.

廟貌重新 *miao-mao ch'ung hsin*, das Ansehen der Tempel ist erneut, sie haben neues Ansehen gewonnen.

籲請 *yo-ch'ing*, inständig bitten.

頒賜 *pan-t'se*, verleihen.

扁額 *pien-o*, Ehrentafel.

合無 *ho wu*, darf ich, oder darf ich nicht: darf ich wohl?

俯准 *fu-chun*, gnädigst geruhen zu. . .

方 *fang*, Numerativ für Tabletts.

摹 *mu* (*mo*), einen Abzug (Cliché) machen.

以答神庥 *i ta shên hsiu*, um für die Güte der Götter erkenntlich zu sein.

輿 *yü*, Volk, Publikum.

輿情 *yü-ch'ing*, die Volksstimmung, die öffentliche Meinung.

B. N⁰ 96.

李瀚章 *Li Han-chang* (Bruder *Li-hung-chang's*),

會匪 *hui-fei*, Mitglieder Geheimer Gesellschaften.

山羊溪 *Shan-yang-hsi* (Ortschaft in *Hupei*).

楊登峻 *Yang Têng-hsün* (Personenname).

糾集 *chiu-chi*, vereinigen.

不法之徒 *pu-fa chih t'u*, gesetzlose Gesellen.

結會 *chieh-hui*, eine Gesellschaft bilden.

拜盟 *pai-mêng*, sich verschwören.

閭閻 *lü-yen*, Weiler, Dorf.

潛謀 *ch'ien-mou*, heimlich conspiriren.

彭祖賢 *P'êng Tsu-hsien* (Personenname).

擒獲 *ch'in-huo*, gefangen nehmen.

解散 *chieh-san*, zerstreuen.

脅從 *hsieh-t'sung*, die gezwungenen Gehülfen.

平毀 *p'ing-hui*, dem Erdboden gleich machen.

毘連 *p'i-lien*, aneinander grenzen.

逸 *i*, flüchtig sein.

出力 *ch'u-li*, sich hervorthun.

把總 *pa-tsung*, Sergeant.

關發旺 *Kuan Fa-wang* (Personenname).

儘先 *chin-hsien*, an erster Stelle.

拔補 *pa-pu*, ernennen.

龔應春 *Kung Ying ch'un* (Personenname).

勇目 *yung-mu*, Unteroffizier der Freiwilligen.

外委 *wai-wei*, Korporal.

B. N⁰ 97.

民政部 *min-chêng-pu*, Ministerium des *Innern* (neuer Name).

整飭 *chêng-ch'ih*, organisiren.

保息 *pao hsi*, Schutz und Unterkunft gewähren.

善政 *shan-chêng*, Wohlfahrtspolizei.

職掌 *chih-chang*, verwalten.

民治 *min-chih*, innere Verwaltung.

事項 *shih-hsiang*, Angelegenheiten.

周禮 *Chou-li*, Satzungen der *Chou* Dynastie, altes Werk angeblich aus dem 11. Jahrh. v. Chr.

會典 *hui-tien*, die Gesammelten Satzungen (der herrschende Dynastie).

具詳 *chü-hsiang*, einen Bericht abfassen.

十有一 *shih yu-i*, elf.

煢獨 *ch'iung-tu*, verlassen und einsam.

振 *chên*, aufrichten.

羈窮 *chi-ch'iung*, nothleidend.

安節孝 *an chieh hsiao*, für diejenigen sorgen, welche Gattentreue und kindliche Liebe zeigen (Wittwen und Weisen).

綸音 *lun-yin*, eine Allerhöchste Äusserung.

綏 *sui*, beschwichtigen.

撫綏 *fu-sui*, freundlich behandeln.

養濟院 *yang-chi-yüan*, Hospiz.

育 *yü*, aufziehen.

嬰 *ying*, Baby.

育嬰堂 *yü-ying-t'ang*, Findelhaus.

棲 *ch'i*, sich niederlassen, Wohnung nehmen.

流 *liu*, der Herumschweifende, Vagabund.

棲流所 *ch'i-liu-so*, Herberge für Obdachlose.

善局 *shan-chü*, Wohlthätigkeitsinstitut.

有司 *yu sse*, die Verantwortung haben.

良善 *liang-shan*, gut und edel.

爲衆信服者 *wei chung hsin-fu chê*, jemand der sich des allgemeinen Vertrauens erfreut.

董 *tung*, leiten, verwalten.

屋宇 *wu-yü*, Gebäude.

胥役 *hsü-yi*, Konstabler, Unterbeamte.

侵漁 *ch'in-yü*, sich unrechtmässige Vortheile verschaffen; *squeezen*.

參劾 *t'san-hé*, zur Anzeige bringen.

綦 *ch'i*, in hohem Grade, sehr.

報告統計 *pao-kao t'ung-chi*, eine Abrechnung bekannt machen.

具見 *chü chien*, man ersieht klar daraus.

目好 *mu hao*, das Gute im Auge haben.

熱心 *jo-hsin*, ein warmes Herz (bildlich).

廢弛 *fei-ch'ih*, zu Schanden werden.

在所不免 *tsai so pu mien*, das gehört zu dem, das sich nicht vermeiden lässt.

德澤 *tê-tsê*, Güte und Freundlichkeit.

寖 *ch'in*, allmählich.

惠 *hui*, Güte.

飭下 *ch'ih-hsia*, anweisen.

官階 *kuan-chieh*, Beamtenstufe.

有進者 *yu chin-chê*, sie haben einen Vorschlag.

積久弊生 *chi chiu pi shêng*, durch lange Dauer entstehen Mängel.

因時 *yin-shih*, der Zeit entsprechen.

利用 *li-yung*, sich anpassen.

率多 *shuai-to*, die meisten, meistens.

重 *chung*, Werth legen auf, 輕 *ch'ing*, vernachlässigen.

生齒 *shêng-ch'ih*, Zahl der Menschen.

持久 *ch'ih-chiu*, sich lange halten, lange dauern.

哺 *pu*, füttern.

逮 *tai*, hinreichen.

蒙養學堂 *mêng-yang hsüeh-t'ang*, Elementarschule.

把持 *pa-ch'ih*, an sich reissen, monopolisiren.

服查 *fu-ch'a*, sich einer Kontrolle unterwerfen.

急公 *chi kung*, Eifer für das öffentliche Wohl entfalten.

著有成績 *chu yu ch'êng-chi*, tüchtige Leistungen aufzuweisen haben.

以爲 *i-wei*, es muss so gehalten werden, dass.

縻 *mi*, verausgaben, aufbrauchen.

負...至意 *fu.... chih yi*, dem ernsten Wunsche ... zuwiderhandeln.

B. Nº 98.

農 *nung*, anpflanzen, kultiviren.

農林 *nung-lin*, anforsten, Forstkultur.

蘇 *Su*, Provinz *Kiangsu*.

贛 *Kan*, Provinz *Kiangsi*.

皖 *Huan*, Provinz *Anhui*.

要政 *yao-chêng*, wichtiger Verwaltungszweig.

王崇烈 *Wang Ch'ung-lieh* (Personenname).

秧 *yang*, Schössling.

赶速 *kan-su*, schleunigst.

栽種 *tsai-chung*, einpflanzen.

責成 *tsê-ch'êng*, verantwortlich machen, die Verantwortung übertragen.

巡警局 *hsün-ching-chü*, Polizeibehörde.

濬利源 *chün li-yüan*, die Quelle des Vortheils ausgraben; zu einer Quelle des Nutzens machen.

江陰 *Chiang-yin* (Ort in *Kiangsu*).

就駐紮地方 *chiu chu-cha ti-fang*, die Garnisonen an Ort und Stelle.

利用 *li-yung*, Vortheil.

厚生 *hou-shêng*, üppiges Wachsthum.

膏腴 *kao-yü*, fruchtbar, reich.

廢弛 *fei-ch'ih* (*shih*), vernachlässigen.

提倡 *t'i-ch'ang*, mit gutem Beispiel vorangehen.

荒 *huang*, brach liegen lassen.

氣候 *ch'i-hou*, Witterung, Jahreszeit.

土宜 *t'u-yi*, Bodenbeschaffenheit.

繁瑣 *fan-so*, mühsam.

推行 *t'ui-hsing*, weiterausdehnen.

培植 *p'ei-chih*, das Wachsthum fördern; pflegen.

模範 *mu-fan*, Muster.

B. Nº 99.

高千穗 *Kao-ch'ien-sui* (Name eines Kriegsschiffs).

兵士 *ping-shih*, Soldat.

游嬉 *yu-hsi*, eine Vergnügungstour machen.

態 *t'ai*, Benehmen.

朦朧 *mêng-lung*, benebelt.

搗 *tao*, schlagen, einrammen.

浣 *huan*, waschen.
塘 *t'ang*, Teich.
畔 *pan*, Seite.
憤 *fên*, Ärger.
聚集 *chü-chi*, sich zusammenschaaren.
扁担 *pien-tan*, Tragstange.
移時 *yi shih*, nach Verlauf von einiger Zeit.
崗 *kang*, Hügel.
笛 *ti*, Flöte.
鳴警笛 *ming ching-ti*, die Alarmpfeife blasen.
上前 *shang-ch'ien*, vorgehn.
喝阻 *ho tsu*, zurufen stehn zu bleiben; anhalten.
皂白 *tsao po*, schwarz und weiss.
數重 *shu ch'ung*, mehrmals doppelt; verschiedene Kordons.
幾至 *chi chih*, es wäre fast dazu gekommen, dass...
邏 *lo*, eine Runde machen, patrouilliren.
解散 *chieh-san*, zerstreuen.
閒人 *hsien-jên*, Müssiggänger.
風潮 *fêng-ch'ao*, Sturmfluth.

B. N° 100.

圖書館 *t'u-shu-kuan*, Anstalt für Karten und Bücher; Bibliothek.
導民 *tao min*, das Volk erziehen.
教育 *chiao-yü*, Erziehung.
闕如 *ch'üeh ju*, fehlen, nicht vorhanden sein.
値 *chih*, es trifft sich gerade, dass...
經濟 *ching-chi*, Finanzen, Finanzlage.
困難 *k'un-nan*, schwierig, misslich.
遺 *yi*, Zuwendung machen.
訓導 *hsün-tao*, Unterstudienrath.
慶年 *Ch'ing-nien* (Beiname).
坐辦 *tso-pan*, erster Direktor.
創設 *ch'uang-shê*, neu errichten.
經營 *ching-ying*, ausführen, überwachen.
藩學兩司 *fan-hsüeh liang-sse*, der Provinzialschatzmeister und der Studienrath.
規畫 *kuei hua*, einen Plan entwerfen.

B. N⁰ 101.

快車 *k'uai-ch'ê*, Schnellzug.

搭客 *ta-k'o*, Passagiere, Reisende.

極空前之盛 *chi k'ung ch'ien chih shêng*, (*k'ung* = nicht vorhanden) eine so hohe Ziffer, wie sie früher nie erreicht ist.

插駛快車 *ch'a-shih k'uai ch'ê*, Schnellzüge einschieben und laufen lassen.

B. N⁰ 102.

士夫 *shih fu*, Litteraten und Beamte.

學子 *hsio-tse*, Studenten.

休息 *hsiu-hsi*, sich erholen.

樹藝 *shu-yi*, Baumkunde, Botanik.

衛生 *wei-shêng*, Hygiene.

植物 *chih-wu*, pflanzen; Pflanze.

緩圖 *huan t'u*, ein Plan, der sich aufschieben lässt.

有考求 *yu k'ao-ch'iu*, etwas studirt haben.

實業學堂 *shih-yeh hsüeh-t'ang*, Realschule.

B. N⁰ 103.

朱邇典 *Chu-erh-tien*, *Jordan*.

避暑 *pi-shu*, der Hitze entfliehen; Sommeraufenthalt nehmen.

廟宇 *miao-yü*, Tempel *pl.*

輪派 *lun p'ai*, abwechselnd detachiren.

贊成 *tsan ch'êng*, auszuführen helfen.

B. N⁰ 104.

李蓮英 *Li Lien-ying* (Obereunuch der Kaiserin Mutter).

反對 *fan-tui*, Opposition machen.

恩眷 *ên-chüan*, Gunst, Einfluss.

衰 *shuai*, zu Grunde gehen, schwinden.

官制 *kuan-chih*, Beamtenorganisation.

裁撤 *t'sai-ch'ê*, abschaffen.

內官 *nei-kuan*, Palastbeamte, Eunuchen.

銜 *hsien*, hegen *scl.* Groll.

從中 *t'sung-chung*, als Vermittler.

維持 *wei-ch'ih*, helfen.

抑制 *yi-chih*, niederhalten, hemmen.

張勳 *Chang-hsün* (Personenname).

鎮軍 *chên-chün*, Brigadegeneral.

解釋 *chieh-shih*, einen Ausgleich herbeizuführen suchen.

宿衛兵 *su wei-ping*, die Palastwache, welche den Nachtdienst hat.

輒 *chê*, dann, jedesmal.

B. N° 105.

僑 *ch'iao*, sich aufhalten, Ansiedler.

放洋 *fang-yang*, in See stechen.

蔡廷幹 *T'sai T'ing-kan*, (Personenname).

躬親 *kung-ch'in*, persönlich.

鼓勵 *ku-li*, anfeuern, animiren.

補助 *pu-chu*, Beihilfe leisten zu...

興復 *hsing-fu*, wieder in die Höhe bringen.

行程 *hsing-ch'êng*, Etappe.

表 *piao*, aufzählen, anführen.

海里 *hai-li*, Seemeile.

西貢 *Hsi-kung*, *Saigon*.

盤谷 *P'an-ku*, *Bangkok*.

瓜哇 *Kua-wa*, *Java*.

巴他斐亞 *Pa-t'a-fei-ya*, *Batavia*.

撒馬蘭 *Ch'ê-ma-lan*, *Semarang* (auf *Java*).

蘇拉巴亞 *Su-la-pa-ya*, *Surabaja* (auf *Java*).

伊魯伊魯 *J-lu J-lu*, *Ilo* Archipel (*Philippinen*).

小呂宋 *Hsiao Lü-sung*, *Luzon* (Klein *Luzon* im Gegensatz zu Gross *Luzon* 大呂宋 = *Spanien*), *Manila*.

引港 *yin chiang*, durch die Buchten lootsen.

甲午之役 *chia-wu chih yi*, der Krieg von 1894.

輿論 *yü-lun*, die öffentliche Meinung.

輕 *ch'ing*, geringachten.

B. N° 106.

威同和 *Wei-t'ung-ho* (Name) *v. Westernhagen*.

偕同 *chieh-t'ung*, in Begleitung von....

石謀克 *Shih-mou-k'o* (Name), *Schmolke*.

呂甯 *Lü-ning* (Name).

韓家墅 *Han-chia-shu* (wörtl. Villa der Familie *Han*; Ortsname).

觀瞻 *kuan-chan*, besichtigen.

旁聽功課 *p'ang t'ing kung-ko*, beim Unterricht zuhören.

輜 *tse*, Proviantwagen.

步炮工輜各隊 *pu p'ao kung tse ko-tui*, Infanterie, Artillerie, Pioniere und Train.

野操 *yeh-t'sao*, Felddienst.

體操 *t'i-t'sao*, Turnen.

訓兵 *hsün-ping*, Instruktion der Mannschaften.

鎮 *chên*, Division (nach neuerer Terminologie; bedeutete früher eine Brigade).

人員 *jên-yüan*, Beamte *pl.*

統制 *t'ung-chih*, der Kommandant.

B. N⁰ 107.

度支 *tu-chih*, verausgaben.

度支部 *tu-chih-pu*, Finanzministerium (neuer Name).

釐訂 *li-ting*, festsetzen.

內容 *nei-jung*, Inhalt.

廳 *t'ing*, Abtheilung (eines Amtes).

司 *sse*, Bureau.

承政 *ch'êng-chêng*, Verwaltung führen.

參議 *t'san-yi*, Vorschläge machen.

田賦 *t'ien-fu*, Grundsteuer.

漕倉 *t'sao-t'sang*, Speicher für den Tributreis.

鹽政 *yen-chêng*, Salzwesen.

通阜 *t'ung-fou*, Handelsplatz, geöffneter Hafen.

廉俸 *lien-fêng*, Remunerationen und Gehälter.

制用 *chih-yung*, allgemeine Verwaltung.

會計 *hui-chi*, Rechnungswesen.

郎中 *lang-chung*, 1. Sekretär (Vortragender Rath).

員外 *yüan-wai*, 2. Sekretär (Hülfsarbeiter).

主事 *chu-shih*, 3. Sekretär (Assessor).

處 *ch'u*, Departement.

財政 *t'sai-chêng*, Volkswirthschaft.

研究 *yen-chiu*, Untersuchungen anstellen.

所 *so*, Kommission.

寶泉 *pao-chüan*, Geld, Währung.

土藥捐 *t'u-yao chüan*, Opium Likin.

B. N° 108.

磁 *t'se*, Porzellan.

熊秉三 *Hsiung Ping-san* (Personenname).

提學司 *t'i-hsüeh-sse*, Studienrath (neuer Titel).

磁品 *t'se-p'in*, Porzellan Gegenstände.

景德鎮 *Ching-tê-chên* (Porzellanmanufaktur in *Kiangsi*).

充 *ch'ung*, für etwas anderes ausgeben.

蓄意 *hsü-yi*, Absichten hegen.

醴陵 *Li-ling* (Distrikt in *Chang-sha-fu*).

眼同 *yen-t'ung*, in gemeinsamer Besichtigung.

誣 *wu*, verleumden.

浮謗 *fou pang*, die verbreiteten (im Umlauf befindlichen) Verleumdungen.

B. N° 109.

瓜分 *kua-fên*, wie eine Melone zertheilen, auftheilen.

於玆 *yü tse*, jetzt.

測 *t'sê*, ergründen, ermessen.

九龍 *Chiu-lung* = *Kowloon* bei *Hongkong*.

廣州灣 *Kuang-chou-wan* (Hafen in *Kuangtung*).

譁 *hua*, lärmen, laut reden.

然 *jan*, (hinter einem Verb dient zur Hervorhebung und drückt die Intensität oder Dauer aus).

冉冉 *jan-jan*, nach und nach.

寂然 *chi-jan*, vollkommen ruhig.

庚子之亂 *kêng-tse chih luan*, die Wirren des *kêng-tse* Jahres = 1900.

辛丑之約 *hsin-ch'ou chih yüeh*, der Vertrag des *hsin-chou* Jahres = 1901.

割 *ko*, schneiden, abtrennen.

遽 *chü*, übereilt, vorschnell.

利 *li*, ausnutzen.

獨 *tu*, allein.

漠然 *mo-jan*, gleichgültig, sorglos.

畫策 *hua-ts'ê*, einen Plan machen.

對之 *tui chih*, darauf erwidern.

一若又若 *i jo yu jo*, das eine Mal etwa..., das andere Mal...

宗旨 *tsung-chih*, ursprüngliche Absicht.

甚爲 *shên-wei*, vielleicht sogar.

指爲 *chih-wei*, es bezeichnen als . . .

報紙 *pao-chih*, Zeitungen, Blätter.

讕 *lan*, falsch anklagen.

積 *chi*, aufhäufen.

薪 *hsin*, Brennholz, Reisig.

燎 *liao*, brennen.

原 *yüan*, Ebene.

眉宇 *mei-yü*, Stirn.

撤兵 *ch'ê-ping*, Truppen zurückziehen.

於 *yü*, von (Urheber beim Passiv), bei.

抑 *yi*, oder.

其 *ch'i*, wahrscheinlich.

分以利 *fên i li*, vom Vortheile abgeben.

塞口 *chai-k'ou*, den Wund stopfen.

可必 *k'o pi*, man kann als sicher annehmen.

報章 *pao-chang*, Zeitungen.

出於戰 *ch'u yü chan*, zum Kampfe schreiten.

出於意計之外 *ch'u yü i-chi chih wai*, der Annahme widersprechen.

是則 *shih tsê*, deswegen also.

風傳 *fêng-ch'uan*, Gerücht.

無因 *wu yin*, keinen Grund haben.

發見 *fa-hsien*, zum Vorschein kommen.

益信 *yi-hsin*, umso mehr zuverlässig.

暴舉 *pao-chü*, gewaltthätiges Vorgehen.

决裂 *chüeh-lieh*, brechen; den Krieg beginnen.

別有在 *pieh yu tsai*, es beruht in etwas anderem.

若吾中國 *jo wu chung-kuo*, was unser *China* betrifft.

以處之 *i ch'u chih*, sich dabei beruhigen.

遏 *o*, hemmen, auslöschen.

印 *Yin* = *Yin-tu*, *Indien*.

拳匪 *ch'üan-fei*, Boxer.

重申前議 *ch'ung shên ch'ien yi*,

den früheren Vorschlag von Neuem vorbringen.

酋 *ch'iu*, Häuptling.

怵 *ch'u*, einschüchtere, einwirken auf.

利害 *li-hai*, Nutzen und Schaden.

固 *ku*, entschieden.

陋 *lou*, hässlich, schlimm, übel.

曲從 *ch'ü t'sung*, sich widerwillig fügen.

變故 *pien-ku*, Zwischenfall.

就地而管轄之 *chiu ti êrh kuan-hsia chih*, das Land beherrschen (就 ist hier wie die Objekt Partikel 將 gebraucht).

無端 *wu-tuan*, ohne Grund.

崇德 *Ch'ung-tê* (Regierungsdevise eines Mandschu Herrschers, 1636—1644 n. Chr.

首先 *shou-hsien*, zum erster Male.

歸順 *kuei-shun*, sich unterwerfen.

鎮撫 *chên-fu*, die Ruhe aufrecht erhalten.

朝鮮 *Ch'ao-hsien*, *Korea*.

暹羅 *Hsien-lo*, *Siam*.

朔 *shuo* (*so*), der erste Tag eines Monats.

正朔 *chêng-shuo*, der 1. Tag des 1. Monats = Kalender (die Annahme des chinesischen Kalenders galt als ein Zeichen der Anerkennung von *Chinas* Oberhoheit).

朝貢 *ch'ao-kung*, Tribut bringen.

壤 *jang*, Land, Grund und Boden.

蘊 *yün*, aufhäufen.

五金 *wu chin*, die 5 Metalle: Gold, Silber, Kupfer, Blei (Zinn), Eisen.

窮 *ch'iung*, erschöpfen, beendigen.

無窮 *wu-ch'iung*, unerschöpflich, endlos.

又且 *yu-ch'ieh*, und ferner.

青海 *Ch'ing-hai*, *Kukunor*.

屏 *p'ing*, bedecken, beschützen.

障 *chang*, trennen, bedecken, Schutzwehr.

屏障 *p'ing-chang*, Schutzwehr.

雖然 *sui-jan*, trotzdem.

先於 *hsien yü*, anfangen bei...

忽 *hu*, sorglos, gleichgültig, vernachlässigen.

得步進步 *tê pu chin pu*, Schritt für Schritt vorrücken.

焉 *yen* (Finale, beschreibend mit Nebenbedeutung der Dauer).

涯 *ya* (*yai*), Ufer, Grenze.

無涯 *wu-ya*, unendlich gross.

寥 *liao*, öde, spärlich.

寥落 *liao-lo*, spärlich angesiedelt.

職官 *chih kuan*, Dienst thuende Beamte.

武備 *wu-pei*, Militärwesen.

修 *hsiu*, organisiren.

舉名 *chü ming*, den Namen erwähnen.

恝 *chieh*, gleichgültig.

窺 *k'uei*, ausspioniren, auskundschaften.

效 *hsiao*, nachahmen.

尤 *yu*, das Böse.

B. N⁰ 110.

外交 *wai-chiao*, äussere Beziehungen.

勝 *shêng*, siegen.

負 *fu*, unterliegen.

兵家 *ping-chia*, Militärs, militärische Schriftsteller.

外交家 *wai-chiao chia*, Politiker.

俄羅斯 *O-lo-sse*, *Russland.*

版圖 *pan-t'u*, Karte, Landkarte, Gebiet.

荒漠 *huang-mo*, wüst.

法度 *fa-tu*, System.

兵士 *ping-shih*, Soldaten.

怨望 *yüan wang*, unzufrieden und begehrlich.

政治 *chêng-chih*, Regierung, Verwaltung.

軍伍 *chün-wu*, Truppen.

衝 *ch'ung*, anstossen.

突 *t'u*, do.

地毬 *ti-ch'iu*, Erdball.

懾 *shé*, fürchten, sich unterwerfen.

相從 *hsiang-ts'ung*, Folge leisten.

力量 *li-liang*, Kraft, Einfluss.

甲午 *chia-wu* (cyklische Jahreszahl = 1894 n. Chr.).

躋 *chi*, aufsteigen.

躋大國之列 *chi ta-kuo chih lieh*, in die Reihe der Grossmächte treten.

絀 *ch'u* (*ch'o*), karg, gering.

黃種 *huang-chung*, die gelbe Race.

輕視 *ch'ing-shih*, geringachten.

驟 *tsou*, schnelles Pferd; plötzlich.

卓然 *cho-jan*, stolz, stattlich.

崛起 *chüeh-ch'i*, hoch emporsteigen.

排擠 *p'ai-chi*, herstellen, verbessern.

抵禦 *ti-yü*, Widerstand leisten.

列强 *lieh-ch'iang*, die starken Mächte.

居多 *chü to*, sehr gross sein.

今者 *chin-chê*, jetzt.

老奸 *lao-chien*, arglistig.

陰險 *yin-hsien*, heimtückisch.

鋒銳 *fêng-jui*, kampfesmuthig.

新進 *hsin-chin*, fortschrittlich.

樽 *tsun*, Becher.

俎 *tsu*, Teller.

於樽俎之間 *yü tsun-tsu chih chien*, beim Gelage.

孰 *shu*, wer?

絶大 *chüeh-ta*, ausserordentlich gross.

能不 *nêng pu*, soll man nicht?

究竟 *chiu-ching*, wirklich, Wirklichkeit.

遼東 *Liao-tung* (Halbinsel).

會合 *hui-ho*, sich vereinigen.

仗義 *chang-i*, sich auf die Gerechtigkeit stützen.

疲 *p'i*, erschöpft.

精銳 *ching-jui*, Feuer, Kraft.

竭 *chieh*, erloschen, erschöpft.

陽 *yang*, öffentlich.

陰 *yin*, im Geheimen.

與聞 *yü-wên*, von etwas hören, mit etwas zu thun haben.

未之知 *wei chih chih*, sie wussten es nicht (Wenn das Prädikat verneint ist, so pflegt ein Pronomen als Objekt *vor* das Verbum zu treten).

失敗 *shih-pai*, eine Niederlage erleiden.

及乎 *chi-hu*, als nun.

租借 *tsu-chieh*, pachtweise leihen (chinesisches Gebiet).

當日 *tang-jih*, damals, seiner Zeit.

絶然 *chüeh-jan*, durchaus.

相反 *hsiang-fan*, im Widerspruch stehen.

卽其之矛攻其之盾 *chi ch'i chih mao kung ch'i chih tun*, mit ihren eigenen Lanzen ihre eigenen Schilde angreifen d. h. sie mit ihren eigenen Waffen bekämpfen.

束手 *shu-shou*, die Hände binden.
汙 *wu*, beflecken, bespritzen.
易 *yi*, erkaufen.
拱手 *kung-shou*, mit erhobenen Armen grüssen.
允宜 *yün-yi*, für angemessen halten.
未嘗 *wei-ch'ang*, nicht (Vergangenheit).
料及 *liao-chi*, denken an.
不及 *pu chi*, nicht können.
無智 *wu-chih*, kein Verständniss besitzen.
處置 *ch'u-chih*, arrangiren.
洎乎 *chi-hu*, und als...
與國 *yü-kuo*, befreundeter Staat.
龍巖浦 *Lung-yen-p'u* (Ort in *Korea*).
匝月 *tsa-yüeh*, der sich drehende Mond, ein ganzer Monat.
就緒 *chiu-hsü*, einen Ausweg finden.
移至 *yi chih*, verlegen nach.
巴拉幹 *Pa-la-kan*, *Balkan*.
牽 *ch'ien*, wegziehen.
掣 *ch'ê*, hemmen.
牽掣 *ch'ien-ch'ê*, behindern.
怯 *ch'ieh*, furchtsam.
輕信 *ch'ing-hsin*, leichtgläubig.
況乎 *k'uang-hu*, und nun erst; und, sobald als.
亂氛 *luan-fên*, Unruhen.
一副面目 *i fu mien-mu*, ein Gesicht.
詐 *cha*, betrügen.
泰晤士 *T'ai-wu-shih*, *Times*.
馬禮孫 *Ma-li-sun*, *Morrison*.
窳 *yü*, schwach, nutzlos.
徵兵 *chêng-ping*, Truppen ansammeln, ausheben.
操勝 *t'sao-shêng*, den Sieg erringen.

B. N⁰ 111.

自來水 *tse-lai-shui*, Leitungswasser.
跋 *pa* (*po*) Nachwort.
衞生之道 *wei-shêng chih tao*, Sanitätswesen.
敦請 *tun-ch'ing*, herzlichst auffordern.
李平書 *Li P'ing-shu* (Personenname).
城廂 *ch'êng-hsiang*, Vorstadt, Aussenstadt.
裝設 *chuang-shé*, anlegen.

水管 *shui-kuan*, Wasserrohr.

繁密 *fan-mi*, zahlreich.

徧 *pien*, rings herum, überall.

龍頭 *lung-t'ou*, Wasserausfluss, Wasserhahn.

老虎竈 *lao-hu tsao*, Heiss Wasser Etablissements (die heisses Wasser verkaufen).

荳腐 *tou-fu*, Bohnenkäse.

浴堂 *yü-t'ang*, Badeanstalt.

染坊 *jan-fang*, Färberie.

醬園 *chiang yüan*, *Soya* Laden.

舖戶 *p'u-hu*, Ladenbesitzer.

當心 *tang-hsin*, Acht geben, achten auf.

經久 *ching-chiu*, lange halten.

太平龍頭 *t'ai-p'ing lung-t'ou*, Hahn für die allgemeine Sicherheit, Feuerhahn, Hydrant.

推算 *t'ui-suan*, verhältnissmässig (proportional) berechnen.

津貼 *ching-t'ieh*, Extra Gebühr, Zuschlag.

荒落 *huang-lo*, öde, einsam.

收回 *shou-hui*, sich zurückzahlen lassen.

不虞 *pu-yü*, nicht Vorhergesehenes *i. e.* Unglück (hier ist eine Feuersbrunst gemeint).

洋龍 *yang-lung*, fremde Feuerspritzen.

遷徙 *ch'ien-hsi*, umziehen.

截 *chieh*, verschliessen.

塞沒 *sai-mê*, verstopfen.

翻動 *fan-tung*, aufwühlen.

街弄 *chieh-nung*, Strassen und Gassen (*nung* ist ein *Shanghai* Ausdrück).

陰溝 *yin-kou*, verdeckter Graben = Abflusskanal.

天井 *t'ien-ching*, offener Hof im Inneren des Hauses.

司事 *sse-shih*, Aufseher.

水籌 *shui-ch'ou*, Marke zur Entnahme von Wasser.

縻費 *mi-fei*, verschwenden; unnütze Ausgaben.

抵押 *ti-ya*, verpfänden.

幾於 *chi yü*, nahe dabei sein zu...

食言 *shih-yen*, sein Wort brechen.

怨一 *yüan yi*, die erste Härte.

南市 *Nan-shih*, Gegend in *Shanghai*.

草率 *t'sao-shuai*, unordentlich, liederlich.

敧側 *wo-t'sê*, sich auf die Seite neigend, schief.

砌還 *ch'i-huan*, wiederherstellen, repariren.

取怨於 *ch'ü yüan yü*, sich den Hass von.... zuziehen, sich unbeliebt machen bei....

鍾珏 *Chung-chio* (Beiname).

反其道而行之 *fan ch'i tao êrh hsing chih*, mit dem alten System brechen.

副 *fu*, entsprechen.

雖然 *sui-jan*, indessen.

猶有進者 *yu yu chin-chê*, es kann noch etwas anderes vorgebracht werden.

穢汚 *hui-wu*, Schmutz.

疫癘 *i-li*, Beulenkrankheit.

限令 *hsien-ling*, beschränken.

此說 *t'se shuo*, dieser Vorschlag.

風水 *fêng-shui*, Wind und Wasser = Geomantik (die in *China* bei Bauten eine so grosse Rolle spielt).

阻撓 *tsu-nao*, zu hintertreiben versuchen.

B. N° 112.

人格 *jên-ko*, die Stellung des Menschen, Menschenwürde.

天之於人類 *t'ien chih yü jên-lei*, der Himmel in seinem Verhältniss zur Menschheit (steht absolut voran).

也 *yeh* (hebt das Subjekt des Satzes **其生之** "sein Erzeugen desselben" hervor. Prädikat ist **厚薄**).

優勝劣敗 *yu shêng lieh pai*, der Bessere siegt, der Schlechtere geht zu Grunde.

全球 *ch'üan-ch'iu*, der ganze Erdball.

薄 *po*, geringschätzig, verächtlich.

國度 *kuo-tu*, Regierungssystem.

文野 *wên yeh*, civilisirt und uncivilisirt.

狀 *chuang*, Benehmen.

一則 *i tsê*, ein Muster.

開原 *K'ai-yüan* (Distrikt in *Fêng-tien*).

隸 *li*, gewöhnlicher Diener (*Kuli*).

媵 *yin*, Dienerin.

軍士 *chün-shih*, Soldat.

犒 *k'ao*, zur Belohnung geben.

旅 *lü*, Truppen.

苦口 *k'u-k'ou*, bittere Äusserungen.

危詞 *wei-ts'e*, Drohungen.

其 *ch'i*, etwa, wohl.

團體 *t'uan-t'i*, fest zusammenhalten.

公益 *kung-yi*, das Gemeinwohl.

性質 *hsing-chih*, Naturanlage.

箝束 *ch'ien-shu*, knebeln, niederhalten; despotisch.

政體 *chêng-t'i*, Regierungsform, Regierung.

屈 *ch'ü*, beugen, bedrücken.

自由 *tse-yu*, nach eigenem Ermessen handeln; frei sein.

何嘗 *ho ch'ang*, wie bereits? d.h. noch nicht.

盡具人格 *chin chü jên-ko*, im vollständigen Besitz der Menschenwürde sein.

受文明之化 *shao wên-ming chih hua*, die Civilisation annehmen.

開通 *k'ai-t'ung*, sich reformiren, Reformen einführen.

程度 *ch'êng-tu*, Stufe, Grad der Entwickelung.

欺 *ch'i*, beleidigen, bedrücken.

光明 *kuang-ming*, Ruhm, Ansehen.

較之 *chiao chih*, es kann verglichen werden mit...

資格 *tse-ko*, Stellung, Rang.

蹴 *ts'u*, auftreten, Schritt.

幾 *chi*, nahekommen.

開化 *k'ai-hua*, reformiren, aufklären.

相提比論 *hsiang-t'i pi-lun*, auf gleiche Stufe stellen.

近今二年 *chin chin êrh nien*, in den letzten 2 Jahren.

自奮 *tse fên*, sich anstrengen.

愧勵 *k'uei-li*, durch Scham anfeuern.

爭 *chêng*, kämpfen um, erkämpfen.

目的 *mu-ti*, Ziel, Absicht (ein moderner, ursprünglich japanischer Ausdruck).

洲 *chou*, Kontinent.

一氣之情 *i ch'i chih ch'ing*, gemeinsame Bestrebungen.

嘉 *chia*, hochhalten, schätzen.

胡爲 *hu wei*, wieso?

亡國 *wang-kuo*, untergegangenes Reich.

猶太 *Yu-t'ai*, *Juden*.

必 *pi*, festsetzen, erklären.

前途 *ch'ien-t'u*, frühere Zeit.

末路 *mo-lu*, Ende.

列於 *lieh yü*, rechnen zu.

地位 *ti-wei*, Rang, Stellung.

至於何等境界 *chih yü ho-têng ching-chieh*, was für eine Art von Land daraus werden wird.

目前 *mu ch'ien*, vor den Augen liegend; augenblicklich.

自主 *tse-chu*, selbständig, souverän.

中立 *chung-li*, neutral.

局外 *chü-wai*, unbetheiligt.

犒賞品 *k'ao-shang p'in*, Gegenstand der Belohnung.

至欲 *chih yü*, so weit gehen, dass sie wünschen.

犒勞 *k'ao-lao*, Verdienste belohnen.

以牛馬視 *i niu-ma shih*, als Ochsen und Pferde betrachten.

以人類待 *i jên-lei tai*, als Menschen behandeln.

怨 *yüan*, sich beklagen.

如携 *ju hsi*, als ob sie sie mitnehmen könnten.

部 *pu*, Verwaltungsbezirk.

戰域 *chan-yü*, Kriegsschauplatz.

運動 *yün-tung*, sich aufrütteln.

沈睡正酣 *ch'ên shui chêng han*, in tiefem Schlaf versunken sein, gerade wie in einem Rausch.

震撼 *chên-han*, heftig schütteln.

刺 *ts'e*, austacheln.

省 *hsing*, aufwachen.

大澈 *ta ch'ê*, vollkommen klar sehen.

追 *chui*, streben nach.

未嘗不禱 *wei ch'ang pu tao*, man würde sicherlich beten zu...

金像 *chin-hsiang*, goldene Statue.

祀 *sse*, opfern.

拍賣 *p'ai (p'o)-mai*, auf Auktion verkaufen.

世家 *shih-chia*, vornehme Familien, hoher Adel.

聚烝 *chü-chêng*, zusammentreiben.

亞洲 *Ya-chou*, *Asien*.

中此 *chung ts'e*, darauf zielt es ab, das erreicht es.

昏昏不知 *hun-hun pu-chih*, thöricht und verblendet.

放棄 *fang-ch'i*, vernachlässigen.

洒掃 *sa-sao*, reinfegen.

糞除 *fên-ch'u*, ausmisten.

技 *chi*, Geschicklichkeit, Fähigkeit.

演習 *yen-hsi*, üben.

純熟 *ch'un-shu*, sich gründlich vorbereiten.

備 *pei*, Vorkehrungen treffen gegen.

驅使 *ch'ü-shih*, mit Gewalt antreiben.

C. N⁰ 1.

An den Kaiserlich Deutschen Generalkonsul für Handelsangelegenheiten, Herrn Hu, in Schanghai.

Der ordentliche Lehrer der deutschen Sprache am *Hupei*-Gymnasium, welcher früher den Charakter als Distriktsmagistrat erhalten hat, *Wu Ting-chün*, hat sich mit einer Eingabe an mich gewandt, worin er folgendes ausführt:

Der ehemalige erste Vizepräsident des Ministeriums des Innern, *Wu Ching-ch'êng*, ist sein Adoptivvater. Dieser habe in so uneigennütziger Weise sein Amt verwaltet, dass er, obwohl er über 30 Jahre die bestdotirten Posten hatte und zweimal Gesandter im Auslande gewesen ist, doch nur ein sehr kleines Vermögen erworben habe. Er hat nur in der Russisch-Chinesischen Bank die Summe von 5000 Taels und in der Deutsch-Asiatischen Bank einen Betrag von 8000 Taels deponirt und zwar in beiden Fällen bis zum 5ten Tage des 3ten Monats des nächsten Jahres als Endtermin. Es sind darüber Scheine in fremder Sprache ausgestellt und noch von dem Adoptivvater mit eigener Namensunterschrift unterzeichnet worden. Ausserdem sind aber auch noch kleinere Beträge auf kürzere Zeit deponirt worden, wofür keine besonderen Belege ausgestellt wurden, so dass der Petent die genaue Summe nicht kennt. Zum Glück haben aber alle Banken ihre Geschäftsbücher, aus welchen sie sich leicht feststellen lässt: Gerechtigkeit und Treue und Glaube spielen bei den Ausländern eine so grosse Rolle, dass jene Summen jedenfalls auf Grund der Eintragungen zurückgezahlt werden können.

Bevor der Adoptivvater sein Leben liess, hat er letztwillig angeordnet, dass, wenn seine jetzige dritte Konkubine, geborene *Chu*, welche über 3 Monate schwanger war, später einem Knaben das Leben schenken sollte, dieser den Nachlass mit dem Adoptivsohne teilen solle, so dass jeder die Hälfte erhielte. Vorläufig solle aber der Adoptivsohn die Verwaltung des Vermögens führen.

Im 8ten Monat kam der Antragsteller nach *Shanghai*, wo er den Direktor der Russisch-Chinesischen Bank, *Pokotilow*, aufsuchte und gegen Vorzeigung der Scheine die Auszahlung der Depots verlangte. Herr *Pokotilow* erwiderte aber, dass er ihn von früher nicht kenne und deshalb dafür, dass er wirklich der Adoptivsohn von Excellenz *Wu* sei, keinerlei Anhalt habe. Er möge den Herrn Zolltaotai veranlassen, als Bürge zu fungiren, dann könnten ihm alle deponirten Beträge nach Ausweis der Bücher in voller Höhe ausgezahlt werden.

Deswegen ersuchte *Wu Ting-chün* seinen Landsmann, den Taotai *Ch'ien Yi-fu*, mir sein Anliegen vorzutragen. Taotai *Ch'ien* brachte ihm zur Antwort, dass ich zugesagt habe, beiden Banken gegenüber die Erklärung abzugeben, dass *Wu Ting-chün* in der Tat der Sohn des ehemaligen ersten Vizepräsidenten des Ministeriums des Innern, *Wu Ching-ch'êng* und zur Verfügung über alle bei den Banken deponirten Summen legitimirt sei.

In seiner Eingabe an mich gibt *Wu Ting-chün* den Betrag der Depots bei den beiden Banken an und setzt auseinander, dass ihm die genaue Summe der übrigen kurzfristigen Depots nicht bekannt sei. Er bittet mich, daran zu denken, dass er von seinem Vater verwaist und im Elend zurückgelassen sei und dieser Gelder für seinen Lebensunterhalt benötige. Ich möchte deswegen beiden Banken gegenüber Garantie leisten, damit ihm die Gelder so bald wie möglich ausgehändigt würden. Für diese meine grosse Güte würde nicht nur er selbst Tränen der Dankbarkeit vergiessen, sondern auch sein verstorbener Adoptivvater würde noch in der Unterwelt mir Dank wissen.

Ich erkläre nun hiermit, dass *Wu Ting-chün* in der Tat der Adoptivsohn des ehemaligen ersten Vizepräsidenten des Ministeriums des Innern, *Wu Ching-ch'êng*, ist, und dass er berechtigt ist, über die bei den beiden Banken deponirten Summen zu verfügen und sie abzuheben. Den russischen Generalkonsul habe ich ersucht, die Russisch-Chinesische Bank mit den nötigen Weisungen zu versehen, und den Antragsteller dementsprechend beschieden. Ich beehre mich nunmehr, an Sie, geehrter Herr Generalkonsul, ebenfalls die Bitte zu richten, von dem Vorstehenden Kenntnis zu nehmen und die Deutsch-Asiatische Bank benachrichtigen zu wollen, dass sie alle bei ihr hinterlegten Beträge nach Ausweis der Bücher voll auszahlen kann.

Einer baldigen Antwort entgegensehend und in der Hoffnung, dass Ew. Hochwohlgeboren meinem Wunsche so bald als möglich willfahren werden, ergreife ich diese Gelegenheit u.s.w.

Der Kaiserlich Chinesische Taotai mit Militärvollmacht des Su Sung T'ai-Kreises in Kiangnan, mit den Insignien des 2ten Rangknopfes, welcher zugleich die Intendantur für die Seewacht verwaltet, 10 Extrarangstufen und 10 Anerkennungen erhalten hat, Chin.

C. N° 2.

An den Kaiserlich Chinesischen Zollsuperintendenten des Shanghai-Zollamts, Inhaber des 3ten Rangknopfes, Taotai des Su Sung T'ai-Kreises mit Militärgewalt, Wang.

Von Sr. Hochwohlgeboren dem frühern Taotai Herrn *Chin*, welcher jetzt zu einem höhern Posten befördert worden ist, erhielt ich unter dem 21sten des 11ten Monats ein Schreiben, worin ich ersucht werde, die Deutsch-Asiatische Bank zu ermächtigen, die Summen, welche der ehemalige erste Vizepräsident des Ministeriums des Innern, *Wu Ching-ch'êng*, der Vater des ordentlichen Lehrers der deutschen Sprache am *Hupei*-Gymnasium und frühern charakterisirten Distriktsmagistrats *Wu Ting-chün*, früher bei der Deutsch-Asiatischen Bank deponirt hat, nach Ausweis der Bücher voll an den Adoptivsohn des *Wu Ching-ch'êng*, *Wu Ting-chün*, zurückzuzahlen. Meiner Antwort sähe S. Hochwohlgeboren entgegen. Ich habe darauf die betreffende Bank entsprechend verständigt. Nunmehr teilt sie mir mit, dass *Wu Ting-chün* gestern in der Bank zu einer Besprechung erschienen sei, und dass die Bank beabsichtige, ihm heute alle bei ihr deponirten Beträge voll auszuzahlen, was sie mich bittet zu Ew. Hochwohlgeboren Kenntnis zu bringen. Ew. Hochwohlgeboren wollen den Antragsteller davon benachrichtigen!

Ich ergreife u.s.w. u.s.w.

Der Kaiserlich Deutsche, mit der Erledigung der internationalen Handelsangelegenheiten in Shanghai betraute Generalkonsul Hu.

C. N⁰ 3.

Kaiserliches Edikt vom 25. Tage des 12. Monats (13. Februar 1901).

Annex No. 4 des Friedensprotokolls vom 7. September 1901.

Seit dem 5ten Monat haben sich die Boxer in *Peking* empört und die Feindseligkeiten gegen die befreundeten Mächte eröffnet. Jetzt nun haben *I K'uang* und *Li Hung Chang* mit den fremden Vertretern über den Frieden verhandelt, und ein Präliminarvertrag ist bereits unterzeichnet worden.

Wenn Wir an den Anfang der beklagenswerthen Ereignisse zurückdenken, so finden wir, dass sie in der That damit begonnen haben, dass Prinzen und Grosswürdenträger in ihrer unglaublichen Verblendung und Thorheit sich zu lärmenden Kundgebungen und Gewaltthätigkeiten haben hinreissen lassen. Fest vertrauend auf verbrecherische Künste [1]) haben sie den Hof tyran-

1) Der religiöse Wahnsinn der Boxer, welche mit höheren Mächten im Bunde die Fremden ausrotten zu können glaubten und Zauberei und Spiritismus übten.

nisirt. Gegen die Kaiserlichen Befehle zur Ausrottung der Boxer haben sie sich aufgelehnt und sie nicht zur Ausführung gebracht, im Gegentheil sich den Boxern gänzlich in die Arme geworfen und sich an ihren wüsten Angriffen betheiligt, so dass die Flammen der Empörung immer höher emporschlugen. Zu vielen Zehntausenden rotteten sich die Rebellen zusammen und umdrängten Uns von allen Seiten derartig, dass Wir Uns nicht mehr ihrer erwehren konnten. Dann veranlassten die Führer einige rohe Generäle mit ihrer Soldateska die fremden Gesandtschaften von allen Seiten anzugreifen. Das führte mehrere Monate lang zum schrecklichsten Elend. Die Schutzgötter des Landes geriethen in Gefahr, Ahnengräber und Tempel erzitterten und erbebten, die Erde wurde zerstampft, und lebensfrohe Menschen sanken in den Staub. Die Gefahren, welche Wir und Ihre Majestät die Kaiserin Mutter zu bestehen hatten, lassen sich gar nicht in allen Einzelheiten schildern. Noch jetzt durchzuckt es Unser Herz bei dem Gedanken, und Unser Haupt schmerzt von Kummer und Sorge. Alles das kommt daher, dass die Prinzen und Minister den verbrecherischen Reden geglaubt und die Rebellen frei haben gewähren lassen. Dadurch haben sie nicht nur die Tempel Unserer Ahnen und der Götter des Landes in die grösste Gefahr gebracht, sondern auch das Volk ins Elend gestürzt. Unter diesen Umständen ist die Frage, welche Strafe sie verdienen, wohl berechtigt.

Wir haben schon früher zweimal Edikte erlassen, aber die verhängten Strafen erscheinen Uns in Anbetracht der Schwere der Verbrechen zu leicht und nicht ausreichend zur Sühnung der Schuld. Wir müssen daher je nach den Graden der Verfehlungen Strafverschärfungen eintreten lassen:

Der bereits degradirte Kaiserliche Prinz *Chuang*, *Tsai Hsün*, hat zugelassen, dass die Boxer die Missionsanstalten und Gesandtschaften belagerten. Er hat entgegen den Verträgen Proklamationen erlassen und lediglich auf die Bezichtigung der Rebellen hin viele unschuldige Personen hinmorden lassen, alles Beweise seiner grenzenlosen Verblendung und brutalen Rohheit. Wir befehlen ihm aus besonderer Gnade [1]), sich selbst das Leben zu nehmen, und beauftragen den Präsidenten des Censorats, *Ko Pao Hua*, sich hinzubegeben, um es zu constatiren.

Der bereits degradirte Prinz *Tuan*, *Tsai Yi*, hat die übrigen Prinzen und Pei-lo dazu verführt, den Prahlereien der Boxer leichtfertig Gehör zu schenken. Er hat das Signal zum Kampfe gegeben und somit die Feindseligkeiten eröffnet. Daher kann er sich der Bestrafung nicht entziehen. Der abgesetzte Prinz *Tsai Lan* hat in Gemeinschaft mit *Tsai Hsün* im Widerspruch zu den Verträgen wahnwitziger Weise Proklamationen erlassen, und sich dadurch ebenfalls schuldig gemacht. Wir entkleiden sie hiermit ihres Adelsranges, aber mit Rücksicht darauf, dass es nahe Verwandte des Kaiserlichen Hauses sind, wollen Wir besondere Gnade walten lassen und verbannen sie hiermit nach Turkestan zu lebenslänglichem Gefängniss. Zu ihrer Beaufsichtigung sollen zunächst Beamte entsandt werden.

Der degradirte Gouverneur *Yü Hsien* hat früher als Gouverneur von *Shantung* ein thörichtes Vertrauen zu den Zauberkünsten der Boxer gefasst. Nach seiner Ankunft in Peking hat er so lebhaft dafür Propaganda gemacht, dass Prinzen und Minister sich von ihm haben bethören lassen. Als Gouverneur von *Shansi* hat er dann zahllose Missionare und Konvertiten niedermetzeln lassen. Durch seine bodenlose Bornirtheit und blutdürstige Grausamkeit hat er die schwerste Schuld auf sich geladen und alles Unglück heraufbeschworen. Er ist bereits früher nach Turkestan verbannt und muss jetzt etwa in *Kansu* angelangt sein. Wir befehlen, dass ihm Unser Erlass übermittelt und er sofort hin-

---

1) Der Selbstmord statt der öffentlichen Hinrichtung ist eine Strafmilderung für Prinzen und hohe Würdenträger. Der bei jeder Bestrafung beliebte Hinweis auf die Kaiserliche Gnade soll bedeuten, dass die Strafe eigentlich noch viel schärfer hatte sein müssen und nur aus Gnade gemildert worden ist.

gerichtet werde. Der Provinzialrichter *Ho Fu K'un* erhält Befehl, der Hinrichtung beizuwohnen.

Der frühere assistirende Grosssekretär und Präsident des Ministeriums des Innern, *Kang Yi*, hat die Boxer begünstigt und dadurch grosses Unheil gestiftet, ausserdem hat er sich an der Veröffentlichung vertragswidriger Proklamationen betheiligt. Er verdiente eigentlich die schwerste Bestrafung, aber er ist schon an einer Krankheit gestorben. Wir verordnen hiermit, dass ihm sein ursprünglicher Rang nachträglich genommen und er sofort degradirt werde.

Der abgesetzte, aber auf seinem Posten belassene General von Kansu, *Tung Fu Hsiang*, hat, nachdem er mit seinen Truppen zum Schutze nach Peking berufen war, es an strenger Disciplin fehlen lassen. Aus Unkenntniss der internationalen Beziehungen ist er, wie es ihm gerade einfiel, in roher und plumper Weise vorgegangen. Zwar ist die Belagerung der Gesandtschaften auf Veranlassung der genannten, degradirten Prinzen erfolgt, aber er kann doch nicht jede Verantwortung dafür ablehnen. Eigentlich verdiente er die schwerste Strafe, aber in Erinnerung an seine hervorragenden Leistungen in der Provinz *Kansu*, wo er das Vertrauen der Muhamedaner und Chinesen geniesst, wollen Wir aussergewöhnliche Milde walten lassen. Wir befehlen, dass er sofort degradirt werde.

Der degradirte und versetzte Präsident des Censorats, *Ying Nien* hat sich zwar der widerrechtlichen Veröffentlichung der gegen die Verträge verstossenden Proklamationen seitens *Tsai Hsün* widersetzt, was zu seinen Gunsten spricht, aber er hat sie doch nicht mit Gewalt zu verhindern gewusst und kann desshalb nicht von Schuld freigesprochen werden. Aus besonderem Wohlwollen verurtheilen Wir ihn hiermit zur Degradation und zur Enthauptung. Er möge im Gefängniss seine Strafe erwarten.

Der abgesetzte, aber auf seinem Posten belassene Präsident des Justizministeriums, *Chao Shu Ch'iao* hat früher keine feindlichen Gesinnungen gegen die Ausländer gezeigt, auch bei der Verurtheilung von Boxern hat er sich keiner Begünstigung schuldig gemacht, aber durch seine Lässigkeit sind grosse Fehler begangen. Wir bestimmen als besondere Vergünstigung, dass er degradirt und enthauptet werde und im Gefängniss seiner Bestrafung entgegensehe.

Ying Nien und *Chao Shu Ch'iao* sollen beide zunächst im Gefängniss der Provinzialhauptstadt von *Shensi* in Haft bleiben [1]).

Der Grosssekretär *Hsü T'ung* und der degradirte und auf einen andern Posten versetzte, frühere Generalgouverneur von *Ssechuan Li Ping Hêng,* sind beide während der Unruhen gefallen, aber sie haben Grund zu berechtigten Klagen gegeben. Wir verordnen, dass sie degradirt und dass ihnen die gewährten Totenehren wieder entzogen werden.

Nach Erlass dieses Ediktes werden hoffentlich alle Uns befreundeten Staaten zu der Überzeugung gelangen, dass die Boxerunruhen nur auf die Hetzereien einzelner Unheilstifter zurückzuführen sind, und dass der Hof dabei nicht die Hand im Spiele gehabt hat. Wir haben alle Unheilstifter bestraft und niemanden davonkommen lassen. Die Beamten und das chinesische Volk werden daraus die ernsten Folgen des Geschehenen deutlich erkennen.

C. N⁰ 4.

An den Kaiserlich Deutschen Generalkonsul Hu.

Am 28sten Tage des 12ten Monats des 26sten Jahres *Kuanghsü* teilte mir das Zentralamt für fremde Angelegenheiten in *Chekiang* folgendes mit:

Der Präfekt von *Hu-chou-fu*, *Chih-chin,* hat berichtet, dass am

---

1) Man gewinnt aus den sehr matten Anklagen gegen *Ying Nien* und *Chao Shu Ch'iao* den Eindruck, dass der Kaiser sie für unschuldig hält und nur unter äusserem Druck sie zum Tode verurtheilt.

28sten des 11ten Monats ein Amerikaner, *Mai-kai*, auf sein Yamen gekommen sei und erklärt habe, er sei von *Shanghai* nach *Chekiang* gekommen, um in der Gegend von *Sse-an* in *Chang-hsing* nach Mineralien zu suchen. Er sei bereits in *Chang-hsing* gewesen, habe aber noch nicht alle Plätze besuchen können. Der Präfekt fand, dass sein Pass auf *Ningpo* und *Chusan* lautete, und dass darin von *Chang-hsing* keine Rede war. Er teilte ihm darauf mit, dass die Ortsangaben in dem Passe nicht stimmten, ohne ihm jedoch irgend welche Schwierigkeiten in den Weg zu legen. Als der Fremde sich dann entfernte, liess er ihm durch eine militärische Eskorte aus seinem Gebiete heraus das Geleite geben.

Darauf meldete der Distriktsmagistrat von *Chang-hsing*, *Chao*, dem Präfekten, er habe am 24sten des 11ten Monats in Erfahrung gebracht, dass ein fremder Amerikaner, ohne vorher im Yamen erschienen zu sein, in den Ortschaften in der Nähe der Stadt umherreise. Ihm, dem Magistrat, seien keinerlei Weisungen betreffs des zu gewährenden Schutzes zugegangen. Als Zweck seiner Reise gab der Fremde an, dass er Bergwerke anlegen wolle. Bei der Prüfung seines Passes stellte es sich heraus, dass er vom englischen Generalkonsul in Schanghai, Herrn *Pi*, für den Chef der *Chartered Bank of India*, Herrn *Mai-kai*, ausgestellt worden war. In dem Passe war gesagt worden, dass er sich auf eine Reise nach *Ningpo* und *Chusan* begebe, aber nichts davon erwähnt worden, dass er in dem Distrikte des Magistrats schürfen wollte. Der Magistrat entsandte darauf einen Offizier mit Soldaten seiner Leibgarde, um den Fremden durch die Dörfer zu begleiten. Am 27sten Tage geleiteten sie ihn aus dem Gebiete heraus. Als Anlage zu seinem Berichte schickte der Magistrat Abschrift des Passes.

Der Präfekt bemerkt hierzu, dass, wenn Europäer Reisen ins Inland unternehmen, sie mit einem Passe versehn sein müssen, und dass vorher alle Distriktsmagistrate zu instruiren sind, damit sie ihnen nach den Verträgen Schutz gewähren. Es soll in solchen

Fällen ganz besonders sorgfältig verfahren werden. Als diesmal der Fremde *Mai-kai* nach *Hu-chou* kam, war sein Pass nur für eine Reise nach *Ningpo* und *Chusan* ausgestellt worden, und es stand kein Wort darin vom Schürfen in *Chang-hsing*, auch waren vorher keine Weisungen an die Beamten erlassen worden. Zum Glück haben ihm, als er plötzlich ganz eigenmächtig auftauchte, sowohl der Magistrat *Chao* als auch der Präfekt selbst nacheinander Schutz gewährt, so dass jeder Zwischenfall vermieden wurde. Hätte dagegen unglücklicherweise die Landbevölkerung bei seinem Erscheinen Verdacht geschöpft, oder hätten einige Rowdies aus ihrer Mitte ihm Schwierigkeiten bereitet, so hätte es sehr leicht plötzlich zu blutigen Streitigkeiten kommen können, welche sich durch alle Vorsichtsmassregeln nicht hätten abwenden lassen. Indem er eigens eine Abschrift des Originalpasses beifügt, bittet der Präfekt, bei den Konsuln der fremden Staaten dahin vorstellig zu werden, dass, wenn in Zukunft Fremde nach *Chekiang* kommen und dort reisen, dies jedesmal vorher von den Konsuln mitgeteilt wird, damit die nötigen Weisungen ergehn können, und dass ferner auf dem Passe Ziel und Zweck der Reise genau angegeben werden. Dann kann der Pass bei jeder Gelegenheit eingesehn und es können im voraus alle Schutzmassregeln getroffen werden. Alles wird aufs sorgfältigste bedacht, und jede Nachlässigkeit bleibt ausgeschlossen.

Die hohen Provinzialbeamten des Zentralamtes sind der Ansicht, dass mit dem Antrage des Präfekten eine besonders wirksame Gewährung des Schutzes der Fremden bezweckt wird, und dass ihm deshalb stattzugeben ist.

Es hat den Antragsteller demgemäss beschieden und ersucht nun mich, von dem vorstehenden Kenntnis zu nehmen und mich an die Konsuln der fremden Mächte mit der Bitte zu wenden, in dem gewünschten Sinne zu verfahren.

Die Reisepässe für Ausländer sind ursprünglich zu ihrem Schutz eingeführt worden. Deswegen ist es nicht angängig, dass sie ausser den Departements und Distrikten, durch welche der Weg führt, noch andere Gegenden, die im Passe nicht angeführt worden sind, besuchen, denn nur so kann mit genügender Sorgfalt verfahren werden. In Gemässheit des mir zugegangenen Schreibens des Zentralamts für fremde Angelegenheiten beehre ich mich daher, an Ew. Hochwohlgeboren das Ersuchen zu richten, die Sache zur Kenntnis nehmen und Ihre Staatsangehörigen mit den entsprechenden Weisungen versehen zu wollen.

Ich ergreife u.s.w. u.s.w.

Der Kaiserl. Chinesische Taotai mit Militärgewalt des Ning Shao T'ai-Kreises in Chekiang, welcher zugleich die Wasserwege und die Meeresverteidigung zu überwachen, wegen militärischer Leistungen 3 und wegen audrer Verdienste eine Rangerhöhung erfahren und 10 Auszeichnungen erhalten hat, Ch'êng.

C. N⁰ 5.

An den Shanghai-Taotai Wang.

In der Angelegenheit der deutschen Kaufmannsfirma *Yü-hsin*, welche Häuser an *Kuang-chü-hsing* vermietet und, nachdem dieselben infolge der Abhaltung von Glücksspielen mit Beschlag belegt worden waren, die Aufhebung der Beschlagnahme beantragt hat, erhielt ich am 11ten Tage des 12ten Monats Ew. Hochwohlgeboren Antwortschreiben, von dessen Inhalt ich Kenntnis genommen habe. Sie sagen in Ihrem Briefe, dass die Firma *Yü-hsin* nur im Auftrage von Chinesen in deren Interesse die Aufhebung der Beschlagnahme beantragt habe, sei ganz evident; Sie bäten deshalb, die Firma anzuweisen, sich aller weitern Einmischung in die Angelegenheit zu enthalten.

In diesem Punkte bin ich der Ansicht, dass durchaus keine Einmischung der betreffenden Firma vorliegt, und habe bereits in meinem Schreiben vom 9ten des 12ten Monats Ew. Hochwohlgeboren erklärt, dass strikte Beweise dafür vorhanden seien.

Die Sache verhält sich folgendermassen:

Ursprünglich hat die Firma *Yang-chin* dies Land an *Yao Ch'iu-fan* und *Chên Yang-chih* vermietet und ihnen erlaubt, während eines Zeitraumes von 20 Jahren Gebäude darauf zu errichten. Nach Ablauf dieser Frist sollten die Gebäude wieder abgerissen und das Grundstück dem Eigentümer zurückgegeben werden. *Yao Ch'iu-fan*, alias *Yao P'ei-liang*, war Teilhaber der Firma *Jui-k'ang-shêng*. Im Sommer dieses Jahres bestellte die Firma bei dem deutschen Hause Waren im Gesamtwerte von 100 000 Taels. Da aber die chinesische Firma kein Geld zum Bezahlen hatte, so verpfändete sie an die Firma *Yü-hsin* die von ihr selbst auf dem gemieteten Land errichteten Gebäude. Es wurden 2 Verpfändungsurkunden ausgestellt, von denen die eine im 8ten, die andre im 11ten Monat dieses Jahres unterzeichnet worden ist. Von den ihr so verpfändeten 23 Gelassen wurden nun 2, weil darin gewerbsmässig Glücksspiele abgehalten wurden, vom Baupolizeiamt mit Beschlag belegt. Wenn *Kuang-chü-hsing* in den gemieteten Räumen eine Spielbank eingerichtet hat, so trifft lediglich ihn die Schuld, aber nicht die Firma *Jui-k'ang-shêng*, und diese kann deshalb auch nicht zur Verantwortung gezogen werden. Wird nun jetzt, weil den Mieter eine Schuld trifft, ohne weiteres das Haus des Eigentümers mit Beschlag belegt und konfiszirt, so ist das eine schreiende Ungerechtigkeit, denn nicht nur wird *Jui-k'ang-shêng* dadurch geschädigt, sondern auch die Firma *Yü-hsin* erleidet dadurch, dass plötzlich 2 von den ihr verpfändeten 23 Gelassen beschlagnahmt werden, ernste Verluste.

Ich beehre mich, den von der Firma *Yang-chin* ursprünglich errichteten Kontrakt nebst den beiden von *Jui-k'ang-shêng* ausgestellten Verpfändungsurkunden Ew. Hochw. beifolgend mit der Bitte, davon Einsicht nehmen zu wollen, zu übersenden, und ich gebe mich der Hoffnung hin, dass Sie nach Kenntnisnahme die Aufhebung des über die beiden Gelasse verhängten Arrestes und die Rückgabe an *Jui-k'ang-shêng* verfügen werden. Den übersandten Kontrakt und die Verpfändungsurkunden wollen Ew. Hochw., nachdem Sie sie gelesen haben, mir zurückschicken.

Der Kaiserl. Deutsche Generalkonsul Hu.

Anbei ein Kontrakt und zwei Verpfändungsurkunden.

C. N° 6.

An den Generalkonsul u. s. w.

Ew. Hochw. habe ich die Ehre, den Empfang des Schreibens zu bestätigen, welches mir vor einigen Tagen zuging. Sie erklären darin, dass die beiden von *Kang-chü-hsing* gemieteten Räume von dem Eigentümer *Jui-k'ang-shêng* früher an die fremde Firma *Yü-hsin* verpfändet und dass darüber 2 Verpfändungsurkunden errichtet worden seien, welche Ew. Hochw. mir zusammen mit einem Kontrakt zur Kenntnisnahme und mit der Bitte um Aufhebung des Arrestes und Rückgabe der Räume zuschickten.

Ich habe hierauf folgendes zu erwidern:

Das gemietete Haus ist, weil *Kuang-chü-hsing* es zu Spielzwecken verwandt hat, im Winter vergangenen Jahres auf Antrag des Baupolizeiamtes beschlagnahmt und konfiszirt worden. Die beiden mir jetzt übersandten Verpfändungsurkunden sind dagegen erst im 8ten und im 11ten Monat dieses Jahres, also ein ganzes Jahr später errichtet worden. Der Arrest und die Konfiskation jenes Hauses geschahen vor aller Augen, und jeder wusste darum. Wenn wirklich die Firma *Jui-k'ang-shêng* wegen grosser Schulden die erwähnten Häuser zeitweilig verpfänden wollte, so hätte sie, bevor sie die Pfandbriefe ausstellte, eine Regelung der Angelegenheit bei der Behörde beantragen müssen. Und ist es denkbar, dass *Yü-hsin* so leichtfertig, ohne jede Prüfung, sich auf eine derartige Verpfändung eingelassen haben würde? Die Verpfändung fand erst nach der Beschlagnahme statt; auch im Ausland ist es jedenfalls unmöglich, dass ein amtlich beschlagnahmtes Grundstück noch eigenmächtig von Privatpersonen veräussert wird.

Ferner haben Ew. Hochw. mir in dem Schreiben vom 9ten mitgeteilt, die Firma *Yü-hsin* habe erklärt, dass *Jui-k'ang-shêng* die Gebäude an sie verpfändet habe, wofür Verpfändungsurkunden vorhanden seien, und dass sie 2 Räume an *Kuang-chü-hsing* vermietet habe. Danach müsste *Yü-hsin* schon im vergangenen Jahre, bevor die Räume des *Kuang-chü-hsing* mit Beschlag belegt wurden, die Häuser verpfändet erhalten haben. Wie kommt es, dass sie jetzt behauptet, die Firma *Jui-k'ang-shêng* habe im Sommer dieses Jahres Waren bestellt, und da sie kein Geld hatte, zu bezahlen, habe sie die von ihr selbst erbauten Häuser verpfändet? Beide Erklärungen stehn miteinander im direkten Widerspruch.

Wenn man die Sache prüft und die Zeugnisse gegeneinander abwägt, so kann es keinem Zweifel unterliegen, dass die Chinesen die ganze Geschichte später erfunden und die Firma *Yü-hsin* angestiftet haben, ihren Namen zu leihen und unter diesem Deckmantel die Freigabe zu beantragen.

Ich reiche jetzt Ew. Hochw. den Kontrakt und die beiden Verpfändungsurkunden zurück und ersuche Sie ergebenst, dieselben zurückzugeben.

Zugleich ergreife ich u.s.w.

Taotai Wang Shu-hsün.

Anbei ein Kontrakt und zwei Verpfändungsurkunden.

C. N° 7.

An Generalkonsul Hu.

Ein Erlass des Generalgouverneurs der beiden *Kiang*-Provinzen, *Liu K'un-i*, weist darauf hin, dass auf dem Yangtse beständig Banditen in die Dampfer ein- und aussteigen, und dass sie sämtlich Waffen bei sich führen.

Der Taotai wird angewiesen, sich unter der Hand mit dem

Zollkommissar darüber zu verständigen, in welcher Weise Beamte mit der Festnahme derartigen Gesindels betraut werden können, damit etwaige grössere Anschläge vereitelt werden. Nach Empfang dieses Erlasses wandte sich der frühere Taotai *Chin*, welcher inzwischen befördert worden ist, an den Kommissar des Seezollamtes und erhielt von diesem einen Entwurf von Vorschlägen zugeschickt. Der Zollkommissar führt darin aus, dass es nach den Verträgen unmöglich sei, Offiziere mit Freiwilligen auf die Schiffe der fremden Kaufleute zu schicken, um darauf Verhaftungen vorzunehmen. Wollte man dagegen die Untersuchungen in den Häfen vornehmen, so lägen die Landungsstellen in den Niederlassungen und unterstünden der Kontrolle der europäischen Beamten, und die Konsuln würden jedenfalls auch ihre Zustimmung verweigern. Dagegen würde bei den Passagierstationen auf der Strecke zwischen *Shanghai* und *Hankou*, sofern diese Plätze keine Vertragshäfen sind, eine Kontrolle keine Schwierigkeit machen. Der Zollkommissar schlägt deshalb vor, die einzelnen zuständigen Behörden mit der Ausführung zu betrauen, und stellt anheim, die Lokalbeamten der dem fremden Handel nicht geöffneten Ortschaften einzeln aufzufordern, in unauffälliger Weise Offiziere und Freiwillige nach den Schiffsbaracken zu entsenden, um, wenn die Passagiere alle versammelt seien, eine strenge Musterung vorzunehmen. Zu gleicher Zeit wären die Konsuln zu ersuchen, die Munizipalität zu veranlassen, eine grössere Zahl Detektivs an die verschiedenen Dampferlandungsstellen zu beordern, um dort zu unerwarteter Zeit zu inspiziren. Endlich möchten die Konsuln auch noch die ihnen unterstehenden Kompagnien ihrer Kaufleute anweisen, für jedes ihrer Schiffe eine Anzahl europäischer Polizisten anzustellen, um während der Fahrt die Kontrolle zu üben.

Diese Vorschläge wurden dem Generalgouverneur der beiden *Kiang*, *Liu K'un-i*, zur Entscheidung unterbreitet. Nunmehr hat derselbe folgende Verfügung erlassen:

Es kommt beständig vor, dass Banditen als Passagiere der Yangtse-Handelsdampfer auftreten, auf diesen den Fluss auf- und abfahren und an Bord sowohl als auch in den Häfen allerlei Schändlichkeiten begehen. Der Grund, weswegen ich mit aller Strenge gegen sie vorzugehen wünsche, ist lediglich der, dass ich den öffentlichen Frieden aufrechterhalten und für die Sicherheit der fremden Kaufleute sorgen möchte. Sowohl die chinesischen als auch die fremden Kaufleute würden davon Nutzen haben. Der Fall des Dampfers *Kutwo*, welcher sich vor einiger Zeit ereignete, kann als warnendes Beispiel dienen.

Die Vorschläge des Zollkommissars erscheinen mir sehr einleuchtend. Von den 17 Stationen am Yangtse ausserhalb der Vertragshäfen, wo vorläufig die Dampfer, um Passagiere ein- und auszuschiffen, zu halten pflegen, wird, wie ich höre, von einer, nämlich von *Shih-êrh-yü*, gesagt, dass wegen der *Kutwo*-Affäre die Dampfer dort in Zukunft nicht mehr halten würden. Der Zolltaotai von *Chinkiang* möge feststellen, ob sich die Sache wirklich so verhält; in dem Falle kann dieser Platz ausser Betracht bleiben. Betreffs der übrigen 16 Stationen sollen dagegen die Zolltaotais im Yangtsetale prüfen, von welcher Ortschaft ihrer Provinz sie ressortiren, und alle zuständigen Lokalbeamten anweisen, meinen Instruktionen gemäss mit aller Energie die Kontrolle zu üben.

Shanghai ist der Abfahrtsort für alle Dampfer, deswegen möge auch der dortige Taotai sich mit einer Note an den Senior-Konsul, an alle fremden Konsuln und an die *China Merchants S. N. C.* wenden, damit bei allen Schiffen in ähnlicher Weise verfahren wird, wie bereits bei der Dampfergesellschaft von *Jardine Matheson und Co.* geschehn ist. In allen übrigen Vertragshäfen haben ebenfalls die Zolltaotais persönlich Massregeln zur Ausübung der Kontrolle mit den Konsuln ihres Platzes zu vereinbaren. Durch das Zusammenwirken von Chinesen und Ausländern wird hoffentlich erreicht werden, dass die Banditen sich nicht mehr zu zeigen wagen. Die Angelegenheit ist von grosser Wichtigkeit. Ich ersuche deshalb den *Shanghai Taotai*, in der angegebenen Weise zu verfahren, abzuwarten, dass alle Zollämter Anweisungen erhalten, um dann in gleicher Weise vorzugehn, und über das Veranlasste einen Bericht einzureichen, der zu den Akten zu nehmen ist.

Dies ist der Inhalt der an mich ergangenen Verfügung. Die strenge Verhaftung der auf den Dampfern befindlichen Banditen soll eine Schutzmassregel im Interesse der Handeltreibenden sein. Allein, wenn auch bei den 17 Yangtse-Stationen, an welchen die Dampfer, um Passagiere aufzunehmen und auszuschiffen, anlegen, die Lokalbeamten vom Generalgouverneur angewiesen worden sind, Massnahmen zur Ausübung der Kontrolle zu treffen, und jeden, den sie abfassen, zur Verantwortung ziehn, so werden doch die Übeltäter voraussichtlich sich schon vorher auf andern Plätzen auf die Dampfer schmuggeln und während der Fahrt ihre Anschläge ausführen, ohne dass die Lokalbeamten das geringste dagegen auszurichten vermögen. Mit der Bestrafung nach vollbrachter Tat wird für die Sache selbst nichts gewonnen. Um einen vollkommenen Erfolg zu erzielen, ist es viel besser, dem Übel vorzubeugen.

Auf den Dampfern von *Jardine Matheson und Co.* ist bereits eine grössere Anzahl europäischer Polizisten angestellt, um an Bord selbst Verhaftungen vorzunehmen. Ausserdem haben die Gesellschaften *Butterfield und Swire* und *China Merchants*, welche grosses Ansehn geniessen und sehr darauf bedacht sind, den Handel an sich zu ziehn, zugesagt, in gleicher Weise zu verfahren, um zur Beruhiging der chinesischen und der europäischen Kaufleute beizutragen.

Ich habe an alle Konsuln Noten gerichtet und beehre mich, auch an Ew. Hochw. mich mit der ergebenen Bitte zu wenden, die in Frage kommenden Dampfergesellschaften anweisen zu wollen, behufs Unterdrücking des Piratenunwesens dem Beispiele der Firma *Jardine Matheson und Co.* zu folgen.

Indem ich einer geneigten Antwort entgegensehe, ergreife u.s.w.

Der Kaiserl. Chinesische Taotai mit Militär-Befugnissen für den Su Sung T'ai-Kreis in Kiangnan, Inhaber des 3ten Rangknopfes, welcher 10 Rangerhöhungen und 10 Auszeichnungen erhalten hat, Wang.

C. N⁰ 8.

An Taotai Wang.

Ew. Hochw. beehre ich mich den Empfang der Note zu bestätigen, welche mir unter dem 11ten des 1sten Monats zuging. Sie teilten mir darin Folgendes mit:

„Ein Erlass des Generalgouverneurs der beiden Kiang-Provinzen, *Liu K'un-i*, weist darauf hin, dass auf dem Yangtse beständig Banditen . . ." (folgt der Inhalt von N⁰ 7 wörtlich mit einigen Kürzungen).

Ich habe den Inhalt dieses Schreibens zur Kenntnis der Interessenten gebracht.

Von den beiden deutschen Firmen *Melchers und Co.* und *Arnhold, Karberg und Co.* habe ich darauf eine Eingabe erhalten. Sie erwidern darin, dass die heimliche Entsendung von Offizieren und Mannschaften zu den Schiffsbaracken, um, wenn alle Passagiere versammelt seien, strenge Musterungen vorzunehmen, wovon in dem Schreiben die Rede ist, keinerlei Nutzen bringen würde. Das Benehmen der Freiwilligen sei nämlich meistens nicht, wie es sein sollte. Wenn man ihnen die Inspektion der Passagierstationen übertrüge, so würden sie sich das zu Nutzen machen, um die Passagiere zu chikaniren, und der Dampferverkehr würde die ernstesten Störungen dadurch erleiden. Die Agenten in den Schiffsbaracken müssten die Spuren der Banditen verfolgen und diese, wenn sie sich auch für Passagiere ausgäben, ohne Schwierigkeit herauskennen können. Wenn jene nun bei den nächsten Lokalbeamten Anzeige erstatteten, worauf Mannschaften zur Festnahme entsandt würden, so sei dies viel nützlicher, als die Abkommandirung von Freiwilligen zur Inspizirung der Baracken.

Der in dem Schreiben gemachte Vorschlag, die Munizipalität zu ersuchen, mehr Detektivs zu den verschiedenen Dampferlandungsstellen zu schicken, um dort unvermutet Nachforschungen anzustellen, sei dagegen sehr annehmbar. In *Shanghai*, *Chinkiang*, *Nanking*, *Wuhu*, *Kiukiang* und *Hankou* könnten sehr wohl die Stadtverwaltungen eine grössere Anzahl Detektivs zu den Passagierstationen schicken und diese durchsuchen lassen.

Die Anstellung von europäischen Polizisten sei unausführbar, denn die Gehälter von Europäern seien so hoch, dass sich die erforderlichen Summen schwerlich würden aufbringen lassen. Wenn man dagegen Inder verwendete, so würden die Piraten auf den ersten Blick fremde Polizisten darin erkennen und sich sofort verbergen. Auf die Weise würde eine Verhaftung der Übeltäter ganz unmöglich gemacht, und der Erfolg wäre noch geringer.

Was endlich die Behauptung anbeträfe, dass in *Shih-êrh-yü* in *J-chêng* mit Rücksicht auf die Kutwo Affäre die Dampfer nicht mehr anlegen wollten, so hielten die Dampfer beider Firmen dort nach wie vor an, und es sei auch nicht die Rede davon, dass dies in Zukunft nicht mehr geschehn solle.

Die beiden Firmen haben mich ersucht, dies Ew. Hochw. in meiner Antwort mitzuteilen. Indem ich mich hiermit beehre, es zu Ew. Hochw. Kenntnis zu bringen, spreche ich zugleich die Bitte aus, dass Ew. Hochw. den Wünschen der deutschen Firmen entsprechen werden.

Der Generalkonsul.

C. N° 9.

Brief des Shanghai Taotai an den deutschen Generalkonsul.

Vor einiger Zeit erhielt ich ein Schreiben des englischen Konsuls des Inhalts, dass, wenn europäische Kaufleute sich neue

Grundbriefe ausstellen liessen, es häufig vorkäme, dass im englischen und amerikanischen Konsulat oder einem Konsulat eines andern Staates, doppelte Grundbriefe ausgestellt würden [1]). Daher hätten sich die Konsularvertreter der fremden Mächte dahin geeinigt, dass in Zukunft der besseren Kontrolle wegen alle neuen Urkunden und erklärenden Landpläne zunächst an die Munizipalität gegeben werden und die Grundbriefe erst ausgestellt werden sollten, nachdem diese Behörde festgestellt habe, dass keine falschen Angaben gemacht worden sind. Dies habe ich seiner Zeit den zuständigen Behörden zur Nachachtung mitgetheilt.

Jetzt nun hat der Distriktsmagistrat von *Pao-shan-hsien* [2]), *Chin*, wie folgt an mich berichtet:

Die Grund- und Grundsteuer Verhältnisse liegen im *Pao-shan*-Distrikt schon seit langem im Argen. Es giebt keine behördlich abgestempelte Urkunden zum Beweise des Grundeigenthums, und es sind meistens nur unabgestempelte Grundbriefe vorhanden, auf die kein sicherer Verlass ist [3]). Jedesmal, wenn ich Befehl erhalten habe, Grundbriefe auszustellen, habe ich die Kataster Beamten angewiesen, zu prüfen, ob Land und Grundsteuer zusammen stimmen, und durch die Gemeinde Ältesten feststellen lassen, ob auch kein heimlicher und betrügerischer Verkauf vorliege. Erst, nachdem sie mir gemeldet, dass alles in Ordnung sei, konnte ich einen Termin zur gemeinsamen Vermessung des Landes ansetzen und die Papiere abgestempelt übersenden. Aber was den heimlichen Verkauf [4]) anbetrifft, so ist, um dem weitern

1) Es ist vorgekommen, dass dasselbe Grundstück in zwei verschiedenen Konsulaten registrirt und zwei verschiedene Grundbriefe dafür ausgestellt worden sind. Deswegen wurde die Mitwirkung der Munizipalität in Ansprach genommen, welche Pläne aller in fremden Händen befindlicher Grundstücke führt.

2) Der *Pao-shan* Distrikt grenzt an *Shanghai*. Dazu gehört z. B. *Wusung*.

3) Die alten, abgestempelten, chinesischen Grundbriefe sind vielfach während des Taiping Aufstands vernichtet worden.

4) Grundstücke sind häufig von einem Miteigenthümer ohne Wissen und Wollen der andern Miteigenthümer an Europäer verkauft worden.

Umsichgreifen dieses Übels in Zukunft vorzubeugen, eine noch gründlichere Prüfung erforderlich. Es kommt sehr häufig vor, dass das betreffende Grundstück in einem Rayon liegt, der Eigenthümer aber in einem andern wohnt. Durch das Hin- und Herfragen wird natürlich viel Zeit verloren; man will die Sache auch nicht über's Knie brechen, was eine Verzögerung der Vermessung zur Folge hat. Inzwischen kommt der fremde Kaufmann und drängt. Stellt sich dann ein Hinderniss heraus, so dass ich die Papiere zurückreichen muss, so hat der Kaufmann bereits bei Errichtung des Kaufbriefs den Preis gezahlt, verlangt ihn nun zurück, erhält ihn aber nicht und muss auf Rückzahlung klagen. Die Gauner haben sich gleich nach Empfang des Kaufpreises aus dem Staube gemacht und sind nicht aufzufinden. Wenn einmal der eine oder der andere verhaftet und vor Gericht gebracht wird, so ist es ein mitelloser Vagabund, und trotz Anwendung der schärfsten Mittel, um ihn zur Zahlung zu zwingen, gelingt es nicht, den vollen Preis zurückzuerhalten. Es ist eine grosse Härte für die fremden Kaufleute, dass aus der Miethe des Grundstücks [1]) nichts wird, und sie obendrein dabei noch ihr Geld verlieren. Dass jetzt der englische Konsul, weil die Grundbriefe so oft doppelt vorkommen, sie zuerst zur Prüfung an die Munizipalität schickt, ist in der That eine sehr weise Fürsorge für die Kaufleute, welche alle Anerkennung verdient. Ich möchte nun vorschlagen, dass, wenn in Zukunft ein europäischer Kaufmann Land in *Pao-shan* miethen will, nachdem sie den Preis unter sich vereinbart haben, die Ausstellung des Grundbriefs aufgeschoben wird. Er hat zunächst die Lage des Grundstücks nach dem Kataster, die Grösse in Morgen und die Grenzen anzugeben, eine Skizze davon zu entwerfen und mit einer Erklärung, enthaltend Vor- und Zunamen des früheren Eigenthümers und die Steuerquote, der Munizipalität einzureichen, welche ihr

1) Nach den Verträgen können Europäer Grundstücke nur auf ewige Zeiten miethen. Der Ausdruck Kauf ist daher nicht ganz zutreffend.

Siegel beidrückt und die Dokumente direkt an den Distriktsmagistrat schickt. Darauf wird eine eingehende Prüfung angeordnet. Stellt sich heraus, dass Grundsteuer und Grenzen stimmen und dass sonst kein Hinderniss, auch kein unrechtmässiger Verkauf vorliegt, so werden die Dokumente direkt an die Munizipalität zurückgeschickt, welche sie dem Kaufmann wiederzustellt. Dieser kann dann den Verkaufsbrief errichten, den Preis zahlen und beim Konsul die Übersendung der Papiere an den Taotai beantragen, welcher sie dem Magistrat zugehen lässt. Dann kann der Termin der gemeinsamen Vermessung festgesetzt, und die Sache in einem Zuge ohne weitere Verzögerung zu Ende geführt werden. Sollte dagegen etwas nicht stimmen, so wird das Verfahren abgebrochen. Der Preis ist dann noch nicht gezahlt worden, und es kommt nicht zu Weiterungen. Es ist mir bei diesem Vorschlage lediglich darum zu thun, die Kaufleute vor Verlusten zu bewahren und den Grund zu Processen zu beseitigen. Ich bitte dem Konsul anheimzustellen, dass er die Munizipalität auffordert, sich zur Sache zu äusseren. Sollte mein Vorschlag angenommen werden, so müsste an einem Orte in der Nähe des Englisch-Amerikanischen Gemischten Gerichtshofs zu *Shanghai* ein Haus gemiethet und darin ein Landvermessungsamt für den *Pao-shan* Distrikt errichtet werden, welches sich speziell mit der Landvermessung zu befassen hätte. Ein Beamter hätte darin seinen Wohnsitz zu nehmen, um mit möglichster Beschleunigung alle ein- und ausgehenden Schriftstücke zu befördern. Die Kosten für das Kanzleimaterial und den Unterhalt der Kataster Schreiber und Gemeinde Ältesten müsste aus den Gebühren bestritten werden, und jeder Squeeze wäre streng zu verhindern.

Dieser Vorschlag des Magistrats von *Pao-shan-hsien* zeugt, meines Erachtens, von einem warmen Interesse für die fremden Kaufleute. Er will in unauffälliger Weise den Grund zu so vielen Processen beseitigen und ist durchaus praktisch und zweckentsprechend. Ich habe mich an die fremden Vertreter gewandt und möchte mich auch mit Euer Hochwohlgeboren in's Einvernehmen setzen, wesshalb ich Sie ergebenst ersuche, die Munizipalität anzuweisen, den Vorschlag zu prüfen, und mir Ihre Ansicht mitzutheilen, damit ich dann die nöthigen Weisungen ergehen lassen kann.

C. N° 10.

Antwort des Generalkonsuls.

Am 8ten d. Mts. erhielt ich ein Schreiben Euer Hochwohlgeboren, worin Sie mir mittheilen, dass, wenn europäische Kaufleute sich neue Grundbriefe ausstellen liessen, im Englischen und Amerikanischen Konsulat oder im Konsulat eines anderen Staates häufig doppelte Grundbriefe ausgefertigt würden. Jetzt sei Euer Hochwohlgeboren vom Distriktsmagistrat von *Pao-shan-hsien*, *Chin* ein Vorschlag unterbreitet worden, der von warmem Interesse für die fremden Kaufleute zeuge. Dieser Vorschlag sei geeignet, in unauffälliger Weise den Grund zu vielen Processen zu beseitigen, und durchaus praktisch und zweckentsprechend. Sie bäten um Prüfung und Rückäusserung.

Der Gedanke in der Nähe des Englisch-Amerikanischen Gemischten Gerichts ein Landvermessungsamt für den *Pao-shan* Distrikt einzurichten, das sich speziell mit der Landvermessung zu befassen hätte, und dort einen Beamten wohnen zu lassen, um die ein- und ausgehenden Schriftstücke zu befördern, erscheint mir sehr praktisch und sollte zur Ausführung gelangen.

Es wird weiter vorgeschlagen, dass zunächst die Lage und die Grösse des Grundstücks anzugeben, ein Plan zu entwerfen und mit genauen Erklärungen betreffend Namen und Steuerquote des früheren Eigenthümers der Munizipalität einzureichen sei, welche die Papiere mit ihrem Siegel versieht und an den Distriktsmagistrat schickt. Dieser veranlasst eine eingehende Prüfung. Wenn die Grundsteuer und die Grenzen stimmen, so gehen die Papiere direkt an die Munizipalität zurück, welche sie dem europäischen Kaufmann wiederzustellt. Dann soll dieser die Verkaufsurkunde errichten, den Preis zahlen und den Konsul um Übersendung der Dokumente an den Taotai, der sie an den Distriktsmagistrat schickt, ersuchen können. Darauf könne der Vermessungstermin angesetzt werden.

Dieses Verfahren soll im Interesse der Kaufleute sein, in Wirklichkeit aber wird es durch das viele Hin- und Herschicken nur sehr langwierig und äusserst umständlich. Bisher ist man nicht so verfahren. Wenn Europäer in *Shanghai* Land erwerben wollen, so können sie sich selbst mit den Chinesen deswegen in Verbindung setzen. Eine Vorschrift, sich zunächst wegen Prüfung an die Munizipalität zu wenden, bestand bis jetzt nicht. Es werden nur der Miethsbrief und der chinesische Grundbrief dem Konsulat zur Weitergabe an das Yamen des Taotai eingereicht, welches sie an das Landvermessungsamt schickt und dieses anweist, die Sache zu prüfen und die gemeinsame Vermessung vorzunehmen. Darauf erhält das Konsulat eine Skizze übersandt, die es an die Munizipalität zur Prüfung und Äusserung weitergiebt. Sofern nicht etwa doppelte Grundbriefe vorhanden sind oder andere Mängel vorliegen, wird dann der neue Grundbrief ausgefüllt.

Wenn jetzt Europäer im *Pao-shan* Distrikt Land erwerben wollen, so liegen dort die Verhältnisse ganz ebenso, es müssen desshalb auch die bisher für *Shanghai* gültigen Bestimmungen analog zur Anwendung kommen.

Indem ich mich beehre, Euer Hochwohlgeboren dies zu erwi dern, ergreifen ich etc.

C. N⁰ 11.

Brief des deutschen Generalkonsuls an den Präfekten von Linchiang-fu, Ch'ên.

In dem Process der deutschen Firma *Fu-li*, welche gegen *Lin*

K'o-shên mit dem Beinamen *Yü-ch'ing*, den jüngeren Bruder des Distriktsmagistrats von *Ch'ing-chiang*, in der Präfektur *Lin-chiang* in *Kiangsi* wegen Nichtzahlung des Preises für Waaren klagt, hatte ich die Ehre, Euer Hochwohlgeboren unter dem 14ten des 1. Monats brieflich zu ersuchen, den jüngeren Bruder des Magistrats von *Ch'ing-chiang-hsien*, *Lin K'o-shên* veranlassen zu wollen, umgehend den der Firma *Fu-li* geschuldeten Preis für Waaren nebst Zinsen, zusammen 343^{50} $ voll zu bezahlen.

Jetzt sind bald zwei Monate verflossen, ohne dass ich eine Antwort erhalten hätte. Da nun die betreffende Firma auf Erledigung der Angelegenheit dringt, so erlaube ich mir, an Euer Hochwohlgeboren nochmals das ergebenste Ersuchen zu richten, meinem ersten Schreiben gemäss sofort den jüngeren Bruder das Magistrats von *Ch'ing-chiang-hsien*, *Lin K'o-shên* anweisen zu wollen, den der Firma *Fu-li* geschuldeten Preis für Waaren nebst Zinsen, zusammen 343^{50} $ zu zahlen.

Einer umgehenden, gefälligen Antwort entgegensehend und in der Hoffnung, dass die Angelegenheit keine weitere Verzögerung erleidet, verbleibe ich etc.

C. N⁰ 12.

Eingabe des Lin K'o-shên an den Generalkonsul.

Ehrerbietigste Eingabe des charakterisirten Polizeimeisters in *Kiangsi*, *Lin K'o-shên* an Seine Hochwohlgeboren den Herrn Konsul.

Im 3ten Monat dieses Jahres theilte mir der Präfekt von *Lin-chiang-fu* mit, dass ihm ein Schreiben von Euer Hochwohlgeboren zugegangen sei. Danach hat der Inhaber der *Shanghai* Firma *Fu-li* erklärt, dass ich vor längeren Jahren von seiner Firma Waaren gekauft hätte und den Preis dafür nebst Zinsen über 300 $ schuldig geblieben wäre. Diesen Betrag bittet er beizutreiben. Ich wurde desshalb vom Präfekten angewiesen, schleunigst selbst die Sache in's Reine zu bringen etc. etc.. Als ich gerade dabei war, die

Angelegenheit zu regeln, erhielt ich vor einigen Tagen noch einmal dieselbe Weisung. Ich nehme mir daher die Freiheit, Euer Hochwohlgeboren die Einzelnheiten des Falles auseinanderzusetzen:

Der Chef der Firma *Fu-li*, Herr *Sse-ma-wei-ch'i* wurde im 25. Jahre *Kuang-hsü* (1899) sehr befreundet mit mir. Für Waaren, welche ich für eigene Rechnung von ihm kaufte oder deren Vertrieb ich für ihn übernahm, wurden im Kontokorrent über 1000 $ zwischen uns gezahlt. Als später Herr *Sse-ma-wei-ch'i* nach *Kiangsi* kam, logirte er auch in meinem Hause. Die ganze Beköstigung wurde von mir geliefert, überhaupt behandelte ich ihn sehr freundschaftlich. Als ich dann im 6ten Monat desselben Jahres nach *Shanghai* kam, hatte ich mit Herrn *Sse-ma-wei-ch'i* eine Besprechung und wir stellten fest, dass nach unserer Abrechnung ich seiner Firma noch 286 $ schuldete, welche ich nach meiner Rückkehr nach *Kiangsi* mit dem Erlös für den Verkauf der Waaren zu zahlen versprach. Herr *Sse-ma-wei-ch'i* gab damals seine Zustimmung dazu. Nachdem ich nach *Kiangsi* zurückgekehrt war, korrespondirten wir zusammen; da ich die Waaren noch nicht verkaufen konnte, zahlte ich das Geld noch nicht zurück.

Im 11. Monat freundete sich der degradirte, charakterisirte Distriktsmagistrat für *Kiangsi*, *Chu Ying-hsi* mit dem Beinamen *Liu-p'ing* in *Shanghai* mit Herrn *Sse-ma-wei-ch'i* an. Im 12. Monat kehrte *Chu Liu-p'ing* nach *Kiangsi* zurück und brachte einen Brief von Herrn *Sse-ma-wei-ch'i* mit, worin dieser ihn beauftragt, das Geld von mir einzuziehen. Wenn ich es nicht bezahlen könnte, so sollte er die gelieferten Waaren zurücknehmen. Ich glaubte damals nicht recht daran, als mir *Chu Liu-p'ing* ganz unvorhergesehener Weise 4 grössere und kleinere goldene Taschenuhren, 3 silberne Taschenuhren, 5 längere und kürzere goldene Uhrketten und einen Daumen Ring aus weissem Jade, im Gesammtwerthe von über 400 $, alles Waaren, die ich von der Firma *Fu-li* gekauft hatte, einige davon auch auf eigene Rechnung, entwendete.

Chu Liu-p'ing erklärt, dass er diese Sachen als Ersatz für die ausstehende Forderung nähme, deren Einkassierung ihm übertragen sei. Da der Werth der Waaren die Schuld weit überstieg, so war ich durchaus nicht damit einverstanden. Da reiste ganz plötzlich *Chu Liu-p'ing* nach *Shanghai* ab.

Ich fragte nun wegen der Angelegenheit brieflich bei Herrn *Sse-ma-wei-ch'i* an, erhielt aber keine Antwort. Im Sommer vergangenen Jahres schrieb ich noch einmal an Herrn *Sse-ma-wei-ch'i* und erkundigte mich, ob er den Betrag erhalten habe, wenn nicht, so möge er selbst nach *Kiangsi* kommen und ihn fordern, aber Herr *Sse-ma-wei-ch'i* antwortete auch diesmal nicht und liess gar nichts von sich hören. So ging es mehrere Jahre. Das ist der wahre Sachverhalt. Als ich nun im 3ten Monat dieses Jahres die erwähnte Aufforderung erhielt, da wusste ich, dass ich betrogen worden war. Ich stellte sogleich *Chu Liu-p'ing* zur Rede. Dieser erklärte, dass ihm die Waaren von Dieben gestohlen worden seien, und das Geld war nicht durch ihn bezahlt worden. Über diese Mittheilung war ich natürlich sehr erstaunt, machte *Chu Liu-p'ing* Vorwürfe über sein unqualifizirbares Verhalten, drohte ihm mit einer Klage und forderte ihn auf, den Werth zurückzuzahlen. Zugleich benachrichtigte ich Herrn *Sse-ma-wei-ch'i* brieflich von allen Einzelheiten und bat ihn, jemanden zur Empfangnahme nach *Kiangsi* zu schicken, damit wir dann zusammen das Geld einklagen könnten, oder selbst, um Geschäfte zu machen und die fragliche Summe in Empfang zu nehmen, nach hier zu kommen, denn, ob *Chu Liu-p'ing* das Geld zurückzahle oder nicht, ich sei unter allen Umständen bereit, es in Raten zurückzuzahlen etc. etc. Seltsamerweise liess Herr *Sse-ma-wei-ch'i* auch diesen Brief unbeantwortet und schickte auch keinen Vertreter nach *Kiangsi*.

Die Familie des *Chu Liu-p'ing* und sein Vermögen befindet sich jetzt in der Provinzialhauptstadt von *Kiangsi*. Er selbst ist vor einigen Monaten wieder nach *Shanghai* gereist und muss in Kürze zurückkehren.

Ich gebe zu, dass ich in der Sache nicht frei von Schuld bin, insofern ich mich durch meine Leichtgläubigkeit habe betrügen lassen, was eine Trübung meiner Beziehungen zu meinem guten Freunde *Sse-ma-wei-ch'i* zur Folge gehabt hat. Ohne Rücksicht darauf, dass ich gegen *Chu Liu-p'ing* Regress nehmen werde, muss ich als ehrlicher Mann zunächst selbst den strittigen Betrag zurückerstatten. Nun bin ich aber nur ein Anwärter auf einen Beamtenposten, habe viel durch Noth und Krankheiten zu leiden gehabt und bin nicht in der Lage, das Geld sofort aufzubringen und zurückzuzahlen. Wegen des weiten Weges kann ich es auch nicht schicken und weiss nicht, wie ich es auszahlen soll.

Ursprünglich hatte ich die Absicht, mich selbst nach *Shanghai* zu begeben und durch persönliche Rücksprache die Sache zu erledigen, ich fühlte dazu aber nicht die Kraft in mir, und so ist dieser Plan nicht zur Ausführung gelangt. Deswegen wende ich mich jetzt an Euer Hochwohlgeboren mit der ganz ergebenen Bitte, die ganze Angelegenheit einer geneigten Prüfung zu unterziehen und sich mit einer ratenweisen Tilgung der Schuld einverstanden zu erklären in der Weise, dass die Zahlungen durch Vermittelung Euer Hochwohlgeboren erfolgen. Durch ein solches Entgegenkommen würden Sie mich zu unendlicher Dankbarkeit verpflichten. Wenn Euer Hochwohlgeboren die Güte hätten, die Zustimmung der Firma *Fu-li* zu meinem Vorschlage zu erwirken, so würde ich nach Empfang Ihrer Antwort die Termine, wie folgt, festsetzen:

Im 6ten Monat zahle ich 50 $, im 7ten ebenfalls 50 $ im 8ten 100 $ und im 9ten den Rest. Nach Empfang Ihrer Antwort würde ich mich auf Ihr werthes Schreiben stützen und innerhalb der festgesetzten Fristen an den Terminen ohne die geringste Verzögerung zahlen. Ich bin charakterisirter Beamter der Provinz *Kiangsi* und in in den Listen zu finden, würde also nicht wagen, durch Nichterfüllung meiner Verpflichtungen mir selbst zu schaden.

Ich mache diesen Vorschlag, da ich mich wirklich in einer sehr schweren Lage befinde, aus der ich keinen anderen Ausweg weiss. Herr *Sse-ma-wei-ch'i* kennt diese Verhältnisse auch ganz genau. Ich habe immer vor Euer Hochwohlgeboren wegen Ihrer Gerechtigkeit und Einsicht die grösste Hochachtung gehabt. Die Chinesen verehren Sie deswegen ebenso sehr wie die Europäer. Sie werden desshalb auch sicherlich meinem Wunsche entsprechen.

Mit dem Distriktsmagistrat von *Kiangsi, Lin Shou-ch'ien* bin ich zwar verwandt, führe auch denselben Familiennamen, aber habe nicht Antheil an seinem Vermögen. Da derselbe jetzt weit weg von hier in amtlicher Eigenschaft nach *Kan-chou* verzogen ist, so bitte ich, eine geneigte Antwort mir durch das Chinesische Postamt direkt nach der Hauptstadt von *Kiangsi* in meine Wohnung an der Neuen Hinteren Mauer schicken zu wollen, damit ich den Weisungen gemäss handeln kann. Dies ist mein sehnlichster Wunsch.

Mit dem Ausdruck der ausgezeichnetsten Hochachtung und Ergebenheit verbleibe ich, Euer Hochwohlgeboren gehorsamster Diener *Lin K'o-shên*, charakterisirter Polizeimeister in *Kiangsi*.

C. N° 13.

Brief des Shanghai Taotai an den Deutschen Generalkonsul.

Euer Hochwohlgeboren bestätige ich ergebenst den Empfang des gefälligen Schreibens, welches mir am 5ten Tage des 4ten Monats zuging. Danach hat die Firma *Tê-ho* in *Po-chou* unter Transitpass[1]) Sesam kaufen lassen. Als die Waare in *Chinkiang* anlangte, sei sie vom dortigen Zollamt angehalten worden. Euer Hochwohlgeboren ersuchen mich, bei der Behörde in *Chinkiang* die Freigabe zu bewirken. Ich habe hierauf bereits geantwortet

1) Der Transitpass = Transit Memorandum befreit die im Inland gekaufte Waare von der Zahlung aller Inlandzölle.

und zu gleicher Zeit den Zolltaotai von *Chinkiang* gebeten, die Sache untersuchen zu lassen. Unter dem 12. Tage des 5. Monats habe ich nun von diesem ein Schreiben folgenden Inhalts erhalten:

Nach einer Rückäusserung des Zollkommissars hat dieser am 21. Tage des 3. Monats von der Zollstation in *Kua-chou* das Transit Memorandum N⁰ 8272 für 208 Kollis Sesam im Gewicht von 250 Piculs, welches die deutsche Firma *Tê-ho* in *Shanghai* vom *Shanghai* Zollamt hat ausstellen lassen, eingesandt erhalten. Ferner die Memoranden Nos 8273 und 8274, jedes für 251 Kollis Sesam im Gewicht von 300 Piculs. Die Waaren hatten alle von *Huai-ning-hsien* aus die Zollstation passirt. Diese ertheilte dem Begleiter 3 Zoll-Memoranden [1] und wiesen ihn an, sich selbst zum Zollamt zu begeben und die Waaren dort zur Verzollung anzumelden. Beim Zollamt nun erklärte die chinesische Firma *Ch'un-chi* aus *Chinkiang* als Vertreterin der deutschen Firma *Tê-ho* dass sie die 3 Sendungen Sesam mit den erwähnten *Shanghai* Pässen nach *Nanking* zu schicken wünsche. Für den Hafen *Chinkiang* ist aber früher zwischen dem englischen und amerikanischen Konsul und dem Zollsuperintendenten die Vereinbarung getroffen worden, dass Waaren mit Pässen von *Shanghai* und anderen Zollämtern wohl auf inländischen Fahrzeugen direkt nach dem Zollamt verschifft werden können, welches das Memorandum ausgestellt hat, wo sie dann zu verzollen und zu exportiren sind, dass es aber nicht gestattet ist, sie noch einmal nach dem *Chinkiang* Zollamt zu schaffen und dort zur Verzollung anzumelden. Nachdem die Konsuln hierzu schriftlich ihre Zustimmung gegeben hatten, wurde den Kaufleuten durch öffentliche Bekanntmachung die Befolgung dieser Vorschriften zur Pflicht gemacht. Demgemäss musste auch die Firma *Tê-ho* den Sesam mit den *Shanghai* Pässen auf den Binnengewässern nach *Shanghai* ver-

1) Das Zoll Memorandum wird nach Inspizirung der gekauften Waare von einer Zollstation ausgestellt und setzt den Zoll fest, der tarifmässig im Export Hafen für den Transit zu zahlen ist.

schiffen, und es ging nicht an, ihn nach *Nanking* umzuexpediren. Die Firma wurde in diesem Sinne instruirt, aber *Ch'un-chi* verschifften weder die Waaren nach *Shanghai*, noch verlangten sie die Pässe zurück. Das Zollamt hat weder Waaren noch Pässe zurückgehalten.

Als nun später eine briefliche Anfrage des deutschen Konsuls in *Nanking* eintraf, wurde *Ch'un-chi* noch einmal vorgeladen und gefragt, ob sie wüssten, was mit den Shanghai Pässen zu geschehen hätte. Sie antworteten, dass sie es wüssten. Darauf wurde ihnen anheimgestellt, die Pässe zurückzunehmen und die Waaren nach Shanghai zu schaffen. Dem deutschen Konsul wurde zugleich erwidert, dass die alten Bestimmungen über *Shanghai* Pässe in *Chinkiang* auf früheren Vereinbarungen des englischen und amerikanischen Konsuls mit dem Zollsuperintendenten beruhten, schon längere Jahre in Kraft seien und nicht ohne Weiteres abgeändert werden könnten. Auch wurde ihm mitgetheilt, was mit *Ch'un-chi* verhandelt worden war und, dass das Zollamt keineswegs die Waaren zurückhielte. Aber erst am 17. Tage des 4. Monats reichte die Firma *Ch'un-chi* 3 Zollmemoranda von der Zollstation in *Kua-chou* ein und meldete den Sesam zur Verschiffung nach *Shanghai* auf dem Inland Wege an. Darauf wurde die Waare geprüft und nach Abstempelung der *Shanghai* Pässe liess man sie passiren. Zugleich ging eine Nachricht an das Zollamt in *Shanghai*.

Im Übrigen ist in der Zeit vom 3ten Monat bis jetzt der ganze, mit *Shanghai* Pässen versehene Sesam, welcher vom Inlande in *Chinkiang* eingetroffen ist, später nach *Shanghai* verschifft und keineswegs zurückgehalten.

Euer Hochwohlgeboren wollen von dieser Antwort des *Chinkiang* Taotai, welche Ihnen mitzutheilen ich die Ehre habe, geneigtest Kenntniss nehmen und die Firma davon verständigen.

C. N° 14.

Brief des Shanghai Taotai an den Deutschen Generalkonsul.

Am 1. Juli 1902, nach Chinesischem Datum am 26. Tage des 5ten Monats, hat China an die Berliner Bank halbjährige Zinsen in Höhe von 26 000 englischen Pfund Sterling zu zahlen. Ich habe daher dem Vertrage entsprechend nach dem Kurse der *Hongkong und Shanghai Bank* am 30. Juni, welcher 2 Schilling $3^5/_8$ Pence betrug, die Summe von 225 882,35 Shanghai Taels in 2 Raten flüssig gemacht und an die Firma *Jung-chi* in *Shanghai* zur Empfangnahme übersandt. Ich erhielt darauf von der Firma einen Brief, worin sie erklärt, sie wünsche nach dem von *Morris* [1]) gedruckten Kurszettel den Durchschnittspreis zu berechnen und für 12 000 £ den Kurs von 2 Schilling $3^1/_2$ Pence und für 14 000 £ den Kurs von 2 Schilling $3^3/_8$ Pence zu Grunde zu legen. Danach verlangte sie von mir die Nachzahlung von 1500 Tls.

Ich war der Ansicht, dass der *Morris*sche Kurszettel nicht von den Banken stammte, die darin enthaltenen Quotirungen in Pfund Sterling auch nicht gemeinsam von allen Banken festgesetzt seien, und weigerte mich desshalb, das Ansinnen, welches mit dem Kontrakte in Widerspruch stand, zu erfüllen. Da die Firma aber bei ihrem Verlangen blieb und die Nachzahlung verlangte, so machte ich ein Kompromiss. Ich erklärte mich bereit, für diesmal die Nachzahlung zu leisten, in Zukunft würde ich aber zu allen Zahlungsterminen selbst Gold kaufen und damit zahlen, um weitere Streitigkeiten zu vermeiden. Aber die Firma *Jung-chi* welche diesmal gern den erhöhten Goldkurs benutzen wollte, um von mir eine Nachzahlung in Silber zu erlangen, wollte von meinem Vorschlag, in Zukunft zu allen Terminen selbst Gold zu kaufen und damit zu zahlen, nichts wissen und

---

1) Name eines bekannten Shanghai Börsenmaklers.

hielt die Zoll Obligationen[1]) zurück, um dadurch einen Druck auf mich auszuüben. Dies Vorgehen ist offenbar vertragswidrig und gänzlich ungerechtfertigt. Ich beabsichtige desshalb, mich doch genau an den Vertrag zu halten, was jedenfalls durchaus gerecht ist.

Ich habe desshalb unsere ganze Korrespondenz abschreiben lassen und übersende sie Euer Hochwohlgeboren zur Einsicht mit der ergebenen Bitte, sogleich die Firma *Jung-chi* anweisen zu wollen, dem Vertrage gemäss nach dem Kurse der *Hongkong und Shanghai Bank* eine neue Berechnung aufzustellen und mir sofort die Zoll Obligationen zu schicken, damit die Akten über den Fall geschlossen werden können. Für diesen Akt der Gerechtigkeit würde ich Euer Hochwohlgeboren zu grösstem Danke verpflichtet sein.

C. N⁰ 15.

Antwort des Generalkonsuls.

Euer Hochwohlgeboren beehre ich mich, den Empfang des mir am 17ten Tage des 8ten Monats zugegangenen geneigten Schreibens zu bestätigen. Danach hat die Chinesische Regierung (folgt eine wörtliche Wiederholung des Schreibens des Taotai).

Nachdem ich diese Angelegenheit bereits mündlich mit Euer Hochwohlgeboren besprochen hatte, habe ich mich bei der *Hongkong und Shanghai Bank* erkundigt und von dieser die Auskunft erhalten, dass am 30. Juni der Kurs der Bank in der That 2 Shilling $3^1/_8$ Pence gewesen sei, doch habe die Bank an diesem Tage selbst auch zu niedrigerem Kurse Geschäfte abgeschlossen. Hiervon habe ich die fremde Firma *Yung-chi* in Kenntniss gesetzt, die mir daraufhin folgende Mittheilung gemacht hat: Am

1) Die Zoll Obligationen (Customs Bonds) sind Anweisungen auf die Einnahmen der Seezollverwaltung, welche als Sicherheit für die Anleihe gegeben waren und nach Massgabe der Tilgung der Anleihe der Chinesischen Regierung zurückgegeben werden sollten.

30. Juni sei der Kurs der Russischen Bank niedriger als der der *Hongkong und Shanghai Bank* gewesen, und auch die übrigen Banken hätten einen etwas niedrigeren Kurs als letzteren gehabt. Die Firma habe nach dem Kurse der Russischen Bank gerechnet. Da aber im Kontrakte stehe, dass der Tageskurs der *Hongkong und Shanghai Bank* massgebend sein solle, so sei sie bereit, trotz der ihr daraus erwachsenden Verluste sich an den Kontrakt zu halten. Was die Zoll Obligationen anbeträfe, so würde die Firma, wenn Euer Hochwohlgeboren jemanden zur Empfangnahme zu ihr schickten, diesem sie aushändigen.

Euer Hochwohlgeboren wollen gütigst vom Vorstehenden Kenntniss nehmen und dementsprechend verfahren. Ich ergreife etc. etc.

C. N⁰ 16.

Depesche des Shanghai Taotai an den Deutschen Generalkonsul.

An den Kaiserlich Deutschen, in Shanghai residirenden Generalkonsul für Internationale Handelsangelegenheiten, Herrn Hu.

Von dem Sekretär des *Shansi* Departements im Finanzministerium, *Lu Shu-fan*, ist mir folgende Eingabe zugegangen:

In letzter Zeit hat die „Patriotenliga"[1]) in Peking unter dem Vorwande gegen die Missionare Front zu machen, allerhand Gesindel herangezogen. Ohne sich um das Wohl und Wehe des Reiches zu kümmern, haben sie durch den plötzlichen Ausbruch ihrer Leidenschaft den Zorn aller fremden Mächte heraufbeschworen, so dass jetzt die Schiffe der Kriegsflotten aller Staaten Mast an Mast vor Taku liegen und die Heeresmacht aller Völker des Erdballs auf chinesischem Boden siegreiche Schlachten liefert. Kein Elend ist schrecklicher als das des Krieges, wenn im Feuer

1) Patriotenliga = I-ho-t'uan, Name mit welchem die Boxer sich selbst bezeichnen.

donnernder Geschütze lebensfrohe Menschen in den Staub sinken, und nichts jammervoller als der Kampf mit blanker Waffe, wenn das Blut umherspritzt, und das Fleisch in Fetzen umherfliegt. Wenn jene Aufrührer sich freiwillig an die Spitze stellen und von den Kanonen zusammenschiessen lassen, so sind sie nicht besonders zu bedauern, wohl aber die in jenen Gegenden lebenden Kaufleute aus Peking und den Provinzen, welche nicht vorwärts und rückwärts können und, wenn sie nicht im Kugelregen der Flinten und Kanonen ihren Tod finden, verhungert und verdurstet in den Gräben umkommen. Ihre Familien gehen zu Grunde wie die Fische in einem Kochtopfe, alles wird ein Raub der Flammen, und vergeblich irren ihre Geister in fremden Gegenden umher. Sind diese schrecklichen Leiden nicht aufs Tiefste zu beklagen?

Petent und Genossen vermochten dies nicht ruhig mit anzusehen. Sie haben desshalb mit mehreren Gleichgesinnten zunächst 20 000 Taels aufgebracht und beabsichtigen, einen Dampfer von einer Gesellschaft zu chartern und zuverlässige Chinesen damit abzuschicken. Es sollen europaeische und chinesische Ärzte engagirt werden, um sich in die Gegend von Tientsin und Taku zu begeben und dort allen, die in Noth sind, im ausgedehntesten Masse Hülfe zu bringen. Die Gesellschaft führt den Namen „Chinesischer Hülfsverein" und ist von einigen edeldenkenden Litteraten aus Kiangsu und Chekiang, welche die Sammlungen organisirt haben, in der Art der europäischen „Rothen Kreuz Gesellschaft" gegründet worden mit dem ausgesprochenen Zweck, den Nothleidenden jeder Nation und auch den verwundeten Soldaten Hülfe zu bringen. Deswegen bittet mich der Antragsteller, Euer Hochwohlgeboren um die Gewährung eines Passes zu ersuchen, damit die Mitglieder des Hülfsvereins sich nach Norden auf den Kriegsschauplatz begeben und dort ihre hilfreiche Thätigkeit ausüben können. Ausserdem wünscht er, dass Euer Hochwohlgeboren die Kommandanten der fremden Truppen telegraphisch ersuchen möchten, wenn sie chinesische Beamte oder Kaufleute, Soldaten oder Civilisten in Noth fänden, ihnen unter allen Umständen Hilfe zu bringen. Etwaige entstandene Kosten würden sie später vom Hülfsverein voll ersetzt erhalten.

Da Petent mit seiner Eingabe einen durchaus edelen Zweck verfolgt, der schwer heimgesuchten Bevölkerung von Tientsin und Taku Rettung aus ihrer Noth zu bringen, so trage ich kein Bedenken, an Euer Hochwohlgeboren die ergebenste Bitte zu richten, die Angelegenheit in Erwägung ziehen und dem Antrage entsprechen zu wollen.

Einer geneigten Antwort entgegensehend habe ich die Ehre zu sein, Euer Hochwohlgeboren gehorsamster Diener.

Der Kaiserlich Chinesische Taotai des Su Sung T'ai Kreises in Kiangnan mit Militärbefugnissen und den Insignien des 2ten Ranges, welcher zugleich die Intendantur für die Seevertheidigung leitet, 10 Rangerhöhungen und 10 Auszeichnungen erhalten hat, Chin.

C. N° 17.

Antwort des Generalkonsuls.

An den Kaiserlich Chinesischen Superintendenten des Shanghai Zollamts, Inhaber des 2ten Rangknopfes, Taotai des Su Sung T'ai Kreises mit Militärbefugnissen, Chin.

Euer Hochwohlgeboren bestätige ich ganz ergebenst den Empfang des gefälligen Schreibens, welches mir am 12. Tage des 8. Monats zuging. Danach haben Sie eine Eingabe des Sekretärs des *Shansi* Departements im Finanzministerium, *Lu Shu-fan* erhalten, welcher mit mehreren Gleichgesinnten 20 000 Taels aufgebracht hat und beabsichtigt.... (folgt der zweite Theil der vom Taotai mitgetheilten Eingabe fast wörtlich).

Hierauf beehre ich mich, Folgendes zu erwidern. Wenn später die Mitglieder dieses Hilfsvereins sich, um ihre Hilfsthätigkeit auszuüben, nach dem Norden begeben, so bitte ich Euer Hochwohlgeboren, mir ein Verzeichniss der Namen dieser Mitglieder der Gesellschaft zuschicken zu lassen, auf Grund dessen die Pässe ausgefertigt werden können.

Was nun die Hülfeleistung und Unterstützung anbetrifft, welche die Soldaten der fremden Mächte den Chinesen für die Gesellschaft leisten sollen, und die spätere Rückzahlung etwaiger Unkosten durch den Verein, so bietet dieser Punkt soviel Schwierigkeiten, dass ich nicht in der Lage bin, in dem gewünschten Sinne an die fremden Kommandanten zu schreiben. Es muss dem Vereine überlassen bleiben, selbst jemanden zur Regelung dieser Angelegenheit zu delegiren. Im Übrigen ist es internationaler Branch, der auch von allen europäischen und amerikanischen Offizieren bis jetzt geübt worden ist, dass Kranke und Verwundete, gleichviel, ob Freund oder Feind, in gleicher Weise und mit derselben Rücksicht gepflegt werden.

Ich ergreife etc.

Der Kaiserlich Deutsche, in Shanghai residirende Generalkonsul für die Erledigung der Internationalen Handelsangelegenheiten, Hu.

C. N⁰ 18.

Petition des Baumeisters Wang Shou-shan an den Deutschen Konsul.

betrifft eine Forderung des Chinesen *Wang Shou-shan* für gelieferte Arbeit und Material, deren Zahlung verzögert wird. Da trotz mehrfacher Mahnung Zahlung nicht zu erlangen war, wird um Eintreibung der Summe gebeten.

Von dem Deutschen Staatsangehörigen, dem Lootsen, Herrn *Tai-tê-t'ien*, welcher in *Kulangsu* ein mehrstöckiges Gebäude aufführen lassen wollte, wurde der Antragsteller engagirt und übernahm die Ausführung des ganzen Baues, Arbeit und Materiallieferung. Es wurde seiner Zeit ein Kontrakt abgeschlossen, und darin als Preis für Arbeit und Material 1700 englische Dollar vereinbart. Petent kaufte darauf das Material und begann mit dem Bau, den er kontraktmässig zu Ende führte. Er erhielt dafür nach und nach von Herrn *Tai-tê-t'ien* 1530 englische Dollar, so dass 170 $ noch ausstanden. Herr *Tai-tê-t'ien* liess mich darauf noch extra anfertigen: eine Thür für die Küche, eine Glassthür für das Badezimmer, einen Wasserausfluss aus Blei, und eine kleine Treppe für die Einfahrt, wofür zusammen an Arbeitslohn und für Material 36,50 $ zu zahlen waren. Mit dem obigen Posten zusammen machte das 206,50 $, die Herr *Tai-tê-t'ien* mir schuldete.

Vom 3ten Monat dieses Jahres ab, nach Vollendung der Arbeiten suchte ich von Herrn *Tai-tê-t'ien* Zahlung zu erlangen, um die Lieferanten und Arbeiter zu bezahlen, aber Herr *Tai-tê-t'iên* verzögerte die Zahlung immer wieder. Ich drängte ihn verschiedene Male, wurde aber immer von ihm hingehalten, und an dem festgesetzten Termin zahlte er nicht. Wenn ich in meiner Bedrängniss mein Geld forderte, so wurde Herr *Tai-tê-t'ien* nur ausfallend gegen mich und sagte mir, ich möge mich an Euer Hochwohlgeboren wenden und ihn vor Gericht verklagen, dann würde er den Lohn zahlen.

Ich bitte zu bedenken, dass ich nur ein kleiner Handwerker bin, der den Bau in der Absicht übernommen hat, damit eine Kleinigkeit für seinen Unterhalt zu verdienen. Ziegel, Backsteine und Holz habe ich alles auf Kredit gekauft. Da mir jetzt Herr *Tai-tê-t'ien* über 200 $ schuldig bleibt, bin ich kleiner Mann nicht im Stande, das mir kreditirte Geld zurückzuzahlen. Ferner bestürmen mich die Arbeiter wegen ihres Lohnes und veranstalten Tag und Nacht in meiner Wohnung wüste Lärmscenen, wollen mich auch bei den Behörden auf Zahlung verklagen. In dieser Noth und Bedrängniss bleibt mir nichts anderes übrig, als Seiner Hochwohlgeboren, dem Herrn Konsul die Einzelheiten des Falles mit der gehorsamsten Bitte vorzutragen, sich des Elends und der Kümmernisse des kleinen Mannes gütigst erbarmen zu wollen und Herrn *Tai-tê-t'ien* vorzuladen und zur unverzüglichen Zahlung anzuhalten, damit ich die Lieferanten von Ziegelsteinen und Holz befriedigen kann und dem drohenden Processe entgehe.

Das Gefühl meiner Dankbarkeit für diese Güte und Gnade würde unauslöschlich sein. Dass Seine Hochwohlgeboren, der Kaiserlich Deutsche Konsul eine Entscheidung in diesem Sinne treffen möge, ist meine ehrerbietigste Bitte.

C. N⁰ 19.

Brief des Kommissars des Internationalen Handelsamts, Chang, an den Deutschen Konsul.

Am 27ten Tage des 2ten Monats dieses Jahres erhielt ich von dem Bürger *Wang Shou-shan* eine Eingabe, worin derselbe behauptet, dass im vergangenen Jahre der deutsche Lootse, Herr *Tai-tê-t'ien* ein mehrstöckiges Haus gebaut und ihm den gesammten Bau, die Arbeit sowohl wie die Beschaffung des Materials, übertragen habe. Es sei ein Kontrakt und ein Übereinkommen geschlossen worden, wovon jeder ein Exemplar erhalten habe. Nach Fertigstellung des Baues sei ihm aber Herr *Tai-tê-t'ien* 206.50 englische Dollar schuldig geblieben, die er auch auf seine Mahnungen hin nicht gezahlt habe. Der Antragsteller hat von alle dem eine genaue Aufzeichnung gemacht und sich überdies an das Kaiserliche Konsulat mit der Bitte gewandt, die Schuld einzutreiben. Es ist ihm auch versprochen worden, dass der Angeklagte zum Verhör vorgeladen werden solle, aber die Zahlung der Schuld ist noch nicht erwirkt worden. Deswegen hat er mich gebeten, Euer Hochwohlgeboren den Sachverhalt auseinanderzusetzen, damit der Angeklagte vernommen und zur Vermeidung weiterer Komplikationen zur Zahlung gezwungen würde.

Demgemäss beehre ich mich, Euer Hochwohlgeboren die Original Eingabe zur gefälligen Kenntnissnahme zu übersenden, und gebe mich der Hoffnung hin, dass Sie nach Prüfung des Falles die Parteien zum Verhör vorladen und die Zahlung der Schuld durchsetzen werden, damit dem Kläger weitere Schwierigkeiten erspart bleiben.

Einer geneigten Rückäusserung entgegenschend, verbleibe ich, Euer Hochwohlgeboren gehorsamster etc.

Beifolgend als Anlage eine Original Petition.

C. N°. 20.

Antwort des Konsuls an den Kommissar.

Euer Hochwohlgeboren bestätige ich ergebenst den Empfang Ihres Schreibens betreffend eine Eingabe des Chinesen *Wang Shou-shan* folgenden Inhalts (folgt der Inhalt).

In dieser Angelegenheit ist der Chinese *Wang Shou-shan* bereits gegen Ends des 11ten Monats vorigen Jahres zu mir in's Konsulat gekommen und hat seine Beschwerde vorgebracht. Ich habe damals festgestellt, dass der Betreffende den Bau eines Hauses für Herrn *Tai-tê-t'ien* übernommen, aber nicht in Gemässheit des Kontraktes und Abkommens ausgeführt hatte. Darauf wurde von Herrn *Tai-tê-t'ien* mit *Wang Shou-shan* im Kaiserlichen Konsulat vor mir vereinbart, dass alle Mängel des Baues abgeändert werden sollten, wogegen *Tai-tê-t'ien* sich verpflichtete, die geschuldete Summe zu bezahlen.

Nach Empfang Ihres Schreibens, worin Sie sich noch einmal nach dieser Angelegenheit erkundigen, habe ich festgestellt, dass sich *Wang Shou-shan* nicht zu Herrn *Tai-tê-t'ien* begeben und die Verbesserungen nicht ausgeführt hat. Ich ersuche nun Euer Hochwohlgeboren, *Wang Shou-shan* anzuweisen, schleunigst was an dem Bau des *Tai-tê-t'ien*'schen Hauses noch unvollendet geblieben ist, auszuführen, ich würde dann *Tai-tê-t'ien* veranlassen, ihm das geschuldete Geld zu zahlen. Wenn aber *Wang Shou-shan* noch länger zögerte und nicht sofort die Verbesserungen vornähme, so würde *Tai-tê-t'ien* jemand anders engagiren, der an seiner Stelle die Arbeiten ausführte. Sollte der Preis für die Arbeit dieses Unternehmers höher sein als die geschuldeten 206 $, so müsste von *Wang Shou-shan* verlangt werden, Ersatz dafür zu leisten.

Indem ich mir eine weitere Mittheilung vorbehalte, ergreife ich etc.

C. N° 21.

Petition dem Konsulat übermittelt durch den Kommissar des Internationalen Handelsamts.

betrifft eine Eingabe des chinesischen Bürgers *Wang Shou-shan*, welcher bittet, dem Konsulat seine Angelegenheit zur Entscheidung vorzulegen, damit ihm weitere Schwierigkeiten erspart bleiben.

In meiner Klagesache gegen den deutschen Lootsen *Tai-tê-t'ien* welcher mich mit dem Bau eines Hauses betraut, nach seiner Fertigstellung aber dem Vertrage entgegen für Arbeitslohn und Material 206,50 $ zu wenig gezahlt hat, haben Euer Hochwohlgeboren auf meinen Antrag die Güte gehabt, den Deutschen Konsul zu ersuchen, ein Verhör anzustellen und die Zahlung der Schuld zu erwirken. Gestern ging mir nun Euer Hochwohlgeboren hoher Erlass zu, wonach der Deutsche Konsul geantwortet hat, der von mir übernommene Bau des Hauses sei nicht kontrakt- und vertragsmässig ausgeführt. Ich würde desshalb angewiesen, den Bau nach dem Kontrakte abzuändern, dann müsse auch *Tai-tê-t'ien* seine kontraktliche Schuld bezahlen.

Dieser Weisung entsprechend warb ich Arbeiter an und begab mich hin, um die Verbesserungen auszuführen, aber Herr *Tai-tê-t'ien* tobte und trat in einem fort, jagte die Arbeiter weg und liess nicht zu, dass sie die Bauarbeiten erledigten.

Die Sache ist wirklich sehr misslich, und ich sehe keinen andern Ausweg, als Euer Hochwohlgeboren den Vorfall zu melden mit der Bitte, die Entscheidung des Deutschen Konsuls anzurufen, damit ich vor weiteren Behelligungen bewahrt bleibe. Ich befinde mich in einer sehr bejammernswerthen Lage und flehe Euer Hochwohlgeboren an, meine Angelegenheit einer hochgeneigten Prüfung unterziehen und meinem Wunsche gnädigst willfahren zu wollen. Ich würde dafür ausserordentlich dankbar sein.

C. N⁰ 22.

Depesche des stellvertretenden Kornintendanten von Fukien, Lü, an den Konsul.

Euer Hochwohlgeboren haben mir in einer Note mitgetheilt, dass nach einem Bericht des Kaufmanns *I-ho* in der Angelegenheit der Entfernung der Dung Boote aus dem Sackkanal hinter seinem Hong bislang absolut nichts geschehen sei. Jetzt nahe der Sommer heran, und es müssten unbedingt eiligst Massnahmen zur gänzlichen Beseitigung des übelen Geruchs der Dung Boote getroffen werden. Wenn das nicht sogleich geschehe, so könnten durch die Verpestung der Luft leicht Krankheiten entstehen, was ein grosses Unheil sein würde. Er bäte desshalb wegen Beschleunigung der Sache an die zuständige Behörde zu schreiben. Euer Hochwohlgeboren ersuchten mich demgemäss dringend, so bald wie möglich das Nöthige zu veranlassen und die Entfernung der Boote anzuordnen, auch baten Sie um eine sofortige Antwort, damit Sie an Ihre Vorgesetzten berichten könnten.

Ich habe Euer Hochwohlgeboren bereits hierauf geantwortet und zugleich den Unterpräfekten und den Distrikts-Magistrat mit der Prüfung und Erledigung der Angelegenheit beauftragt. Der Magistrat von *Min-hsien*, *Yü*, berichtet mir nun, nach Empfang meiner ersten Weisung habe er seine Amtsdiener angewiesen, den Leuten seine Befehle zu übermitteln. Nachdem ihm abermals eine Weisung in derselben Sache zugegangen sei, habe er die Amtsdiener zur Eile angetrieben. Diese haben nunmehr gemeldet, dass die Landleute auf den Dung Booten ihnen erklärt hätten, Düngmittel seien für Feld und Garten unbedingt nothwendig. Sobald die Boote damit angefüllt seien, führen sie nach ihren Dörfern zurück, und es fiele niemandem ein, unnütz Zeit zu verlieren. Aber so lange die Boote noch nicht voll seien und die Excremente herbeigebracht und hineingeschüttet würden, könne es natürlich wohl einmal vorkommen, dass sich ein übeler Geruch verbreite. In Zukunft würden sie den Weisungen entsprechend die Öffnungen der Boote dicht verschliessen.

Dieses hat mir der Magistrat zur Mittheilung an Euer Hochwohlgeboren berichtet. Ich habe darauf meine Verfügungen erlassen und beehre mich, Euer Hochwohlgeboren vom Vorstehenden in Kenntniss zu setzen.

C. N⁰ 23.

Antwort des Konsuls an den Kornintendanten.

Euer Hochwohlgeboren bestätige ich ergebenst den Empfang der Depesche betreffend die Dung Boote in dem Sackkanal hinter dem Hong der Firma *I-ho.* Sie haben darüber einen Bericht des Distriktsmagistrats von *Min-hsien, Yü*, erhalten, worin es heisst... etc. etc. Ich habe von dem Inhalt Kenntniss genommen. Danach lässt sich der Kanal an jenem Orte nicht zuschütten, und die Boote können auch nicht gezwungen werden, sich anderswohin zu begeben, und zwar lediglich desswegen nicht, weil die Landleute von den Dung Booten erklärt haben, nach Einnahme der Excremente führen sie sofort in ihre Heimat zurück ohne jede Verzögerung, auch würden sie die Öffnungen der Boote dicht schliessen. Vorläufig mag in dieser Weise verfahren werden, doch weiss ich nicht, ob die Belästigung der Kaufleute sich so wirklich beseitigen lässt. Ich hoffe aber, dass Euer Hochwohlgeboren Ihrem Schreiben gemäss sogleich den Magistrat anweisen werden, durch seine Konstabler die betreffenden Landleute strengstens anzuhalten, unverzüglich dem Befehle nachzukommen.

Sie müssen für die Öffnungen der Boote Deckel anfertigen lassen und sie damit verschliessen, dürfen auch nicht mehr länger als nöthig verweilen, sondern müssen sofort in ihre Dörfer zurückfahren. Wenn sie das nicht thun und zögern, sind sie zur Warnung für andere streng zu bestrafen. Oder es ist ihnen zu verbieten, in grösseren Mengen zu erscheinen, und die Boote sollten angewiesen werden, bei Tagesanbruch, in aller Frühe in den Kanal einzulaufen und ihn nach Einnahme der Düngstoffe sofort wieder zu verlassen.

Ich ersuche Euer Hochwohlgeboren ganz ergebenst zur Vermeidung weiterer Belästigung und langwieriger Korrespondenz den Distriktsmagistrat von *Min-hsien* mit der strikten Durchführung dieser Massnahmen zu beauftragen.

C. N⁰ 24.

Note des Konsuls an den stellvertretenden Unterpräfekten der Amoy Seewacht, Shih.

Euer Hochwohlgeboren beehre ich mich, Folgendes mitzutheilen. Der deutsche Kaufmann *Wu-ta-shun*, Geschäftsführer der deutschen Firma *Hêng-t'ai-chi*, erschien auf dem Konsulat und erklärte, dass er früher die Erlaubniss erhalten habe, in der Gegend von *Liao-tse-hou* in *Amoy* eine Schlächterei zu errichten. Gestern nun, am 8ten des Monats, seien Konstabler des Unterpräfekten von *Amoy* mit einem Haftbefehl in der Schächterei erschienen, um die dort beschäftigten Chinesen, *Wang-wên, Li-ho, Wu-kang* und *Fang-ming* zu arretiren. *Wang-wên* sei Compradore der Firma, *Li-ho* Schlächter, *Wu-kang* und *Fang-ming* beide Kulis. Sie hätten den ihnen ertheilten Erlaubnissschein den Amtsdienern vorgezeigt und eine Abschrift des Haftbefehls des Unterpräfekten genommen. Darauf seien die Konstabler wieder fortgegangen. Herr *Wu-ta-shun* bat mich, dafür Sorge zu tragen, dass er in seinem Geschäftsbetrieb nicht gestört werde.

Im 9ten Monat des 10ten Jahres *Kuang-hsü* erhielt ich eine Eingabe des deutschen Kaufmanns *Hêng-t'ai-chi*, worin dieser anzeigte, dass er in der Gegend von *Liao-tse-hou* in *Amoy* eine Schächterei eröffnen wolle. Nachdem ich festgestellt hatte, dass die Eingabe und die mit Bezug auf die Errichtung einer Rinder Schlächterei seitens des Kaufmanns erlassene Bekanntmachung den Bestimmungen entsprachen, so gab ich nach dem Gesetze dem Antrage statt. Bisher sind auch keinerlei Hindernisse eingetreten. Wenn jetzt plötzlich die Konstabler Einspruch erhoben haben, so glaube ich, dass ein Irrthum vorliegen muss. Es ist aber zu befürchten, dass sie später noch einmal einschreiten könnten, was uns bei der Abwickelung der Geschäfte leicht Grund zur Verstimmung geben würde. Indess ich weiss ganz sicher, dass Euer Hochwohlgeboren meine Ansicht theilen und auf ein freundschaftliches Zusammenwirken stets das grösste Gewicht legen, dass Sie es daher nicht zu einer Störung des guten Einvernehmens kommen lassen würden. Desshalb bin ich fest überzeugt, dass Euer Hochwohlgeboren dafür sorgen werden, dass der deutsche Kaufmann nicht verhindert werden wird, sein Ladengeschäft zu betreiben.

Einer geneigten Antwort entgegensehend verbleibe ich etc.

C. N° 25.

Antwort des Unterpräfekten.

Am 9ten Tage des 3ten Monats dieses Jahres erhielt ich ein Schreiben Euer Hochwohlgeboren, wonach der Kaufmann *Wu-ta shun*, Geschäftsführer der deutschen Firma *Hêng-t'ai-chi* im Konsulate erschienen ist und folgendes Anliegen vorgebracht hat... (folgt gekürzte Inhaltsangabe des Schreibens des Konsuls).

Am 24ten Tage des 12ten Monats des 10ten Jahres *Kuang-hsü* theilte mir der Unterpräfekt für Wasserwege *Wang* mit, der Polizist *Ch'ên Ting-yü* habe ihm gemeldet, dass in *Liao-tse-hou*-

wei in der alten Schmiede ein Chinese *Chou-hsiao* Ochsen schlachte; er habe es ihm verboten, aber jener kümmere sich nicht darum. Der Unterpräfekt ersuchte mich desshalb, den Mann verhaften zu lassen. Darauf habe ich in diesem Jahre nach Wiederöffnung der Siegel die Konstabler angewiesen, die Verhaftung vorzunehmen. Daraufhin ging mir Euer Hochwohlgeboren Schreiben zu.

Wenn Europäer Ochsen Schlächtereien errichten, so müssen sie der Unterscheidung wegen Häuser europäischer Bauart dafür benutzen. Nach chinesischem Recht ist nämlich das Schlachten von Ochsen verboten. Da nun aber die Gefahr besteht, dass Chinesen versuchen werden, durch Vorspiegelung falscher Thatsachen dieses Verbot zu umgehen, so ist nach Präzedenzfällen zu verfahren, und hat die Bauart der Häuser als Unterscheidungsmerkmal zwischen Chinesen und Ausländern zu dienen. Wenn Ausländer in ausländischen Gebäuden Ochsen Schlächtereien einrichten, so fällt dies selbstverständlich nicht unter das Verbot.

Nun ist mir aber nicht bekannt, ob die von der Firma *Hêng-t'ai-chi* in *Liao-tse-hou* betriebene Schlächterei sich in einem europäischen oder in einem chinesischen Gebäude befindet. Sollte das letztere der Fall sein, so muss ich Euer Hochwohlgeboren ersuchen, die Firma anweisen zu wollen, zur Vermeidung von Betrügereien ihre Schlächterei in ein europäisches Gebäude zu verlegen.

Im Interesse der freundschaftlichen Beziehungen hoffe ich, dass Euer Hochwohlgeboren meinem Wunsche entsprechen werden und ergreife etc.

C. N⁰ 26.

Antwort des Konsuls an den Seepräfekten.

In Sachen des Geschäftsführers der deutschen Firma *Hêng-t'ai-chi*, Herrn *Wu-ta-shun* betreffend die Schlächterei in *Liao-tse hou* ist mir auf mein Schreiben eine Antwort von Euer Hochwohlgeboren zugegangen, worin Sie mich ersuchen, zu veranlassen, dass der besseren Unterscheidung wegen die Schlächterei in ein europäisches Gebäude verlegt werden möge.

Ich habe darauf den betreffenden Kaufmann auf das Konsulat beschieden und ihm die erforderlichen Weisungen ertheilt. Nach den Verträgen steht es ihm allerdings frei, ein Haus zu miethen und darin eine Schlächterei zu betreiben, aber ohne Rücksicht hierauf habe ich ihn im Sinne des gefälligen Schreibens aufgefordert, dem darin geäusserten Wunsche nachzukommen.

Jetzt zeigt mir Herr *Wu-ta-shun* an, dass er nunmehr in *Liao-tse-hou* ein europäisch gebautes Haus mit einer Glassfensterthür gemiethet und als Schlächterei eingerichtet habe. Es sei aber von dem alten Gebäude nicht weit entfernt und von dem deutschen Kaufmann *K'o-t'ê* errichtet worden. Der deutsche Reichsangehörige *K'o-t'ê* alias Mr. *Ou* [1]) hat früher dieses Haus in *Liao-tse-hou* erworben. Im 10ten Monat des 7ten Jahres *Kuang-hsü* hat der frühere Subpräfekt es vermessen, die Grundbriefe abgestempelt und durch Vermittelung des Konsulats dem Erwerber aushändigen lassen.

Ich habe nun den Kaufmann angewiesen, schleunigst den Umzug zu bewerkstelligen. Sollte er noch nicht umgezogen sein, und auch für die Zeit nach der Übersiedelung in das europäische Gebäude, ersuche ich Sie ergebenst, nicht wieder gegen ihn einzuschreiten und ihn nicht in seinem Geschäfte zu stören.

C. N⁰ 27.

Note des Deutschen Konsuls an den Amoy Taotai.

Vor einigen Tagen ist ein Deutscher, der Kapitän eines englischen Segelschiffes, an der Cholera gestorben. Ich höre auch, dass überall auf *Amoy* und *Kulangsu* zahlreiche Chinesen dieser

---

1) Europäer, welche viel mit Chinesen verkehren, erhalten von ihnen oft ausser ihrem gewöhnlichen Namen noch einen Beinamen.

Krankheit zum Opfer fallen. Vermuthlich ist es nur eine Folge des Genusses von zu viel frischem Obst. Aber nach den bestehenden Vorschriften bin ich verpflichtet, über den jetzigen Krankheitszustand an den Herrn Staatssekretär des Auswärtigen Amtes zu berichten. Da ich nun nicht weiss, ob wirklich Cholera, oder eine andere ansteckende, endemische Krankheit vorliegt, so nehme ich mir die Freiheit, bei Euer Hochwohlgeboren desswegen anzufragen. Einer gütigen Antwort auf meine Anfrage darf ich entgegensehen.

Ich habe auch gehört, dass Euer Hochwohlgeboren mit Rücksicht auf die jetzt grassirende Krankheit in *Amoy* öffentliche Krankenhäuser errichtet haben, wo die Leute behandelt werden und Arznei erhalten, damit sich auch die Armen ärztliche Hülfe verschaffen können. Ausserdem hätten Sie durch öffentliche Bekanntmachungen zur Wegräumung von Schmutz und Unrath und Reinhaltung der Strassen aufgefordert, was von grossem Mitgefühl für das Wohl des Volkes zeugt und in der That die grösste Hochachtung verdient. Meiner unmassgeblichen Meinung nach würde es nichts schaden, wenn auch überall auf *Kulangsu* dieselben Proklamationen erlassen würden. Ausserdem möchte ich Euer Hochwohlgeboren ergebenst anheimstellen, nach den Präzedenzfällen Ihrer Herrn Amtsvorgänger aus dem 3ten und 7ten Jahr *Kuang-hsü* zu verfahren.

In der Hoffnung, dass meine Vorschläge Gehör finden, verbleibe ich etc.

C. N⁰ 28.

Antwort des Amoy Taotai an den Konsul.

Soeben erhielt ich Euer Hochwohlgeboren gefälliges Schreiben, worin Sie mir mittheilen, dass ein Deutscher, der Kapitän eines englischen Segelschiffs an der Cholera gestorben sei, etc. etc. In *Amoy* seien öffentliche Hospitale errichtet, wo die Leute behandelt würden und Arznei erhielten, durch Bekanntmachungen sei die Wegräumung von Schmutz und Unrath und die Reinhaltung der Strassen angeordnet, und Sie bäten auch in den verschiedenen Gegenden von *Kulangsu* ähnliche Proklamationen zu erlassen.

Ich beehre mich darauf zu erwidern, dass das Volk zu allen Jahreszeiten an Cholera leidet, ganz besonders aber im Sommer und Herbst. Der Grund ist der, dass in der kalten und feuchten Jahreszeit der Schmutz für gewöhnlich immerhin noch zu ertragen ist, sobald aber die glühende Hitze kommt wie jetzt und die übelen Ausdünstungen beginnen, stellt sich die Krankheit ein. Seit Jahren ist es in *Amoy* so gewesen, es handelt sich keineswegs nur um eine zu einer bestimmten Zeit vom Himmel herabgesandte Epidemie, deren Ansteckungsgefahr für die Menschen so gross ist. Da aber bei Cholera, wenn die ärztliche Hülfe zu spät kommt, der Tod eintreten kann, so habe ich öffentliche Hospitäler errichten lassen und Ärzte zur Verabreichung von Medikamenten bestellt. Ausserdem habe ich eine Behörde geschaffen, welche zur Rettung aus der Krankheitsgefahr die Strassen und Kanäle reinzuhalten hat. Die Strassen und Wege auf *Kulangsu* [1]) befinden sich in einem so sauberen Zustande, dass sie mit den Strassen und Märkten von *Amoy* und seinen schmutzigen Kloaken und Gräben gar nicht verglichen werden können. Von dem Erlass besonderer Proklamationen kann unter diesen Umständen wohl Abstand genommen werden. Da Vorgänge aus der Zeit der früheren Taotais vorhanden sein sollen, so werde ich sie aus den Akten hervorsuchen lassen und mir zum Muster nehmen.

Was die Pillen anbetrifft, deren Herstellung als Mittel gegen die Krankheit mir obliegt, so sind solche auch dem Deputirten für das Internationale Handelsamt übersandt worden, der sie auch vertheilen wird. Leider ist die Zahl der Beamten, welche

1) Auf der kleinen Insel *Kulangsu*, der grossen Insel *Amoy* gegenüber, befindet sich die fremde Niederlassung und einige chinesische Ansiedelungen, die stets sehr reinlich gehalten sind.

etwas von Medizin verstehen, sehr gering. Er lassen sich nicht sofort passende Personen finden und die, welche umhergeschickt werden können, reichen nicht aus. Wenn aber Leute in *Kulangsu* von der Krankheit ergriffen werden, so können sie sich auch nach den beiden Hospitälern, nämlich zu dem Kommissar am *Amoy* Strande, oder zu dem Kommissar *Tien* im *T'ung-an* Hotel [1]) begeben und dort um Behandlung bitten. Wenn es nöthig ist, dass sich ein Arzt in das Haus des Kranken begiebt, um ihn dort zu behandeln, so muss die Wohnung im Hospital angegeben werden. Ich habe für beide Institute Sänftengelder [2]) angewiesen und wirksame Medikamente gegen die Cholera herstellen lassen. Die Kranken *Kulangsu's*, welche der Pflege bedürfen, sollen ebenso behandelt werden wie die von *Amoy*.

Euer Hochwohlgeboren beehre ich mich, vorläufig dieses zu erwidern. Indem ich mir eine weitere Aüsserung vorbehalte, ergreife ich etc.

C. N⁰ 29.

Note des Amoy Taotai an den Deutschen Konsul.

Am 25ten Tage des 6ten Monats erhielt ich von Euer Hochwohlgeboren die Mittheilung, dass einige Tage vorher ein Deutscher, der Kapitän eines englischen Segelschiffes an der Cholera gestorben sei etc. etc. Ich habe hierauf bereits ganz eingehend geantwortet.

Nachträglich habe ich nun festgestellt, dass die von meinen Vorgängern geschaffenen Präcedenzfälle lediglich in dem Erlassen von Bekanntmachungen wegen dei Reinhaltung der Strassen und im Vertheilen von Medizinpillen bestanden haben und, dass keine weiteren Massnahmen getroffen worden sind. Diese beiden Mass-

1) Das Gildenhaus für den *T'ung-an* Distrikt der Provinz *Fukien*.

2) Sänftengelder für den Arzt.

regeln habe ich gleich zu Anfang in Anwendung gebracht. Die Krankheiten der Bevölkerung haben sich jetzt sehr verringert, und der Gesundheitszustand ist, wie ich höre, schon wieder normal.

Was die erwähnten Proklamationen anbetrifft, welche sich auf die Säuberung der Strassen von Unreinigkeiten beziehen, so habe ich mich doch veranlasst gesehen, den Deputirten des Internationalen Handelsamts anzuweisen, die auf *Kulangsu* wohnenden Chinesen durch eine Bekanntmachung aufzufordern, im Gesundheitsinteresse beständig die Strassen rein zu fegen, um die Aufhäufung von Unrath und die dadurch entstehenden Ausdünstungen zu verhüten.

Ich habe die Ehre, Euer Hochwohlgeboren hiervon in Kenntniss zu setzen und ergreife etc.

C. N⁰ 30.

Note des Deutschen Konsuls an den Taotai von Taiwanfu, Yu.

Euer Hochwohlgeboren beehre ich mich, folgenden Vorfall zur geneigten Kenntniss zu bringen:

Der Schiffsführer des deutschen Segelschiffs *Lai-hsi-t'ê-li*, *Lin ko-t'ê-na*, erschiem im Konsulat und machte folgende Aussage:

Am 5ten Tage des 8ten Monats in der Morgendämmerung gerieth sein Schiff westlich von *Taiwan*, auf der Höhe von *Lu-chiang* durch einen unglücklichen Zufall auf eine Sandbank. Als die dortigen Anwohner das gestrandete Schiff erblickten, gaben sie deutliche Zeichen ihrer Frende über den Unfall und ihrer feindlichen Absichten. Sobald es heller Tag geworden war, erschienen etwa 300 Chinesen, sprangen in das seichte Wasser, umringten das Schiff von allen vier Seiten und trafen Anstalten, daran hinaufzuklettern, offenbar in der Absicht, es zu berauben. Dem Kapitän schien die Sache nicht geheuer, er nahm daher ein Gewehr in die Hand und verhinderte jene am Besteigen des Schiffes. Da die vielen Menschen nicht hinauf konnten, so benutzten sie wenigstens die Gelegenheit, um einige Kupferplatten vom unteren Schiffsrumpf abzureissen. Sie versuchten auch, das Querholz an dem ausgeworfenen Anker zu zerbrechen, denn ihr ganzes Sinnen war darauf gerichtet, dass das Schiff am Strande zu Grunde gehen sollte, damit sie es nach Herzenslust ausplündern könnten, und sie wünschten keineswegs, dass es die Gefahr überstände und wieder in tiefes Wasser käme. Als aber später die Fluth einsetzte und das Wasser stieg, wurde das Schiff wieder flott, und alle Chinesen mussten wegen der Fluth an das Meeresufer zurückkehren. Aber zu gleicher Zeit nahmen sie noch die Gelegenheit wahr, um auf den Kapitän und den ersten Offizier des Schiffes mit Flinten und Kanonen mehrere Schüsse abzugeben. Zum Glück trafen sie nicht. Weder der Kapitän noch der erste Offizier wurden verwundet, und das Schiff entging der Plünderung. Jetzt bei seinem Eintreffen in *Amoy* hielt der Kapitän es für seine Pflicht, von den Vorkommnissen Meldung zu machen.

Nach den Umständen zu urtheilen, hatten die Chinesen jener Gegend offenbar die Absicht, die Gefahr, in der sich das Schiff befand, auszunutzen, um es zu plündern, und es ist nur der grossen Entschlossenheit des Kapitäns und der Matrosen, welche wussten, dass die Fluth den Schiffskörper wieder flott machen würde, zu verdanken, dass das Schiff der drohenden Gefahr entrann.

Als im 9ten Monat vergangenen Jahres das englische Segelschiff *Li-a* auch in jener Gegend auflief, wurden die sämmtlichen Waaren an Bord ausgeraubt. Da nun jetzt bei der Strandung der *Lai-hsi-t'ê-li* die Chinesen das Schiff besteigen und plündern wollten, so ist es klar, dass die Bewohner jener Gegend dem Strandrecht huldigen, und man kann nicht wissen, ob es nicht auch in diesem Falle dieselben Personen gewesen sind, welche an der Plünderung des Segelschiffs *Li-a* betheiligt waren.

Im Herbste des 8ten Jahres *Kuanghsü* erhilt das deutsche Segelschiff *Auguste* in der Gegend von *Ch'ih-ch'ien* bei *Formosa* und den

Pescadoren Havarie durch Strandung. Damals begab sich der frühere Vice-Konsul *Pu* an Bord eines Kriegsschiffs an Ort une Stelle und untersuchte zusammen mit den widerwilligen Lokalbeamten den Fall und führte ihn zu Ende. Ich bin der Ansicht, dass diesmal wohl ein solches Vorgehen nicht nöthig ist, und glaube, dass es genügen wird, wenn ich Euer Hochwohlgeboren diese officielle Mittheilung zugehen lasse und Sie um Untersuchung des Falles ersuche. Ich darf erwarten, dass Euer Hochwohlgeboren die zuständigen Lokalbeamten energisch anweisen werden, die Angelegenheit zu untersuchen und die Schuldigen aufs Strengste zu bestrafen.

Im 2ten Jahre *Kuanghsü* hat das *Tsungli Yamen* auf einen Bericht an den Thron die Allerhöchste Genehmigung zu einer Strandungsordnung in 5 Artikeln, den Schutz der an der Küste in Noth befindlichen, chinesischen und fremden Fahrzeuge betreffend, erhalten. Alle Provinzialregierungen haben sie drucken und öffentlich bekanntmachen lassen. Euer Hochwohlgeboren beehre ich mich nun zu ersuchen, die frühere Proklamation noch einmal an die Küstenbevölkerung und die Bewohner jener Gegend zur allgemeinen Kenntnissnahme und Nachachtung zu erlassen, damit sich derartige Fälle der Beraubung von Schiffen in Noth in Zukunft nicht wiederholen. Da bei der Strandung des betreffenden Schiffes nur weniges eingebüsst wurde, so verzichtet der Kapitän auf die Geltendmachung von Schadenersatzforderungen.

Ich habe Seiner Excellenz, dem Herrn Gesandten in *Peking*, über die Umstände des Falles Bericht erstattet und darf Euer Hochwohlgeboren bitten, ohne Verzug die nöthigen Instruktionen zu erlassen.

C. N°. 31.

Antwort des Taotai von Taiwanfu an den Konsul.

Der Englische Konsul in *Taiwanfu*, Herr *Hsia*, hat mir mitgetheilt, dass der Kapitän des deutschen Segelschiffs *Lai-hsi-t'ê-li*, *Lin-ko-t'ê-na* in *Ch'i-hou* auf sein Konsulat gekommen sei und die Meldung erstattet habe, dass sein Schiff am 13ten dieses Monats von *Amoy* nach *Ch'i-hou* abgefahren und in der Nacht des 13ten auf der Höhe von *Lu-chiang* auf den Strand gerathen sei. Als es hell wurde, seien über 300 Chinesen mit Flinten und anderen Waffen erschienen, hätten das Schiff umzingelt und auszurauben versucht. Die Besatzung aber habe sie mit aller Gewalt daran verhindert und auch mit Revolvern einige Schreckschüsse auf sie abgefeuert, so dass die Schaar nicht auf das Schiff gelangen konnte. Sie hätten darauf vom Schiffsboden die Kupferplatten abgerissen und das ausgeworfene Querholz abgebrochen. Glücklicherweise sei aber dann durch die Fluth das Schiff wieder flott geworden und habe die Fahrt fortsetzen können. Anderenfalls würde es ganz ausgeplündert und die ganze Mannschaft niedergemacht sein. Der Konsul ersuchte mich, einen Beamten mit Freiwilligen an den Thatort zu entsenden, um Haussuchungen vorzunehmen und zugleich auch den Fall des Verlustes des fremden Schiffes *Li-a* zu untersuchen und schleunigst zum Abschluss zu bringen. Wegen desselben Vorfalls haben auch Euer Hochwohlgeboren eine Note an mich gerichtet.

Die Bestimmungen zur Rettung von Schiffen in Noth sind vom Throne genehmigt und zur allgemeinen Kenntniss gebracht. Sie sind wiederholt öffentlich bekannt gemacht, aber alle diese verschiedenen Veröffentlichungen haben nichts genützt, denn die Territorialbeamten haben diese Verordnungen immer nur als leere Formalitäten angesehen und sie durchweg so lax gehandhabt, dass die Küstenbevölkerung ohne die geringste Furcht that, was ihr beliebte. Dass, als jetzt das deutsche Segelschiff in *Lu-chiang* strandete, die dortigen Anwohner es gewagt haben, mit Waffen zur Plünderung herbeizukommen, ist wirklich haarsträubend! Was sollte daraus werden, wenn nicht ein Beamter beauftragt würde, an den Thatort zu eilen, den Fall zu untersuchen, die Schuldigen zu verhaften und zur Verantwortung zu ziehen? Ich habe daher den Präfekten von *Taiwanfu* angewiesen, einen Beamten nach dem Unfallsorte zu entsenden, um dort eine eingehende Untersuchung einzuleiten. Den betreffenden Civil- und Militärbeamten wird eine Frist von einem Monat gesetzt, um alle an dem Überfall des fremden Schiffes Betheiligten zu verhaften, zu verhören und über das Ergebniss zu berichten. Sollten sie die Sache verschleppen, so wird der Präfekt darüber berichten und eventuell ihre Abberufung und Erhebung in den Anklagezustand beantragen.

Ich beehre mich, Vorstehendes zu Euer Hochwohlgeboren Kenntniss zu bringen und verbleibe etc.

C. N° 32.

Brief des Konsuls an den Deputirten des Handelsamts.

Auf dem Konsulat erschien der Deutsche Staatsangehörige, *K'o-t'ê* und erklärte:

Comparent wohnte früher in dem Hause des Lootsen *Tai-tê-t'ien* und ist jetzt in das Haus des Herrn *Ho-wa-la* umgezogen. Auf ihm unbekannte Weise sind ihm 3 Photographien seiner Frau und seines Söhnchens nebst dem dazu gehörigen Holz Rahmen abhanden gekommen. Die Photographien sind Andenken an seine, im vergangenen Jahre verstorbene Ehefrau und nicht käufliche Gegenstände. Er war nicht sicher, ob die Photographien schon im Hause des Herrn *Tai-tê-t'ien* verloren gegangen seien, oder ob sie jemand beim Umzuge gestohlen habe. Während er hiernach Nachforschungen anstellte, hörte er, dass Frau *Tai-tê-t'ien* von ihrem Kuli *Li-pao* bestohlen worden sei. Da er sich daran erinnerte, dass derselbe Kuli früher in seinen Zimmern beständig ein- und auszugehen pflegte, so kam ihm der Gedanke, dass die verlorenen Photographien vielleicht auch von dem Kuli *Li-pao* gestohlen worden seien.

Ich lud darauf Frau *Tai-tê-t'ien* vor und erfuhr von ihr auf Befragen Folgendes: Im vergangenen Winter kam ihr ein Stück Schirting im Werthe von etwa 1.50 $ abhanden. Vor einigen Tagen bemerkte sie plötzlich, dass der Schirting Anzug, welchen ihr Kuli *Li-pao* trug, ganz ebenso aussah wie der verlorene Schirting Stoff. Ein derartiger Kleiderstoff ist aber in *Amoy* sehr selten und nicht leicht zu kaufen. Ausserdem ist der Preis so theuer, dass ein Kuli sich ihn nicht anschaffen und machen lassen kann. Sie glaubte daher, dass er den fraglichen Stoff gestohlen und sich habe zuschneiden lassen, und fragte ihn, woher er den Stoff habe. Der Kuli antwortete, er habe ihn von einem chinesischen Händler gekauft. Dieser sei jetzt ins Inland gegangen, sobald er aber nach *Amoy* zurückkehre, werde er mit ihm erscheinen etc. etc. Da er aber bis jetzt nie kam, gewann Frau *Tai-tê-t'ien* die Überzeugung, dass der Stoff von ihm gestohlen sei, und entliess deswegen den Kuli. Früher hat er schon einmal einige Glasflaschen gestohlen.

Da ich erfahren hatte. dass der Kuli *Li-pao* zur Zeit in *Chiao-chien* auf *Kulangsu* wohnt, so erliess ich vorgestern eine Vorladung und beschied ihn auf gestern, 11 Uhr Vormittags zum Verhör aufs Konsulat. Ich liess ihm zugleich sagen, dass, wenn er nicht erschiene, ich die Lokalbeamten ersuchen würde, ihn festzunehmen und zu verhören. Indess der Kuli leistete der Aufforderung keine Folge und ist bis jetzt auf die Vorladung hin nicht erschienen. Ich beehre mich desshalb an Euer Hochwohlgeboren das ergebenste Ersuchen zu richten, den Kuli *Li-pao* vor Gericht laden und fragen zu lassen, ob er die verlorenen Photographien entwendet hat, und, falls sich dies herausstellen sollte, die gesetzliche Strafe in Anwendung zu bringen.

Die Photographien sind, wie gesagt, hinterlassene Bilder der Frau des Herrn *K'o-t'é*, welche einen sehr grossen Affektionswerth haben und nicht käuflich neu beschafft werden können. Für Fremde dagegen haben sie nicht den geringsten Nutzen. Für die Wiedererlangung würde nicht nur Herr *K'o-t'ê* sehr dankbar sein, sondern auch ich wäre Euer Hochwohlgeboren sehr dafür verbunden.

Da der Kuli jetzt auf *Kulangsu* wohnt und die Sache nur geringfügig ist, so habe ich gewagt, Euer Hochwohlgeboren damit zu belästigen. Sollten Sie sich nicht damit befassen wollen, so bitte ich Sie, sie zur Erledigung an den Seepräfekten von *Amoy* weiterzugeben. Anderenfalls bitte ich um Nachricht. Ich würde mich dann selbst an den Herrn Unterpräfekten wenden.

C. N° 33.

Antwort des Deputirten des Handelsamts.

Soeben empfing ich Euer Hochwohlgeboren gefälliges Schreiben, wonach der Deutsche Staatsangehörige *K'o-t'ê* angezeigt hat, dass ihm auf unbekannte Weise 3 Photographien seiner Frau und seines Söhnchens mitsammt dem dazu gehörigen Holz Rahmen abhanden gekommen seien. Früher habe er im Hause des Lootsen *Tai-tê-t'ien* gewohnt und sei dann zu Herrn *Ho-wa-la* umgezogen. Bei seinen Nachforschungen erfuhr er, dass Frau *Tai-tê-t'ien* von ihrem Kuli *Li-pao* bestohlen worden sei. Da, wie er sich erinnert, derselbe Kuli früher beständig in seiner Wohnung ein- und ausgegangen ist, so vermuthet er, dass dieser der Dieb ist. Euer Hochwohlgeboren ersuchen mich, *Li-pao* vorzuladen und zu verhören.

Ich habe darauf meine Amtsdiener angewiesen, den Mann vorzuladen[1], erhalte aber jetzt von ihnen die Meldung, dass *Li-pao* in seine Heimat, nach *Hui-an*[2]. zurückgekehrt sei und desshalb nicht vorgeladen werden könne. Sobald er nach *Amoy* zurück-

1) Die Konsulate pflegen häufig Chinesen vorzuladen, die meistens freiwillig erscheinen, obwohl sie gesetzlich nicht dazu verpflichtet sind.

2) Distrikt in der Provinz *Fukien*.

kehrt, werde ich ihn selbstverständlich vorladen lassen und die Sache untersuchen.

C. N° 34.

Note des stellvertretenden Unterpräfekten der Amoy Seewacht an den Deutschen Konsul.

Euer Hochwohlgeboren bestätige ich ergebenst den Empfang der gefälligen Note, welche mir am 24ten des 5ten Monats zuging. Sie sagen darin, dass in letzter Zeit die deutschen Kaufleute, welche auf *Kulangsu* wohnten, beständig bestohlen würden, so dass schon mehrmals Klage erhoben sei. Zuerst habe in dem Hause des deutschen Kaufmanns *Chao-wên-ping* ein Diebstahl stattgefunden und vor einigen Tagen sei in der Wohnung der Firma *Jui-chi* gestohlen worden. Die Thäter seien schon festgenommen und mit den gestohlenen Gegenständen zur Weiterbeförderung an den Herrn *Chang* vom Internationalen Handelsamt abgeliefert worden. Wenn ich der Meinung sei, dass ich die näheren Umstände besagter Diebstähle nicht genügend kennte, so seien Sie bereit, mir genaue Auskunft darüber zu geben. Da Sie noch nicht wüssten, welche Entscheidungen in diesen Processen getroffen werden würden, so bäten Sie um eine eingehende Rückäusserung über diesen Punkt, auch hofften Sie, dass die gestohlenen Sachen zurückerlangt würden. Es wäre das Beste, wenn die Diebe, nachdem sie überführt worden, zum *Kang* und zur Prügelstrafe verurtheilt würden, und wenn man sie zur Warnung und Abschreckung des Diebsgesindels, das es erfahren würde, nach *Kulangsu* schickte und dort im *Kang* zur Schau stellte. Wie Sie hörten, hätten die Diebe ihre That schon eingestanden und nichts verschwiegen, die Wiederherbeischaffung der gestohlenen Gegenstände würde daher keine Schwierigkeit machen. Einer Antwort auf Ihre Note sähen Sie entgegen.

Hierauf beehre ich mich, Folgendes zu erwidern:

Das Handelsamt machte mir die Mittheilung, von den Schreiben Euer Hochwohlgeboren, demzufolge der Diener *Huang Chih-yung* der Firma *Jui-chi* erklärt habe etc. etc. und um Übersendung der Beklagten an die zuständige Behörde zur Bestrafung gebeten habe. Zugleich mit dieser Mittheilung wurde mir eine Chinesin, Frau *Tiao* geb. *Wang* übersandt. Bei dem mit ihr angestellten Verhör sagte sie aus, sie pflege sich als Wäscherin zu vermiethen. In letzter Zeit aber habe sie, da ihre Familie in grosser Armuth lebe, auch gebettelt. Als sie bei einem fremden Hause vorbeigekommen sei, habe sie dort eine Serviette mit einem ganz kleinen, kupfernen Ringe gefunden [1]). Gestern habe jemand sie von ihr zurückverlangt, und sie habe sie auch zurückgegeben. Sie habe sie wirklich nur vom Boden aufgenommen, aber nicht gestohlen.

Da die Frau eine Bettlerin ist, die niemanden hat, der sich ihrer annähme oder für sie Bürgschaft leistete, so habe ich ihr vor Gericht als eine milde Bestrafung 30 Klappse auf den Mund verabreichen lassen und sie dann, wie das Gesetz es vorschreibt, entlassen.

Was nun den Diebstahl der goldenen Uhr bei Herrn *Chao-wên-ping* anbetrifft, so habe ich die Verhaftung der Thäter beantragt. Darauf hat mir der Kommissar des Handelsamts die nacheinander verhafteten Angeklagten *Jen-tsai alias Ch'ang Hsi-fu* und *Yü Ta-yu* unter Bedeckung von Freiwilligen vorführen lassen. Bei dem Verhör haben beide hartnäckig an ihren Aussagen festgehalten und nicht gestehen wollen.

Indem ich mir ein abermaliges eingehendes Verhör und eine Entscheidung vorbehalte, beehre ich mich Euer Hochwohlgeboren vorläufig vom Vorstehenden in Kenntniss zu setzen.

---

1) Die *Su-hua* Wendung im Text mit 一個 erklärt sich daraus, dass es sich um eine Zeugenaussage handelt. Diese pflegen in der Umgangssprache protokollirt zu werden.

C. N° 35.

Note des Konsuls an den Amoy Taotai.

Euer Hochwohlgeboren gestatte ich mir, folgenden Vorfall zur geneigten Kenntniss zu bringen. Der deutsche Kaufmann *Tê-lê* von der Firma *Hêng-mao* hat mir gemeldet, dass am 20ten dieses Monats ein Bootsmann der Firma, der Chinese *Fêng-yung*, als er, um Einkäufe zu machen, ausgegangen war und bei dem Opium Amt vorbeikam, von der Wachtmannschaft des Schmuggels beschuldigt und festgenommen sei.

Es ist bisher Brauch gewesen, dass alle chinesischen Beamten, welche einen im Dienste eines deutschen Kaufmanns stehenden Chinesen verhaften wollten, zunächst den Deutschen Konsul davon zu benachrichtigen hatten, damit dieser nach Kenntnissnahme die Vorführung des Betreffenden anordnete. In diesem Falle habe ich keinerlei Nachricht von einer Chinesischer Behörde erhalten, das Opium Amt hat vielmehr den Bootsmann ohne Weiteres verhaftet. Mit einem solchen Vorgehen kann ich mich in keiner Weise einverstanden erklären. Ich muss daher Euer Hochwohlgeboren ersuchen, strenge Weisungen ergehen zu lassen und dafür zu sorgen, dass sich Ähnliches in Zukunft nicht wieder ereignen kann.

Ob der chinesische Bootsmann sich des Schmuggels schuldig gemacht hat, kann ich natürlich nicht wissen.

Einer geneigten Antwort entgegensehend verbleibe ich mit dem Ausdruck ausgezeichnetster Hochachtung etc. etc.

C. N° 36.

Antwort des Taotai an den Konsul.

Am 22ten Tage des 1ten Monats gelangte ich in den Besitz der Note von Euer Hochwohlgeboren, durch welche Sie mir von der Meldung des Kaufmanns *T'ê-lê* der Firma *Hêng-mao* Mittheilung machen etc.

Ich beehre mich, Ihnen hierauf Folgendes zu erwidern:

Am 21ten Tage dieses Monats ging mir ein Bericht des Verwalters des Opium Steuer- und Likinamts, *Mao Shêng-shan* folgenden Inhalts zu:

Am 20ten des Monats meldete ein Spion einen Fall von Schmuggel. Der Gendarm der Wachtmannschaft *Chêng-hsiang* erhielt darauf Befehl dem Spion zu folgen, und es gelang ihm, im 36ten Bergrevier einen Schmuggler Namens *Fêng-yung* mit einem Päckchen Opium, welches er versteckt am Körper trug, und einem kurzen Messer abzufassen und den Verwaltern vorzuführen. Nachdem diese das Vorhandensein des geschmuggelten Opiums festgestellt hatten, übersandten sie den Übelthäter *Fêng-yung* nebst dem Packet Opium und dem kurzen Messer zur Untersuchung und Aburtheilung an das Haupt Likinamt. Da der Angeschuldigte *Fêng-yung* sich erfrecht habe, durch Schmuggeln die Gesetze zu übertreten, und obendrein noch ein kleines Messer versteckt bei sich getragen habe, was auf ganz besonders böse Absichten schliessen liesse, so beantragten die Verwalter, dass ich das Likinamt ermächtigen möge, den Fall zu untersuchen und den Beklagten vorzuführen, damit ein strenges Exempel an ihm statuirt würde, was nicht mehr als recht und billig sei.

Ich habe darauf verfügt, dass der Kommissar des Likinamtes den Mann verhören und den Fall untersuchen solle.

Mit Bezug auf Euer Hochwohlgeboren Note über diese Angelegenheit möchte ich daraufhinweisen, dass es Pflicht der Zollwächter ist, Schmuggler zu verhaften. Wenn sie bei ihren Streifzügen auf den Strassen Schmuggler bemerken, so müssen sie sie sofort ergreifen. Sollten sie in diesem Augenblick in der That so lange unthätig bleiben, bis die Benachrichtigung erfolgt wäre, so würde, wenn sie dann zurückkehren, der Schmuggler entwichen, die geschmuggelte Waare verschwunden, und Zeugen für der Vorfall nicht mehr zu finden sein. Eine Verfolgung würde dadurch unmöglich gemacht. Wenn Ausländer an der Sache interessirt sind, so sollen freilich die Soldaten der Zollwache sich genau darüber informiren und bei ihrer Meldung beantragen, dass dies berücksichtigt wird. Da in diesem Falle der Schmuggler ein Chinese ist, wie konnte man da unterscheiden und wissen, dass er als Bootsmann im Dienste einer fremden Firma stand?

Sie sagen in Ihrer Note, nach bisherigem Brauch müssten die chinesischen Beamten, wenn sie einen Angestellten eines deutschen Kaufmanns verhaften wollten, vorher den Konsul verständigen, damit dieser nach Prüfung die Überführung des Angeschuldigten vor Gericht anordne. In dieser Weise werden allerdings bei einem schon anhängigen Processe die Verhaftungen vorgenommen, bei der Festnahme von Schmugglern indess kommt es vor allem darauf an, sich in den Besitz der geschmuggelten Gegenstände zu setzen, die zum Beweise dienen müssen, und jeder Augenblick ist kostbar. Desshalb fällt dieser Fall nicht unter die allgemeine Regel.

Ich habe den Kommissar des Opiumamtes angewiesen, den Angeklagten an den Unterpräfekten der Seevertheidigung abführen zu lassen, welcher die Untersuchung leiten und eine Entscheidung fällen wird, wovon Euer Hochwohlgeboren in Kenntniss zu setzen ich die Ehre habe.

C. N° 37.

Antwort des Konsuls an den Taotai.

Euer Hochwohlgeboren bestätige ich ganz ergebenst den Eingang Ihrer Antwort auf meine Note betreffend die Beschwerde des deutschen Kaufmanns *T'ê-lê* von der Firma *Hêng-mao*, worin Sie mir mittheilen, dass Sie den Kommissar des Opiumamts angewiesen haben, den Angeklagten dem Unterpräfekten der Seewacht zum Verhör und zur Aburtheilung vorzuführen.

Wenn es in dem Schreiben heisst, dass es bei der Ergreifung von Schmugglern vor allem darauf ankäme, sich in den Besitz der geschmuggelten Waare zu setzen, die als Beweismittel dienen müsse, dass dabei jeder Augenblick kostbar sei, und der Fall der allgemeinen Regel nicht unterliege, u. s. w., so ist das ganz meine Meinung. Aber, wenn das Opium Likinamt bei der Entdeckung eines Schmuggels und Ergreifung eines Zolldefraudanten erfährt, dass es ein Chinese im Dienst eines deutschen Kaufmanns ist, so ist es seine Pflicht, sofort das Konsulat zu benachrichtigen. In diesem Falle hat das Likinamt bei der Entdeckung des Schmuggels mir keinerlei Nachricht zukommen lassen und, weil ich keine Benachrichtigung erhalten hatte, schrieb ich an Euer Hochwohlgeboren, dass ich mich damit durchaus nicht einverstanden erklären könne.

Sollte in Zukunft wieder einmal ein Fall von Schmuggel entdeckt und die Bestrafung eines Chinesen im Dienste einer deutschen Firma nothwendig werden, so ersuche ich Euer Hochwohlgeboren, streng darauf zu halten, dass ich sogleich davon in Kenntniss gesetzt werde. Was die Verurtheilung und Freilassung des betreffenden chinesischen Bootsmanns im Yamen des Unterpräfekten anbetrifft, so darf ich um eine gefällige Mittheilung darüber bitten.

C. N° 38.

Antwort des Taotai an den Konsul.

Am 26ten Tage des 4ten Monats ging mir Euer Hochwohlgeboren Note zu, worin Sie schreiben, dass der chinesische Bootsmann *Fêng-yung*, ein Angestellter der deutschen Firma *Hêng-mao*, am 21ten Tage des 1ten Monats von Zollwächtern des Likinamts des Schmuggels bezichtigt worden sei. Ich hätte Ihnen dann geantwortet, dass das Likinamt Befehl erhalten habe, den Mann zur Untersuchung an den Unterpräfekten abzuführen. Am 18ten des 3ten Monats hätten Sie abermals schriftlich angefragt, dieser

Process habe schon über zwei Monate gedauert, aber es sei Ihnen noch keine Mittheilung zugegangen, und es sei Ihnen noch immer nicht bekannt, wie in der Unterpräfektur entschieden worden sei. Darauf hätte ich Ihnen erwidert, der Unterpräfekt der *Amoy* See-wacht sei aufgefordert worden, den Process schleunigst zu Ende zu führen und darüber zu berichten, wovon Sie in Kenntniss gesetzt werden würden. Nunmehr sei schon wieder über ein Monat vergangen, Sie wüssten noch nicht, welche Entscheidung der Unterpräfekt getroffen habe, und Sie hätten noch immer keine Mittheilung erhalten, ob sein Bericht eingegangen sei oder nicht. Sie müssten daher noch einmal schriftlich anfragen und bäten um Antwort.

Der Unterpräfekt hat mir jetzt über den Fall, wie folgt, berichtet. *Fêng-yung* ist nach seiner Vorführung verschiedene Male verhört worden. Nach ernstlichen Ermahnungen hat er endlich eingestanden, dass ihm das konfiszirte, geschmuggelte Opium von einem Manne auf einem Dampf Schiffe, dessen Namen ihm unbekannt, übergeben worden sei, um es an Land zu bringen. Dafür habe er ihm eine Belohnung von 120 Kasch versprochen. Aber, als er in *T'ai-shan-k'ou* angekommen, sei er plötzlich von den Gendarmen des Likinamts mitsammt dem Opium und einem kurzen Messer, dass er bei sich trug, festgenommen worden. Der Unterpräfekt ist nun der Ansicht, dass der Beklagte, indem er aus Gewinnsucht sich hat verleiten lassen, für jemand anders zu schmuggeln, höchst verwerflich gehandelt hat und eigentlich, um als warnendes Beispiel zu dienen, aufs Strengste bestraft werden müsste. Indess der Umstand, dass er auf Anstiften eines andern den Schmuggel ausgeführt hat und kein gewohnheitsmässiger Schmuggler ist, musste als ein Milderungsgrund in Betracht gezogen werden, und es hätte sich eine lange Freiheitsstrafe, deren Folge ein Hinsiechen im Kerker gewesen wäre, nicht gerechtfertigt. Der Unterpräfekt hat sich daher darauf beschränkt, den Mann durchprügeln zu lassen, und ihn dann in Freiheit gesetzt.

Dies ist das Resultat der Untersuchung, welches den Gegenstand des mir erstatteten Berichtes bildet. Während ich im Begriff stand, Euer Hochwohlgeboren davon Mittheilung zu machen, erhielt ich Ihr letztes Schreiben und beeile mich desshalb, Sie vom Vorstehenden in Kenntniss zu setzen.

C. N° 39.

Note des Deutschen Konsuls an den Amoy Taotai.

Euer Hochwohlgeboren beehre ich mich mitzutheilen, dass mir der deutsche Kaufmann *T'ê-lê* von der Firma *Hêng-mao* angezeigt hat, dass er in *Amoy* ein Kuli Vermiethsbureau zu errichten beabsichtige, wovon er mich bat, die chinesischen Behörden in Kenntniss zu setzen. Ich ertheilte ihm die Antwort, dass in dem zwischen Deutschland und China abgeschlossenen Handelsvertrage keine Bestimmung enthalten sei, wonach Kaufleute, welche eine Kuli Agentur errichteten, die Genehmigung der chinesischen Behörden dazu einholen müssten, noch irgend ein Paragraph, welcher deutschen Kaufleuten die Errichtung einer solchen Agentur verböte.

Jetzt hat sich der genannte Kaufmann abermals mit einer Eingabe an mich gewandt, in welcher er Folgendes ausführt:

Am 19ten Tage des 1sten Monats des 5. Jahres *T'ung-chih* habe der Englische und der Französische Gesandte mit dem *Tsungli Yamen* eine Reihe von Artikeln die Anwerbung von chinesischen Arbeitern betreffend vereinbart [1]). Obgleich diese Konvention von der Englischen und Französischen Regierung nicht ratifizirt worden ist, so hat doch der Holländische Gesandte eine Bekanntmachung erlassen, worin er erklärt, dass, wenn für die Holländischen Kolonien Arbeiter angeworben werden sollten, die im

---

1) The Convention to regulate the engagement of Chinese Emigrants by British and French subjects, gezeichnet in Peking am 5 März 1866.

5ten Jahr *T'ung-chih* von dem Englischen und Französischen Gesandten mit dem *Tsungli Yamen* vereinbarten Auswanderungsbestimmungen als Norm dienen sollten.

Die Firma beabsichtigt, jetzt in *Amoy* eine Kuli Agentur behufs Anwerbung von Arbeitern zu errichten, welche sich in die holländische Kolonie *Sumatra* begeben sollen, um dort beim Tabaksbau und für ähnliche Arbeiten verwandt zu werden. Bei den zu errichtenden Engagements Kontrakten sollen die Bestimmungen aus dem 5ten Jahre *T'ung-chih* zu Grunde gelegt werden. Die Firma hält es für ihre Pflicht, hiervon Meldung zu machen, und bittet, die Chinesischen Behörden zu benachrichtigen und um ihre Erlaubniss nachzusuchen.

Die Errichtung eines Vermiethungsbureaus in *Amoy* sei auch für Chinesen, die als Arbeiter ins Ausland gingen, von grossem Nutzen. Die Zahl der chinesischen Kulis, welche aus der Provinz *Fukien* nach *Sumatra* auswandern, ist schon jetzt ziemlich bedeutend, aber sie lassen sich meistens von *Singapore* und der Insel *Penang* aus anwerben. Die Kontrakte, welche von den dortigen Agenturen mit ihnen abgeschlossen werden, sind ähnlich wie die von der Firma in Aussicht genommenen, aber zwischen *Singapore* und *Penang* und China liegen weite Meere, und die chinesischen Territorialbeamten sind fern. Desshalb pflegt von dem Lohn, welcher den dort engagirten Arbeitern zusteht, meist ein recht beträchtlicher Theil von den Vermittlern, welche sie empfohlen haben, eingesteckt zu werden. Wenn das Engagement in *Amoy* erfolgt und hier der Kontrakt abgeschlossen wird, so wird den Kulis der ihnen zustehende Arbeitslohn dem Vertrage gemäss voll gezahlt werden, und es werden keine Abzüge gemacht oder sonstige Unredlichkeiten begangen werden.

Ferner können die chinesischen Beamten auch stets auf das Bureau kommen, um es zu inspiziren und nachzufragen, ob die angeworbenen Arbeiter auch nach den Bestimmungen behandelt werden. Ausserdem muss nach dem Artikel 18 der Convention beim Anbordgehen der Kulis ein Delegirter sie musstern und eine Liste aufstellen, und die Firma zahlt für jeden Arbeiter 3 $ pro Kopf an die Zollbank als Gebühr für den inspizirenden Delegirten ein.

Da diese Angaben der Wahrheit gemäss sind, so beehre ich mich, Euer Hochwohlgeboren davon in Kenntniss zu setzen, wobei ich zugleich die in Aussicht genommenen Bestimmungen für die Engagementskontrakte und ein Exemplar der Konvention betreffend die Anwerbung von Arbeitern zur geneigten Kenntnissnahme und Genehmigung übersende. Die Konvention darf ich bitten mir nach erfolgter Durchsicht zurücksenden zu wollen.

C. N⁰ 40.

Antwort des Taotai.

Euer Hochwohlgeboren habe ich die Ehre den Empfang des gefälligen Schreibens betreffend eine Eingabe des Kaufmanns *T'ê-lê* von der deutschen Firma *Hêng-mao*, welches mir am 25ten Tage des 9ten Monats zuging, zu bestätigen. Sie übersandten mir zusammen mit der Note ein Exemplar einen Konvention und ein Exemplar Kontraktsbestimmungen.

Obwohl für die Anwerbung von Arbeitern bereits Vereinbarungen vorliegen, so ist die Sache doch für *Amoy* etwas ganz Neues, und es sind keine allgemein gültige Präzedenzfälle vorhanden. Ich kann desshalb die Genehmigung zur Errichtung einer Agentur zum Anwerben von Arbeitern nicht eigenmächtig ertheilen, sondern muss über den Fall an meine vorgesetzte Behörde berichten und um Instruktionen bitten.

In der Konvention ist gesagt, dass, wenn ein Kaufmann einen Antrag stellt, der Konsul zu prüfen hat, ob der betreffende ein ehrenwerther und zuverlässiger Mann ist, und dass die eingereichten Kontraktsbestimmungen einer Prüfung unterworfen und den Umständen nach abgeändert werden müssen. Ob nun aber in diesem Falle der betreffende Kaufmann ein zuverlässiger und vertrauenswürdiger Mann sei, ob der Kontrakt bereits einer Revision unterzogen, und ob für die Gegend von *Sumatra*, welche unter holländischer Oberhoheit steht, Angehörigen fremder Nationalität das Anwerben von Kulis gestattet sei, alle diese Punkte werden in Ihrem werthen Schreiben nicht berührt.

Ausserdem warum sind in dem in Abschrift übersandten Kontrakts Formular die Artikel VIII, IX und X noch in Ergänzung der Bestimmungen der Konvention hinzugefügt, ist Artikel XIV aber nicht vollständig aufgenommen, und wesshalb sind die Artikel V und XI der Konvention, welche doch von der grössten Wichtigkeit zu sein scheinen, im Kontrakte ganz weggelassen? Über alles das haben Euer Hochwohlgeboren sich nicht geäussert, und ich vermag daher nicht ohne Weiteres darüber an meine Vorgesetzten zu berichten. Ich gestatte mir desshalb an Euer Hochwohlgeboren das Ersuchen zu richten, diese Einzelheiten noch aufklären zu lassen und mir das Ergebniss mitzutheilen.

Da ich soeben erst von einer Reise nach der Provinzialhauptstadt zurückgekehrt bin, so hat sich meine Antwort etwas verzögert, was ich zu entschuldigen bitte.

C. N° 41.

Antwort des Konsuls.

Auf das Gesuch der Firma *Hèng-mao* um Zulassung einer Kuli Agentur ging mir unter dem 26ten Tage des 10ten Monats Euer Hochwohlgeboren werthe Antwort zu, worin es unter anderem heisst, dass Euer Hochwohlgeboren nicht eigenmächtig eine Entscheidung treffen könnten, sondern darüber berichten und Instruktionen einholen müssten. Wenn dem so ist, so darf ich ergebenst bitten, den Bericht abgehen zu lassen, und ich hoffe, dass Sie alle in meiner Note vom 24ten vorigen Monats hervorgehobenen wichtigeren Punkte mit in den Bericht aufnehmen werden.

Euer Hochwohlgeboren fragen in Ihrer Antwort, ob der betreffende Kaufmann zuverlässig sei, ob der eingereichte Kontrakt schon einer Revision unterzogen und, ob es auch Angehörigen fremder Nationalität gestattet sei, für *Sumatra*, das unter holländischer Oberhoheit stände, Kulis anzuwerben.

Der Kaufmann *T'ê-lê* ist Inhaber der deutschen Firma *Hêng-mao* am hiesigen Platze, seit Jahren in *Amoy* ansässig und ein ehrenwerther und zuverlässiger Mann. Da das Projekt von grosser Tragweite ist, so würde ich, falls Herr *T'ê-lê* nicht durchaus ein Ehrenmann wäre, jedenfalls nicht zugeben, dass er es ln Angriff nähme. Die Euer Hochwohlgeboren übersandte Konvention und der Kontrakt sind speziell im Interesse der für das Ausland angeworbenen Arbeiter abgefasst und den üblichen Bestimmungen entsprechend. Desshalb hat sie der Kaufmann *T'ê-lê* für Euer Hochwohlgeboren eingereicht, damit die Chinesischen Behörden eine Entscheidung darüber treffen möchten. Sie können auch diejenigen Bestimmungen der Konvention auswählen, welche in den Kontrakt aufzunehmen sind, damit für alles aufs Beste gesorgt wird.

Der Kaufmann *T'ê-lê* hat ferner erklärt, dass er in *Amoy* ein Bureau zum Anwerben chinesischer Arbeiter für *Deli* auf der Insel *Sumatra* einrichten möchte. Die dortigen holländischen Beamten wissen bereits darum und haben ihre Zustimmung gegeben. Diese Erklärung entspricht der Wahrheit und ist vollkommen glaubwürdig, denn Herr *T'ê-lê* ist selbst holländischer Konsul für *Amoy*.

Indem ich mich beehre, Euer Hochwohlgeboren Vorstehendes zu erwidern, ergreife ich etc. etc.

C. N° 42.

Antwort des Taotai an den Konsul.

Euer Hochwohlgeboren bestätige ich ergebenst den Empfang

des gefälligen Schreibens betreffend das Gesuch des deutschen Kaufmanns *T'ê-lê* von der Firma *Hêng-mao* wegen Errichtung einer Kuli Agentur. Sie theilen mir darin mit, dass . . . (folgt eine kurze Inhaltsangabe des vorigen Schreibens).

Nach Ihrem Schreiben muss der Kaufmann, welcher die Agentur zu errichten wünscht, allerdings als ehrenwerth und zuverlässig gelten, aber Euer Hochwohlgeboren haben noch keine Vorschläge darüber gemacht, welche Artikel aus dem Text der Konvention zu zitiren und in den Kontrakt einzufügen sind, und wie die Form des letzteren zu fixiren wäre. Welches Verfahren würden Sie wählen, um zu einem allseitig befriedigenden Abschluss zu gelangen? Da die Sache ein Novum ist, so muss gerade zu Anfang mit ganz besonderer Sorgfalt verfahren werden.

Ich habe bereits den Unterpräfekten von *Amoy* angewiesen, die Sache zu prüfen und Vorschläge zu machen, aber noch keine Antwort von ihm erhalten. Desshalb habe ich ihn jetzt noch einmal um Beschleunigung ersucht.

C. N⁰ 43.

Antwort des Taotai an den Konsul.

Euer Hochwohlgeboren habe ich die Ehre den Eingang Ihrer Note zu bestätigen. Sie weisen darauf hin, dass in der Angelegenheit der deutschen Firma *Hêng-mao*, welche um die Erlaubniss zur Errichtung einer Kuli Agentur nachgesucht hat, ich Ihnen unter dem 23ten des 2ten Monats geantwortet habe, dass ich auf Ihr Schreiben hin bereits mehrmals den Unterpräfekten angewiesen hätte, Vorschläge zu machen. Da er noch nicht geantwortet habe, so wäre er nach dem Empfange Ihres Schreibens nochmals gemahnt und um schleunige Einsendung seines Berichtes ersucht, damit ich Euer Hochwohlgeboren davon Mittheilung machen könnte. Nun seien schon wieder über zwei Monate verflossen, und ich hätte Ihnen noch nicht geantwortet, welche Vorschlage der Unterpräfekt in seinem Berichte gemacht habe und wie die Angelegenheit geregelt werden solle. Deswegen müssten Sie nochmals drängen und Sie bäten, Ihnen die Entscheidung so schnell wie möglich und ohne weitere Verzögerung mitzutheilen.

Da ich den Unterpräfekten der *Amoy* Seewacht mit der Prüfung der Frage beauftragt hatte, sein Bericht aber noch nicht eingegangen war, so hat sich meine Antwort bis jetzt verzögert. Nunmehr ist ein Bericht des genannten Beamten folgenden Inhalts eingetroffen:

Was die Anwerbung von Kulis für das Ausland in *Amoy* betrifft, so hat schon früher im 8ten Monat des 7ten Jahres *T'ung-chih* der Konsul *Li* der Vereinigten Staaten die Errichtung eines Auswanderungsbureaus für Arbeiter beantragt. Der frühere Generalgouverneur, Seine Excellenz *Ying*, forderte einen eingehenden Bericht darüber ein, und der damalige Unterpräfekt *Ma* stellte fest, dass soviele Bedenken vorlägen, dass die Auswanderung verboten werden müsse. Dieser Antrag fand die Zustimmung des Generalgouverneurs, welcher auch das *Tsungli Yamen* und den Handelssuperintendenten für Süd China davon benachrichtigte. Daraus geht klar hervor, dass den Vortheilen soviele Nachtheile gegenüberstehen, dass die Anwerbung von Kulis in *Amoy* nicht ohne Weiteres zugelassen werden kann. Obgleich nach dem Schreiben des deutschen Konsuls das Anwerben der Arbeiter jetzt anders gehandhabt werden solle als damals, so glaubt der Unterpräfekt sich doch verpflichtet, auf Grund der Akten zu berichten und um Weisungen zu bitten. Um die Angelegenheit in vollkommen korrekter Weise zu erledigen, müsse nach den Verträgen verfahren werden.

Dies ist der Vorschlag, welchen mir der Unterpräfekt als durchaus dem Recht und der Billigkeit entsprechend, in Ausführung meines Erlasses, zur Entscheidung und mit der Bitte um Weitergabe an meine vorgesetzten Behörden unterbreitet hat. Obgleich ja bereits

Vereinbarungen für eine Auswanderungsordnung vorliegen, so ist es doch für *Amoy* etwas Neues, wofür es keine allgemein gültige Präzedenzfälle giebt. Ich habe daher über die Frage, ob die Errichtung einer Kuli Agentur zuzulassen sei, an den Herrn Generalgouverneur und den Herrn Bannergeneral berichtet und unter Beifügung einer Abschrift der mir übersandten Konvention und des Kontraktentwurfs um Instruktionen gebeten. Ausserdem habe ich dem Departement für Internationalen Handel in der Provinzialhauptstadt Mittheilung gemacht und es um eine Rückäusserung ersucht.

Euer Hochwohlgeboren beehre ich mich, dies vorläufig zur Kenntniss zu bringen, indem ich mir eine weitere Mittheilung vorbehalte.

C. N⁰ 44.

Note des Amoy Taotai an den Konsul.

Der frühere Kaiserliche Vizekonsul hat mir seiner Zeit ein Gesuch des deutschen Kaufmanns *T'ê-lê* von der Firma *Hêng-mao*, welcher in *Amoy* eine Kuli Agentur zur Anwerbung von chinesischen Arbeitern für *Deli* auf der Insel *Sumatra* errichten wollte, übermittelt. Ich habe darauf den Unterpräfekten der *Amoy* Seewacht angewiesen, sich gutachtlich über die Sache zu äussern, und selbst unter Beifügung einer Abschrift des Kontraktes und der Konvention darüber berichtet und um Instruktionen gebeten, auch dem Herrn Konsul eine vorläufige Antwort ertheilt. Nunmehr hat mir das Departement für Internationalen Handel in der Provinzialhauptstadt[1]) auf meine Mittheilung Folgendes erwidert:

Im 4ten Jahre *Kuang-hsü* hat das *Tsungli Yamen* mit dem

1) Sowohl die Taotais der grösseren Häfen als auch der Provinzialgouverneur pflegen ein besonderes Departement zur Bearbeitung aller fremden Angelegenheiten zu haben. Das betreffende Departement in der Provinzialhauptstadt pflegt von einem Taotai geleitet zu werden, der für den Gouverneur der Vortragende Rath in Internationalen Angelegenheiten ist.

Spanischen Gesandten *I* die Cuba Auswanderungs Konvention [1]) ausgetauscht. Darin ist bestimmt, dass in allen Vertragshäfen Chinesen beiderlei Geschlechts, welche auf eigene Kosten nach Cuba auswandern wollen, dieses freigestellt sein soll. Sie haben sich zunächst zum Zolltaotai zu begeben, sich registriren zu lassen und um Ausstellung eines abgestempelten Passes zu bitten. Der Pass wird dem Spanischen Konsul zur Visirung und Abstempelung übersandt und vom Zolltaotai dem Chinesen übergeben, der dann an Bord gehen und die Reise antreten kann. Vom *Tsungli Yamen* ist ein Passformular nach *Fuchow* geschickt. Danach hat das Departement Pässe drucken lassen und sie an alle Vertragshäfen, an den Korn Taotai und die Taotais von *Amoy* und von *Taiwanfu* zur Aufbewahrung und Benutzung vertheilt. Im Falle, dass Auswanderer vorhanden sind, benachrichtigt der Zollkommissar, sobald das fremde Schiff den Klarirungsschein (*Port clearance* [2]) erhält, den Taotai des betreffenden Hafens, welcher einen chinesischen Beamten delegirt. Der Konsul entsendet gleichfalls beim Empfang des Klarirungsscheins einen Vertreter, und beide begeben sich zusammen an Bord, wo sie eine gründliche Besichtigung abhalten. Erst dann darf das Schiff in See stechen.

Im 8ten Monat des 9ten Jahres *Kuang-hsü* erhielt das Departement ferner eine vertrauliche Mittheilung des *Tsungli Yamen*, wonach der Holländische Gesandte *Fei* in einer Note angefragt hat, ob, da China für das Anwerben von Arbeitern eine Konvention in 22 Artikeln [3]) habe, diese auch jetzt noch massgebend

1) Die Chinesisch-Spanische Auswanderungskonvention vom 17. November 1877, abgeschlossen vom *Tsungli Yamen* und dem Spanischen Gesandten *de España*.

2) Die *Port-clearance* wird vom Zollamt ertheilt, nachdem ein Schiff alle Zollgebühren bezahlt hat. Nach Vorlegung dieses Dokuments giebt der Konsul die bei ihm deponirten Schiffspapiere heraus, und das Schiff kann abfahren.

3) Die nicht ratifizirte Englisch-Französische Konvention betreffend die Anwerbung chinesischer Kulis für das Ausland aus dem Jahre 1866 hat 22 Artikel.

sei, oder ob irgend welche neuen Vereinbarungen getroffen seien. Das *Yamen* hat darauf unter Bezugnahme auf die im 4ten Jahr *Kuang-hsü* mit dem Spanischen Gesandten abgeschlossene Cuba Auswanderungs Konvention und die in Abschrift mitgetheilten, für die Provinz *Kuangtung* erlassenen Bestimmungen die Garantiescheine und Pässe chinesischer Auswanderer betreffend, das Ansinnen des Gesandten zurückgewiesen. Das Anwerben von Kulis führe zu sehr vielen Missständen, und die Chinesen kämen dadurch in das grösste Elend. Desshalb habe das *Tsungli Yamen* das mit dem Spanischen Gesandten *I-pa-li* getroffene Abkommen allen Mächten und allen Provinzialregierungen zur Nachachtung mitgetheilt. Die Übelstände seien infolgedessen ein wenig besser geworden. Desswegen sei das Anwerben von Arbeitern jetzt nicht gestattet. Der Gesandte *Fei* würde auf der Reise von *Peking* in seine Heimat auch *Hongkong* berühren. Sollte er im Departement erscheinen und diese Angelegenheit zur Sprache bringen, so möge dasselbe ihm mit aller Entschiedenheit entgegentreten. Es möge auch Erkundigungen darüber einziehen, ob etwa Europäer versuchen würden, Kulis auf ungesetzliche Weise anzuwerben. Auch das möge das Departement mit aller Strenge verhindern. Hiervon sei ich seiner Zeit verständigt worden. Jetzt nun habe der Deutsche Vizekonsul *Kao* in *Amoy* die Zulassung einer Kuli Agentur beantragt. Diesem Ansuchen dürfe unter keinen Umständen stattgegeben werden.

Das Departement hat an den Generalgouverneur und den Bannergeneral hierüber berichtet, die ihrerseits gemeinsam dem *Tsungli Yamen* und dem Handelssuperintendenten der Südlichen Meere Mittheilung machen werden, und ersucht mich, die Errichtung der Agentur zu inhibiren.

Wenn Chinesen ins Ausland auswandern wollen, so muss das ihr freier Entschluss sein, sie müssen ferner selbst die Reisekosten bestreiten, sich bei den Behörden melden und einen Pass ausstellen lassen, dann dürfen sie den Hafen verlassen. Jede Art des Anwerbens ist dagegen verboten. Es ist früher bereits ein Auswanderungsvertrag abgeschlossen worden und später sind in *Kuangtung* Bestimmungen über die von den Auswandern zu leistende Bürgschaft getroffen. Die Beachtung dieser Vorschriften ist allgemein vorgeschrieben worden. In letzter Zeit ist das Anwerben von Arbeitern gar nicht vorgekommen. Der Antrag des Kaufmanns *T'é-lé* von der Firma *Hêng-mao* in *Amoy*, eine Kuli Agentur errichten zu dürfen, kann daher nicht genehmigt und nicht weiter diskutirt werden. Ich habe den Unterpräfekten von *Amoy* dementsprechend angewiesen und beehre mich, Euer Hochwohlgeboren vom Vorstehenden in Kenntniss zu setzen.

C. N⁰ 45.

Kaiserliches Edikt.

Am heutigen Tage sandten *Tso Tsung-t'ang*, *Chin-shun* und *Liu-tien* mit 600 Li Eilboten [1] und rother Fahne [2] die Siegesnachricht, dass die vier westlichen Städte in *Turkestan* zurückerobert und der Friede in dem muhammedanischen Gebiet überall wiederhergestellt sei.

Als im vergangenen Jahre die Kaiserlichen Truppen die vier östlichen Städte des „Neuen Gebiets" zurückgewonnen hatten, fasste der charakterisirte Präsident eines der kleineren Ministerien mit dem dritten Rangknopf, *Liu Chin-t'ang* den Plan, auch die vier westlichen Städte dauernd zurückzuerobern, und entsandte den General *Yü Hu-ên* und andere, welche von *Aksu* aus über *Barchuk* und *Maralbashi* vorrücken und das Hauptheer bilden sollten, während *Huang Wan-p'êng* und seine Leute als Reserve über *Ushi* vormarschirten. Die Zeit für die einzelnen Operationen wurde

---

1) Eilboten, welche 600 Li am Tage zurücklegen, was natürlich nur durch sehr häufigen Wechsel und viele Relais möglich ist. Heute benutzt die Chinesische Regierung den Telegraphen.

2) Eine von den Eilboten getragene rothe Fahne ist Zeichen des Sieges.

vorher vereinbart und, dass der nächste Angriff *Kashgar* gelten sollte. *Liu Chin-t'ang* besetzte die wichtigen Plätze *Barchuk* und *Maralbashi* als Operationsbasis. Am 15ten Tage des 11ten Monats rückte er dann mit grösster Schnelligkeit vor, am 17ten eroberte er *Yarkand* zurück, und am 20ten traf er in Eilmärschen in *Yangeshar* ein und unterwarf die beturbanten Muhammedaner. Dann zog er weiter und erreichte am 22ten *Kashgar*, wo *Yü Hu-ên* mit den Seinigen schon am 18ten unter den Mauern angekommen war. Von verschiedenen Seiten gingen sie zum Angriff vor und vernichteten zunächst das Korps des Oberbefehlshabers *Wang Yüan-lin*. Darauf kamen 3—4000 Rebellen, beritten und zu Fuss, zur Hülfe herbeigeeilt. *Yü Hu-ên* schlug sie mit seinen Truppen zurück, worauf die Aufständischen die Stadt öffneten und nach allen Richtungen hin auseinanderflohen. Der General im Verein mit *Huang Wan-p'êng* nahmen sofort von verschiedenen Seiten die Verfolgung auf und theilten ihre Truppen, um ihnen auf Richtewegen den Rückzug abzuschneiden. Dadurch wurde der Widerstand der Rebellen gebrochen. Ihr Anführer *Yü Hsiao-hu* wurde gefangen genommen und der Rebelle *Lan Tê-ch'üan* im Kampfe getötet, und sein Korps vollständig aufgerieben.

Der General *Hsiao Yüan-hêng* mit seinem Fussvolk und *Huang Wan-p'êng* griffen mit vereinten Kräften an und nahmen den Oberbefehlshaber *Ma-yüan* lebend gefangen. Zugleich vernichteten sie seinen Gehülfen *Po Yen-lung* und zertrümmerten auch dessen Korps vollständig. *Liu Chin-t'ang* liess darauf die muhammedanischen Insurgenten *Chin Hsiang-yin*, Vater und Sohn, *Yü Hsiao-hu* und *Ma-yüan* auf offenem Markte hinrichten und ihre Köpfe ausstellen.

Ausserdem wurden in *Kashgar* über 1100 Empörer hingerichtet und der Aufstand dadurch vollkommen erstickt. Der General *Tung Fu-hsiang* [1]) marschirte mit seiner Abtheilung nach *Khotan*, wo

1) *Tung Fu-hsiang* hat später im Boxeraufstand eine grosse Rolle gespielt. Seine Truppen belagerten die fremden Gesandtschaften.

er am 29ten Tage des 11ten Monats und am 2ten des 12ten die Feinde besiegte, worauf er auch dort die Ruhe wiederherstellte.

Nachdem im 3ten Jahre *T'ung-chih Pu-lu-t'e* sich erhoben und die Fahne des Aufruhrs entfaltet hatte, eroberten die muhammedanischen Rebellen *Chin Hsiang-yin* und andere *Kashgar* und setzten sich allmählich in den Besitz der acht südlichen Städte. *Turfan* und *Urumtsi* fielen später auch noch in ihre Hände. Über 10 Jahre sind seitdem verflossen. Um ehrfurchtsvoll das himmlische Strafgericht zur Ausführung zu bringen, ernannte die Kaiserliche Regierung *Tso Tsung-t'ang* zum Spezialkommissar und betraute ihn mit der Oberleitung der kriegerischen Operationen im „Neuen Gebiet." Diesem hohen Beamten gelang es sowohl des Aufstands Herr zu werden, als auch das Land zu beruhigen. Er entschloss sich zunächst, *Ili* wieder zu unterwerfen, und eroberte zuerst *Urumtsi* zurück, das er zu seinem Hauptquartier machte. Dann eroberte er *Manas*, rückte auf verschiedenen Wegen zugleich vor und unterwarf *Turfan* und andere Städte. Nachdem er die wichtigsten Punkte in *Turkestan* sich erkämpft hatte, zog er mit seiner gesammten Streitmacht nach Westen, jeden Widerstand wie Bambus vor sich niederbrechend. Jetzt nun hat er auch noch die acht südlichen Städte sämmtlich zurückgewonnen.

Solch ein Erfolg ist nur möglich gewesen mit der gnädigen Hülfe des Allmächtigen Himmels, dem gütigen Beistand der heiligen Kaiserlichen Ahnen und durch das rastlose Schaffen Ihrer Majestäten, der beiden Kaiserinnen-Wittwen, von früh bis spät, welche die richtigen Männer für die wichtigen Posten zu finden wussten. Daher beseelte in der Hauptstadt und in den Provinzen alle ein und derselbe Gedanke, und Offiziere und Mannschaften gaben für diese Ruhmesthat ihr Leben hin. Im Himmel wird der Geist Seiner Hochseligen Majestät, des Kaisers *T'ung-chih*, darüber frohlocken, und auf Erden wird das Sehnen aller Unserer getreuen Unterthanen in den meerumspülten chinesischen Landen erfüllt, wahrlich ein Grund zu aussergewöhnlicher Freude!

Die Höchstkommandirenden haben Sturm und Regen getrotzt und alle Bitternisse des Krieges durchkostet, es geziemt sich daher, dass Wir in Anerkennung ihrer hervorragenden Leistungen die Fülle Unserer Gnade über sie ausgiessen.

Der Kaiserliche Spezialkommissar, Grosssekretär und Generalgouverneur von *Shensi* und *Kansu*, *Tso Tsung-t'ang*, hat sich keine Mühe verdriessen lassen, um für die Schlagfertigkeit seiner Truppen und den Proviant zu sorgen. Seine Berechnungen waren so vollkommen, dass er in kürzester Frist diesen ausserordentlichen Erfolg errang.

Zum Zeichen Unserer Huld verordnen Wir, dass er vom Grafen erster Klasse zum Fürsten zweiter Klasse erhoben wird.

Der characterisirte Minister dritter Klasse *Liu Chin-t'ang* hat sich als ein sehr erfahrener und kühner Feldherr gezeigt, dem die Erringung des Sieges vor allem zu verdanken ist. Sein Ruhm wird in den fernsten Gegenden verkündet. Wir verordnen hiermit, dass er vom erblichen *Chi-tu-yü* [1]) zum Baron zweiter Klasse erhoben und, sobald in *Peking* der Posten eines Ministerialpräsidenten dritter Klasse frei wird, an erster Stelle Berücksichtigung findet.

C. N⁰ 46.

Note des Taotai von Tai-wan an den Deutschen Konsul.

Am 27ten Tage des 6ten Monats dieses Jahres erhielt ich vom Herrn Gouverneur die telegraphische Weisung, dass nach einer ihm von *Tsungli Yamen* zugegangenen Drahtnachricht die Japaner bei *Yashan* in *Korea* unsere Kriegsschiffe beschossen und dadurch die Feindseligkeiten begonnen hätten. Sollten japanische Schiffe nach den formosanischen Häfen kommen, so wären sie sofort anzugreifen.

Nun sind an den verschiedenen Orten *Süd Formosas* Leucht-

1) *Chi-tu-yü* ist die 7te Klasse des erblichen Adels.

thürme errichtet worden, um den dort verkehrenden Handelsschiffen der fremden Mächte den Weg zu zeigen. Da jetzt die Japaner in *Korea* zuerst die Feindseligkeiten eröffnet haben, so ist es sehr wohl möglich, dass ihre Schiffe auch *Formosa* heimsuchen werden, was ernste Störungen des fremden Handels herbeiführen würde. Daraus ergiebt sich die Nothwendigkeit, die Leuchtthürme vorläufig nicht weiter zu unterhalten, damit die feindlichen Schiffe bei ihren Kreuzfahrten nicht Nutzen davon haben. Nachdem das Leuchtfeuer von *Hu-wei* bei *T'ai-pei-fu* bereits ausgelöscht ist, müssen auch die Lichter der beiden Häfen *T'ai-nan* und *An-ch'i* sowie von *Hêng-ch'un*, *O-luan*, *Pi-hou-shan*, *Huo-shao-yü*, den *Pescadoren* und *Hsi-yü* sämmtlich ausgelöscht werden, und ich muss den Zollkommissar von *T'ai-nan* ersuchen, sofort das Auslöschen anzuordnen. Ob die fremden Leuchtthurmwächter ihren Posten verlassen oder bleiben wollen, kann ihrem Ermessen überlassen bleiben.

Ich habe bereits den Unterpräfekten und den Distriktsmagistrat von *P'êng-hu* und von *Hêng-ch'un* angewiesen, zuverlässige Personen zu beauftragen, Wache zu halten, und den Gouverneur gebeten, das *Tsungli Yamen* in Kenntniss zu setzen, damit es den Generalzollinspektor benachrichtigt. Desgleichen habe ich an den Zollkommissar von *T'ai-nan* geschrieben, er möge die Leuchtfeuer auslöschen lassen. Ich beehre mich auch Euer Hochwohlgeboren hiervon Mittheilung zu machen mit dem ergebenen Ersuchen, dies zur Kenntniss der fremden Kaufleute zu bringen.

C. N⁰ 47.

Proklamation des neu errichteten Canton Likinamts:

Bekanntmachung des neu errichteten Likinamts für den Seehafen am Canton Fluss.

Wir thuen hiermit kund und zu wissen, dass die Japaner unter Missachtung der Verträge die Feindseligkeiten begonnen haben und in unser Grenzgebiet eingefallen sind, und dass durch Allerhöchste Verordnung den japanischen Schiffen das Einlaufen in den Hafen verboten worden ist. Ebenso müssen auch ihre Waaren ausgeschlossen werden, damit nicht der dafür ihnen zufliessende Erlöss für ihre räuberischen Pläne verwandt werden kann.

Von den japanischen Waaren bilden Zündhölzer den Hauptstapelartikel. Dann folgen Shirting und Crêpe, und an dritter Stelle kommen Kupfer- und Eisenwaaren. Die dem Luxus dienenden Erzeugnisse ihres raffinirten Erfindungsgeistes sind sehr zahlreich. Der Kaiserlichen Regierung liegt nichts an den geringen Likineinnahmen für diese Artikel. Ihre Einfuhr und ihr Verkauf wird allgemein verboten.

Abgesehen von den bereits früher an chinesische Händler verkauften und importirten Waaren, welche in ihr Eigenthum übergegangen und bezahlt worden sind und deren Weiterverkauf gestattet ist, können Waaren, die vor Beginn des Krieges bestellt sind und in *Hongkong* lagern, ohne bis jetzt importirt zu sein, vom 18ten Tage des 7ten Monats ab 30 Tage lang in den Hafen eingeführt werden. Wenn dagegen später, nach Ablauf dieser Frist noch japanische Waaren eingeführt werden, so unterliegen sie der Konfiskation, und der Betreffende wird nach den Bestimmungen über heimlichen Verkehr mit dem Auslande bestraft werden.

Desswegen erlassen wir diese Bekanntmachung an Euch, Chinesische Kaufleute aller Branchen, zur Kenntnissnahme. Ihr alle, die Ihr von den Früchten des Landes lebt und denselben Boden unter den Füssen habt, musst von demselben Patriotismus und von gleichem Hass gegen die Feinde erfüllt sein. In Zukunft dürft Ihr unter keinen Umständen Waaren von den Japanern kaufen. Sollten sich gewissenlose Kaufleute über dieses Verbot hinwegsetzen und es nicht beachten, so wird es, sobald beim Import die Sache entdeckt wird, wahrscheinlich um sie selbst und um ihre Angehörigen schlecht bestellt sein. Beherzigt das und zittert!

Diese hochwichtige Proklamation ist am 18ten Tage des 7ten Monats vor dem Likinamt angeschlagen worden.

C. N° 48.

Note des Prinzen Kung an den Englischen Gesandten.

In der Angelegenheit des Verkaufs von Bildern (vom *Tientsin Massacre*)[1]) in *Tientsin* gingen mir verschiedene Depeschen von Euerer Exzellenz zu. Unser Yamen hat sich darauf an den Generalgouverneur von *Chili* gewandt und ihn ersucht, energisch eine Untersuchung anzuordnen, die Druckplatten vernichten zu lassen und den Verkauf durch Proklamation strengstens zu untersagen. Hiervon ist Euerer Exzellenz bereits Mittheilung gemacht worden.

Jetzt schreibt der Generalgouverneur, dass nach einem Berichte des *Tientsin* Zolltaotais der Präfekt von *Tientsin* folgende Meldung gemacht hat: Mit Bezug auf den Verkauf von Bildern von *San-ch'a-ho*[2]) haben die Geschäftsführer aller Bilderläden, *Hung-chün* und die übrigen die Erklärung abgegeben, ihre Firmen wären übereingekommen, für den Fall, dass wieder solche Bilder verkauft würden, eine Konventionalstrafe zu zahlen. Der von ihnen unterzeichnete Verpflichtungsschein ist zu den Akten genommen. Zu gleicher Zeit schickte der Präfekt eine beschlagnahmte Druckplatte zum Verbrennen.

Später hat der Taotai mit andern Beamten zusammen berichtet, sie fürchteten, dass von diesen Druckplatten nicht nur ein einziger Block vorhanden wäre. Auf dem vom Amerikanischen Konsul eingesandten Blatte ständen nämlich die Worte „*Wu-ch'ing-hsien*"[3])

---

1) Bilder vom *Tientsin Massacre*, namentlich auf Fächern, wurden zur Verhöhnung der Fremden verkauft.

2) Ort des *Massacres*.

3) Ein District der Provinz *Chili*.

gedruckt, welche auf der vom Präfekten *Ma* geschickten Platte fehlten. Wahrscheinlich sei letztere im *Tientsin* Gebiet geschnitten worden. Es sind daraufhin die Inhaber der Bilderläden der *Tientsin* Präfektur sämmtlich vorgeladen und veranlasst worden, ein Abkommen zu unterschreiben, wonach ihnen der weitere Verkauf verboten ist, und es ist eine Bekanntmachung in demselben Sinne erlassen worden. Andererseits haben der Präfekt und der Distriktsmagistrat von *Tientsin* die Weisung erhalten, abermals Gerichtsdiener zu entsenden, um sorgfältige Nachforschungen anzustellen und namentlich alle Druckplatten aufzufinden. Die Schuldigen sollen bestraft werden. Besonders wichtig sei es, des Verfertigers der Druckplatte im *Wu-ch'ing* Distrikt habhaft zu werden und ihn als warnendes Beispiel für die Zukunft zur Rechenschaft zu ziehen. Zu dem Zweck ist ein militärischer Beamter beauftragt, sich sofort nach dort zu begeben, um den Mann dingfest zu machen und vor Gericht zu führen.

Dies sind die Einzelheiten, auf welche sich der vorerwähnte vorläufige Bericht bezieht. Es wird noch hinzugefügt, dass der frühere Präfekt von *Tientsin*, *Chang*, von der Militärstation ordnungsmässig in seine Heimat entlassen [1]), und dass er zu Anfang des 10ten Monats des 12ten Jahres in dieselbe zurückgekehrt ist, sich auch keineswegs längere Zeit in dem Gebiet von *Chili* aufgehalten hat.

Am 16ten Tage dieses Monats ist dann ein Schreiben des Handelssuperintendenten der Nördlichen Häfen eingetroffen, worin dieser den Empfang der Anfrage des *Tsungli* Yamen, ob der Weiterverkauf der Abbildungen durch Bekanntmachung verboten sei, bestätigt und mittheilt, dass, als er gerade Erkundigungen einziehen wollte, er den Bericht des *Tientsin* Zolltaotais und anderer Beamter erhalten habe. Danach hätten auf dem vom Amerikanischen Konsul *Shih* eingesandten Bilde die Worte „*Wu*

1) Der degradirte und in eine Militärkolonie verbannte *Tientsin* Präfekt, welcher für das *Massacre* verantwortlich gemacht wurde.

ch'ing-hsien" gestanden. Darauf habe der Taotai mit seinen Kollegen Instruktionen an den Magistrat von *Wu-ch'ing-hsien* ergehen lassen und den Unteroffizier *Yang Ch'ing-ho* nach *Wu-ch'ing* geschickt, um die dortigen Behörden bei ihren geheimen Nachforschungen zu unterstützen, worüber schon berichtet worden sei.

Ferner hat der Präfekt von *Tientsin* an den Taotai gemeldet, dass er aus Anlass des Verkaufs der Bilder vom *Shan-ch'a-ho* Gebäude durch die *Tientsin* Bilderläden die betreffenden Händler vorgeladen und den Verkauf strengstens verboten habe. Ausserdem habe er die Druckplatten einziehen und vernichten lassen. Da nun aber auf den fraglichen Abbildungen die drei Worte „*Wu-ch'ing-hsien*" vorkämen, so unterliege es keinem Zweifel, dass sie aus dem Gebiet von *Wu-ch'ing* auf den Markt gebracht seien. Desswegen habe der Präfekt gemeinsam mit dem *Tientsin* Magistrat den Vertrieb dieser Bilder von *Wu-ch'ing* aus durch öffentliche Bekanntmachung verboten. Zuwiderhandelnde sollten vor Gericht gestellt und bestraft werden. Die ihm zugestellten Proklamationen seien überall angeschlagen worden. Der Taotai hat von dem Entwurf der Proklamation eine Abschrift nehmen lassen und sie dem Handelssuperintendenten eingereicht.

Der Handelssuperintendent weist in seinem Schreiben an das *Tsungli* Yamen darauf hin, dass demnach von dem betreffenden Taotai und den übrigen Beamten Schritte zur Unterdrückung des Bilderverkaufs gethan und Nachforschungen angestellt worden sind.

Dies ist der Inhalt der diesseits eingegangenen, verschiedenen Mittheilungen. Eine Abschrift der Proklamation beehre ich mich, Euerer Exzellenz zur geneigten Kenntnissnahme zu überreichen.

C. N⁰ 49.

Note des Generalgouverneurs Chang Chih-tung an den Schwedisch-Norwegischen Generalkonsul.

In der *Sungpu* Angelegenheit des *Ma-ch'eng* Distriktes habe ich verschiedene Schreiben von Euer Hochwohlgeboren erhalten und zur Kenntniss genommen. Da die Aussagen der gefangenen Verbrecher genau geprüft und eine Entscheidung getroffen werden musste, und ausserdem ein hoher Beamter entsandt wurde, um ein abermaliges Verhör anzustellen, damit kein Unschuldiger getroffen würde und kein Schuldiger straffrei ausginge, so ist durch dieses Hin und Her viel Zeit vergangen und meine Antwort verzögert worden. Am 20ten Tage des 10ten Monats habe ich dann Euer Hochwohlgeboren Besuch erhalten. Wir haben lange verhandelt, in gerechter Weise alles erwogen und keinen Punkt unerörtert gelassen. Welche Forderungen durchaus unannehmbar waren, habe ich Ihnen offen und ehrlich erklärt. Euer Hochwohlgeboren überschauten die Sachlage mit klarem Blick und liessen sich nicht durch die einseitigen Darstellungen der Missionare irreführen. Sie traten energisch für Ihre realen Interessen ein, und waren zugleich auf die Erhaltung der freundschaftlichen Beziehungen bedacht. Ich meinerseits suchte meine volle Hochachtung für Ihre Nation dadurch zu beweisen, dass ich nachgab, soweit das nur irgendwie möglich war, um den chinesischen Grundsatz, Fremdlinge aus weiter Ferne mit Freundlichkeit zu begegnen, zu bethätigen und zu zeigen, dass in der Behandlung aller befreundeten Nationen chinesischerseits kein Unterschied gemacht wird.

Nachdem wir uns über die Grundprinzipien geeinigt hatten, wies ich nacheinander den *Hankou* Zolltaotai und andere Beamte an, mit Euer Hochwohlgeboren die Angelegenheit zu ver handeln und zum Abschluss zu bringen. Ihre einzelnen Vorschläge habe ich geprüft. Der erste lautet:

Die Hauptschuldigen haben nach dem Gesetz zu büssen; für ihre Gehülfen ist die Strafe nach dem Grade ihrer Verschuldung festzusetzen.

Für die in diesem Verfahren festgenommenen Thäter und ihre Gehülfen hat bereits der Provinzialrichter für *Hupei* nach dem Gesetz die verschiedenen Strafen bestimmt. Das *Ta-ch'ing-lü-li* sagt, dass, wenn ein gemeinsamer Angriff den Tod eines Menschen zur Folge hat, wer einen Schlag gethan und dem Betreffenden dadurch eine schwere, lebensgefährliche Verletzung beigebracht hat, gehängt werden soll. In den Nebenbestimmungen heisst es ferner: wenn bei einem gemeinsamen Angriff mit tötlichem Ausgang, eine allgemeine Schlägerei stattgefunden hat, so dass man nicht weiss, wer zuerst geschlagen und eine schwere Verwundung verursacht hat, so soll, vorausgesetzt, dass keine vorherige Verabredung vorlag, derjenige, welcher den Streit anfing, als Urheber bestraft werden.

Als er den Missionar *Mei Pao-shan* von seinem Hause herabgeworfen hatte und dieser zu Boden fiel, kam *Li Kao-pa* zuerst heran, ergriff einen Holzbalken, führte den ersten Schlag und hieb dann mit allen übrigen auf den Missionar ein, so dass sein Tod eintrat. *Hsü Ch'üan-fu* warf, als der Missionar *Lo Ch'uan-tao* sich auf das Haus flüchtete und Widerstand leistete, ihn zuerst auf die Erde herab, sprang dann selbst auf den Boden herab und fing an, mit den andern zusammen auf *Lo Ch'uan-tao* einzuhauen, was seinen Tod zur Folge hatte. Beide Verbrecher sind für den Ausbruch der Unruhen und das ganze Unheil verantwortlich, und ihre Schuld ist die schwerste. Desshalb ist für *Li Kao-pa* sowohl, als auch für *Hsü Ch'üan-fu* beim Throne die Todesstrafe durch Erhängen beantragt worden.

Li Fu-ya und *Liu Yü-ch'êng* sind gekommen, um sich den Brand anzusehen, und haben mit andern zusammen Sachen geraubt. Sie werden zu 100 Bambushieben, 3 jähriger Deportation und Brandmarkung mit dem Worte „Raub" im Gesicht verurtheilt. Von ihrer Verschickung soll aber Abstand genommen und sie in ihrer Heimat in Ketten gelegt werden und eine Eisenstange und einen Stein mit sich schleppen. Nach Ablauf von 5 Jahren ist ihre Entlassung zu beantragen.

Li Chin-kou ist zweimal von der Menge angestachelt auf das

Haus gestiegen. *Chu-ying*, *Wu Chih-t'ai*, *Ch'ên Kuan-shou* und *Liu Yüan-t'san* haben zuerst geschimpft, wodurch dann der Streit entstanden ist. Sie haben sich alle sehr ungebührlich benommen. Die 5 Schuldigen werden daher nach dem schweren Gesetz über Ungebühr jeder zu 80 Hieben und 1 Monat *Kang* verurtheilt.

Ich halte die festgesetzten Strafen für durchaus gerecht. Da es nicht erforderlich ist, dass Euer Hochwohlgeboren den Sitzungen beiwohnen, so können sie alsbald einzeln vollstreckt werden.

Der zweite Vorschlag bezieht sich auf die Aufklärung des Volkes in der Gegend von *Sungpu* in *Ma-ch'êng-hsien* und darauf, dass 20 Monate nach dem 11ten Monat dieses Jahres die Missionsthätigkeit daselbst wiederaufgenommen werden kann.

Das Volk in *Sungpu* ist sehr roh und leicht zu Ausschreitungen geneigt. Vor der fremden Religion haben sie wenig Respekt, desswegen haben bisher die Missionare der fremden Mächte dort auch keine Bücher verkauft oder Mission getrieben. Was die Errichtung einer Missionsanstalt anbetrifft, so sind die beiden schwedischen Missionare *Mei Pao-shan* und *Lo Ch'uan-tao* auch nur zufällig dorthin gekommen und haben zeitweilig ein Haus zum Wohnen gemiethet, wo sie dann plötzlich das unvorhergesehene Unglück ereilt hat. Es handelte sich aber durchaus nicht um eine sogenannte Missionsanstalt. Da nun nach dem Vorschlage nach 20 Monaten die Missionsthätigkeit wiederaufgenommen werden soll, so muss das Volk in freundlicher Weise daraufhingewiesen werden, dass die Europäer und ihre Religion nur die Menschen zum Guten ermahnen wollen, dass, ob jemand diese Religion annehmen will oder nicht, ganz von seinem freien Ermessen abhängt, und dass keinerlei Zwang dabei geübt werden darf. In Zukunft würden keine Unruhen mehr geduldet werden. Sollten sich aber nach Ablauf der 20 Monate doch noch unüberwindliche Schwierigkeiten herausstellen, so wird der Taotai Ihren Konsul ersuchen, die Wiederaufnahme der Missionsthätigkeit vorläufig noch hinauszuschieben, damit es nicht etwa zu einer Wiederholung der Katastrophe der beiden Missionare kommt. So wird ein friedliches Zusammenleben möglich und eine Trübung der freundlichen Beziehungen vermieden werden.

Der dritte Punkt läuft darauf hinaus, dass für die grausame Ermordung der beiden Missionare und für den Verlust der von ihnen benutzten Bücher, Kleidungstücke und andern Gegenstände eine Busse nach fremdem Recht von insgesammt 32 000 Taels gezahlt werden soll.

Die beiden Missionare *Mei Pao-shan* und *Lo Ch'uan-tao* haben ohne Rücksicht auf die Volksstimmung in sehr unüberlegter Weise Propaganda gemacht. Es gährte damals so sehr im Volke, dass die Lokalbeamten wiederholt mit Gewalt einschreiten mussten. Sie luden auch beide Missionare ein, vorläufig in die Stadt ihre Zuflucht zu nehmen, aber jene gingen nicht darauf ein und haben dadurch, im Grunde genommen, selbst das Unheil auf sich herabbeschworen. Trotzdem bleibt ihr gewaltsamer Tod im höchsten Grade beklagenswerth. Desshalb musste auf eine reichliche Busse erkannt werden: für jeden einzelnen 10 000 Taels und 12 000 Taels für den Verlust der Sachen, also im Ganzen 32 000 Taels.

Ich habe bereits den Taotai des *Hankou* Zollamts angewiesen, den vollen Betrag brieflich an Euer Hochwohlgeboren zu übersenden. Die *Sungpu* Angelegenheit ist damit zum Abschluss gelangt. Einer geneigten Antwort auf meine Note darf ich entgegensehen.

C. N⁰ 50.

Referat einer Verhandluug in der Audienzfrage.

Seit dem 12ten Jahre *T'ung-chih*, in welchem die fremden Gesandten zum ersten Male in Audienz empfangen wurden, sind bis jetzt 18 Jahre verflossen und die Beziehungen Chinas zum Auslande haben sich in der Zeit wesentlich verändert. In dem

6ten Artikel des am 19ten Tage des 4ten Monats des 12ten Jahres *T'ung-chih* unterzeichneten Protokolls sagen die Herrn Minister des *Tsungli Yamen* noch, China unterhielte zur Zeit keine Gesandtschaften in andern Ländern, man könne daher China nicht zum Vorwurf machen, dass es nur nähme, aber nicht gäbe.

Seit jener Zeit bis jetzt sind nun aber nicht nur die Chinesischen Gesandten im Auslande von den fremden Souveränen zur Überreichung der Beglaubigungs- und Abberufungsschreiben empfangen worden, sondern alle dem Personal der Gesandtschaften anderer Staaten usancemässig eingeräumten Vorrechte, haben auch die Sekretäre, Dolmetscher und Attachés der Chinesischen Gesandtschaft mit geniessen können, so dass man wohl von Geben und Nehmen sprechen kann. Die jetzigen Verhältnisse sind von denen im 12ten Jahre *T'ung-chih* weit verschieden, wie kommt es, dass China die fremden Vertreter noch nicht mit der Rücksichtnahme behandelt, die man im Auslande den chinesischen Gesandten erweist?

Wenn die fremden Gesandten während der Minderjährigkeit Seiner Majestät des Kaisers von China bis zu seiner Übernahme der Regierung die Audienzfrage nicht angeregt habe, so geschah dies nur desswegen, weil sie hofften, dass die Zeit und die Lage der Verhältnisse bei der Chinesischen Regierung ein eingehenderes Verständniss für die den fremden Gesandten in andern Ländern nach dem Völkerrecht und dem internationalen Zeremoniell zustehenden Vorrechte allmählich anbahnen würden, wodurch sie weiterer Diskussionen überhoben wären. Da nun die Kaiserlich Chinesische Regierung die Audienzfrage jetzt zum Gegenstand eines Kaiserlichen Ediktes gemacht hat, so müssen die Vertreter der fremden Mächte auch ihrerseits Seiner Majestät, dem Kaiser von China, über den Wechsel der Verhältnisse und die für das Zeremoniell erforderlichen Abänderungen Vortrag halten.

Der Chinesischen Regierung ist sehr wohl bekannt, dass die

Abhaltung der Audienz im 12ten Jahre *T'ung-chih* den Wünschen der Betheiligten durchaus nicht entsprochen hat. Während man im Auslande eine strenge Etikette beobachtet, haben die massgebenden Persönlichkeiten in China immer gern auf die Ausländer herabgesehen, und die Litteraten und das Volk sind nur zu gern ihrem Beispiele gefolgt. Dadurch kann es leicht zu einer Störung der freundschaftlichen Beziehungen kommen, deren Pflege man gerade anstrebt. Über diese Thatsachen waren sich die Herren Minister des *Tsungli Yamens* damals durchaus im Klaren.

Ferner hat vor einiger Zeit die am Range höchststehende Persönlichkeit des verehrlichen Ministerium's [1]) zu wiederholten Malen erklärt, für die wichtigen Normen der zwischen China und dem Auslande einzuführenden, diplomatischen Etikette komme die diesmalige erste Audienz nur als ein einzelnes Moment in Betracht. Die Überreichung ihrer Kreditive durch die ausländischen Gesandten und ihre Vorstellung beim Kaiser solle zunächst geregelt werden. Die einzelnen Fragen des Zeremoniells könnten dann später revidirt werden. Dies war nicht nur eine blosse Redensart.

In dem Protokoll vom 19ten des 4ten Monats im 12ten Jahre *T'ung-chih* wird im Artikel III gesagt, dass Ihre Excellenzen, die Minister des *Tsungli Yamen* erklärt hätten, für Audienzen solle die Bestimmung des Protokolls, wonach die Gesandten von 5 Staaten gemeinsam empfangen würden, massgebend sein. Im 13ten Jahre *T'ung-chih* wurden aber der neu ernannte Russische Gesandte, Excellenz *Pu*, und der Belgische Gesandte, Excellenz *Sse*, empfangen. Der Japanische Gesandte, Excellenz *Yang*, und der Amerikanische Gesandte, Excellenz *Ai*, hatten später zwar an demselben Tage Audienz, aber nacheinander und getrennt von einander. Somit ist die erwähnte Revision des Zeremoniells schon früher in Angriff genommen. Wesshalb sollen denn jetzt die Gesandten verschiedener Mächte mehrere Jahre im Verbor-

1) Wohl Prinz *Ch'ing*, der Präsident des *Tsungli Yamen*.

genen warten und ihre Beglaubigungsschreiben nicht überreichen dürfen, und wesshalb sollen Neuerungen, die bereits von früheren Ministern gutgeheissen sind, jetzt wieder aufgehoben werden?

Die früheren Gesandten der fremden Mächte wissen alle, dass in dem Protokoll aus dem 12ten Jahr *T'ung-chih* folgender Satz steht: „wegen des Zeitpunkts für die Audienzen der später für China neu ernannten fremden Gesandten müsse ein Kaiserliches Edikt abgewartet werden. Wenn der Zeitpunkt aber zu weit hinausgeschoben würde, und ein bestimmter Tag für die Audienz nicht angesetzt werden könne, so würden jene Mächte leicht eine Unfreundlichkeit hierin erblicken." Dies veranlasst die fremden Vertreter, das *Tsungli Yamen* um eine bündige Antwort über diesen Punkt zu ersuchen, damit Missverständnissen vorgebeugt wird, und die späteren Gesandten ebenfalls auf Grund des früheren Zugeständnisses gleich nach ihrem Eintreffen um eine Audienz zur Überreichung ihrer Beglaubigungsschreiben nachsuchen können, ohne dass das Yamen dagegen Einsprache erhebt.

Seit dem 12ten Jahre *T'ung-chih* hat sich im internationalen Verkehr Chinas mit den Vertragsstaaten vieles geändert, die damals beobachtete Etikette ist daher ebenfalls dringend reformbedürftig. Bei der ersten Audienz hatte man nur den Gesandten gestattet, ihre Kreditive zu überreichen, in dem jetzigen Kaiserlichen Edikt ist dagegen ausdrücklich noch bemerkt, dass auch die Geschäftsträger d. h. die Gesandten ohne Beglaubigungsschreiben an der Audienz theilnehmen sollten, eine Änderung der Etikette, die sofort in die Augen fällt.

Sollte das *Tsungli Yamen* der Ansicht sein, dass diese Angelegenheit seine Kompetenz überschreitet, und dass die Genehmigung durch Kaiserliches Edikt erforderlich ist, so würden die fremden Gesandten an das Yamen das Ersuchen richten, Seiner Majestät dem Kaiser von China über den Inhalt dieses Referates Vortrag zu halten. Wenn die fremden Gesandten in China nicht eine ähnliche Behandlung erfahren sollten wie die chinesischen im Auslande, welche die verschiedensten Vorrechte und Vergünstigungen geniessen, so würde das diplomatische Korps den Grund dafür nicht einsehen.

Falls etwa die Kaiserlich Chinesische Regierung diese Erörterung hinauszuschieben wünscht, so würden die fremden Vertreter gern damit einverstanden sein. Wenn dagegen das *Tsungli Yamen* auf seinem Standpunkte verharrt, die Einwendungen der Gesandten nicht berücksichtigen zu können, so müssten diese die Vorschläge des *Tsungli Yamen* als mit den zwischen Wirth und Gast üblichen Regeln internationaler Höflichkeit in Widerspruch stehend betrachten und könnten ihnen ihre Zustimmung nicht geben. Dies soll hiermit in unzweideutiger Weise klargestellt werden.

C. N⁰ 51.

Schlussprotokoll betreffend das bei Audienzen zu beobachtende Zeremoniell.

Artikel 1. — Jeder mit einem Beglaubigungsschreiben versehene, neu ernannte Gesandte hat nach seiner Ankunft in *Peking* Anspruch auf eine besondere Audienz. Er hat aber zuvor dem *Tsungli Yamen* eine Abschrift seines Kreditivs mit Begleitschreiben zu übersenden und eine Audienz behufs Überreichung des Originals seines Beglaubigungsschreibens zu beantragen. Der Dolmetscher des betreffenden Landes kann der Audienz beiwohnen. Bei der Überreichung des Abberufungsschreibens und aller anderen, vom Souverän höchsteigenhändig unterzeichneten Schriftstücke ist in gleicher Weise zu verfahren.

Artikel 2. — Da die *Tse-kuang-ko* als Audienzhalle nicht geeignet erscheint, so soll in Zukunft für die Audienzen zur Neujahrsgratulation ein anderer Ort gewählt werden. Mit Rücksicht darauf aber, dass, wie die Minister des *Tsungli Yamen* früher erklärt haben, für die diesmalige Audienz bereits ein Kaiserliches Edikt vorliegt, welches die *Tse-kuang-ko* für die Audienz bestimmt hat, die infolgedessen schon in Stand gesetzt worden ist, werden alle fremden Gesandten einwilligen, für diese eine Audienz ihren Widerspruch gegen die *Tse-kuang-ko* fallen zu lassen.

Artikel 3. — Sobald die Gesandten an dem Orte angekommen sind, wo die Audienz stattfinden soll, darf man sie nicht lange warten lassen, und sie müssen schnell in die Halle eintreten dürfen.

Artikel 4. — Die Gesandten und ihr Gefolge müssen durch die linke Thür auf der östlichen Freitreppe, das heisst durch die erste Thür östlich vom Haupteingang in die Halle eintreten.

Zeremoniell bei den Audienzen:

A. *Bei den Sonderaudienzen.*

In der Thronhalle sind keine Tische aufgestellt. Beim Eintreten in die Halle macht der Gesandte eine Verbeugung. (Der Gesandte schreitet voran, sein Dolmetscher geht neben ihm, aber etwas weiter zurück). Darauf geht er 12 Fuss vor und macht eine zweite Verbeugung, dann geht er zwischen die Drachenpfeiler an seinen Standplatz und verneigt sich noch einmal. Sodann hält der Gesandte seine Ansprache, die der Dolmetscher übersetzt. (Das Beglaubigungsschreiben und die Ansprache sind dem *Tsungli Yamen* vorher in Abschrift zur Kenntnissnahme einzusenden). Sobald sie zu Ende sind, tritt der Gesandte bis mitten an die Stufen des Thrones heran. Prinz *Ch'ing* kommt links von den Stufen des Thrones herab, nimmt das Beglaubigungsschreiben ehrerbietigst entgegen, steigt links die Stufen wieder hinauf bis zur Estrade und legt stehend das Schreiben auf den vor dem Throne aufgestellten Tisch nieder.

Der Gesandte macht wieder eine Verbeugung, welche Seine Majestät durch ein Senken des Hauptes beantwortet, wodurch er zum Ausdruck bringt, dass er das Beglaubigungsschreiben entgegengenommen hat. Der Gesandte kehrt dann auf seinen Platz zwischen den Drachensäulen zurück und erwartet die freundlichen Worte und theilnehmenden Erkundigungen, welche der Kaiser an ihn richten wird.

Wenn der Gesandte nach Beendigung dieser Zeremonie die Halle wieder verlässt, so hat er dabei dasselbe Zeremoniell zu beachten wie vorher. Beim Verlassen der Halle geht der Gesandte voran, sein Dolmetscher neben ihm, aber etwas weiter hinten.

B. *Bei der gemeinsamen Neujahrs Gratulationscour.*

Die Reihenfolge, in welcher die Gesandten der fremden Mächte in die Halle eintreten, richtet sich nach der Zeit, die sie in *Peking* verbracht haben. Die Beamten ihres Gefolges schliessen sich der Reihe nach ihnen hinten an. Sobald sie zwischen den Drachensäulen an der Nordseite Aufstellung genommen haben, formiren sie sich zu drei Gruppen. Die wirklichen Gesandten und Geschäftsträger bilden die erste, die Sekretäre, Attachés, Militärattachés und Marineattachés die zweite und die Dolmetscher die dritte Gruppe. Sobald sie sich gruppirt haben, stellt Prinz *Ch'ing* zunächst Seiner Majestät die Geschäftsträger vor. Darauf tritt der Deutsche Gesandte, Excellenz *von Brandt*, als Senior des diplomatischen Korps vor, und hält für alle Gesandten eine Ansprache. Da der Russische Dolmetscher, Herr *Popoff*, die längsten Jahre in *Peking* verbracht hat, so soll er die Rede übersetzen. Sobald er fertig ist, kehren beide zu ihren Gruppen zurück. Seine Majestät der Kaiser spricht eine freundliche Erwiderung und giebt durch ein Kopfnicken das Zeichen, dass die Zeremonie zu Ende ist. (Das *Tsungli Yamen* wird ersucht, später die Erwiderung in Abschrift mitzutheilen) Hierauf ziehen sich die Gesandten und ihr Gefolge in einzelnen Abtheilungen zurück.

Nach dem Betreten der Halle und dem Vorgehen zu dem Standort ist jedesmal gemäss dem Zeremoniell bei den früheren Audienzen eine Verbeugung zu machen, beim Zurückgehen nach Beendigung der Audienz in gleicher Weise wie vorher. Beim Vorgehen nach Bildung der Gruppen ist aber noch eine Verbeugung hinzuzufügen. Seine Majestät der Kaiser antwortet mit einer Neigung des Hauptes.

Vorstehendes Zeremoniell haben die Minister des *Tsungli Yamen* mit den fremden Gesandten vereinbart, unterzeichnet und zu den Akten genommen.

C. N⁰ 52.

Ansprache des Gesandten bei einer Audienz.

Euere Majestät erweisen mir heute die hohe Gnade einer Audienz. Nachdem ich bereits das Schreiben meines Souveräns mit schuldiger Ehrfurcht überreicht habe, muss ich mich noch des ehrenvollen Auftrags entledigen, Euerer Majestät die Versicherung der aufrichtigsten Freundschaft meines erhabenen Herrschers zu übermitteln.

Ich bin nach China gekommen mit dem festen Vorsatz, in allen internationalen Fragen das gute Einvernehmen zu wahren und hoffe, dass Euere Majestät mir vollstes Vertrauen schenken werden, damit ich meinen Posten mit Erfolg ausfüllen kann, indem unsere Handelsbeziehungen sich immer mehr entwickeln und die Freundschaft unserer Reiche immer inniger wird. Dies ist der aufrichtige Wunsch meines Souveräns, für dessen Erfüllung ich freudig meine Kräfte einsetzen werde.

C. N⁰ 53.

Antwort des Kaisers auf die Ansprache.

Euere Exzellenz haben soeben Ihr Beglaubigungsschreiben überreicht und zugleich die gütigen Wünsche Seiner Majestät des Deutschen Kaisers zum Ausdruck gebracht. Wir sind hocherfreut darüber und entbieten Seiner Kaiserlichen Majestät Unseren ehrerbietigen Gruss.

Wir wissen, dass Euere Exzellenz seit Ihrem Eintreffen in China die Gesandtschaftsgeschäfte stets in freundschaftlichstem Geiste geführt und für die grossen Ziele der Politik das eingehendste Verständniss gezeigt haben. Es ist Unser sehnlichster Wunsch, dass sich in Zukunft die Bande der Freundschaft Unserer Länder immer enger knüpfen, und dass beiden die Segnungen einer friedlichen Entwickelung zutheilwerden mögen.

C. N⁰ 54.

Toaste des Prinzen Ch'ing beim Bankett im Tsungli Yamen am 7. März 1889.

1. Wir haben heute auf Allerhöchsten Befehl in unserem Ministerium ein Festmahl für Euere Exzellenzen hergerichtet. Ihre Majestät, die Kaiserin Mutter spricht in dem Allerhöchsten Erlass von der Innigkeit der freundschaftlichen Beziehungen Chinas zum Auslande und hebt dabei rühmend die Verdienste der Herren Gesandten hervor. Die Einladung zum heutigen Bankett hat bei Eueren Exzellenzen ein freudiges Echo gefunden, und es ist für mich und die Minister des *Tsungli Yamen* eine grosse Auszeichnung und ein besonderes Vergnügen, heute hier die Honneurs machen zu dürfen.

Dass der Verkehr Chinas mit allen Staaten sich täglich freundschaftlicher und inniger gestaltet und der Handel immer mehr entwickelt hat, ist den dreissigjährigen, hervorragenden Bemühungen und der wunderbaren Fähigkeit unserer erlauchten Kaiserin Mutter zu verdanken. Dadurch, dass unser Kaiser die erhabenen Weisungen der hohen Frau ehrerbietigst befolgt und die von Höchstderselben aufgestellten Grundsätze sorgfältigst beachtet hat, konnte er allen Nationen dauernd das Glück des Friedens erhalten. Das heutige Festmahl ist nicht nur ein Beweis für das jahrelange gute Einvernehmen, sondern bietet auch eine Gewähr dafür, dass es in Zukunft dauernd erhalten bleiben wird. Die Geschichtswerke aller Staaten werden von unserer heutigen festlichen Zusammenkunft berichten. Auf dem Ehrenbogen vor dem Hauptportal des Yamen stehen die Worte: „China und dem Auslande Heil und Segen!" Wir wollen sie bei unserem heutigen Bankett ganz besonders beherzigen.

Ich erhebe jetzt meinen Becher und trinke auf das Wohl der Kaiser und Kaiserinnen, Souveräne und Souveräninnen und der Präsidenten aller befreundeten Mächte, indem ich ihnen Glück und langes Leben und ihren Völkern Frieden und Freude wünsche.

2. Da Euere Exzellenzen über die beiden freudigen Staatsereignisse, die Übergabe der Regierung seitens Ihrer Majestät der Kaiserin Mutter und die Vermählung Seiner Majestät des Kaisers an Ihre Regierungen berichtet haben, so haben letztere theils besondere Handschreiben gesandt, theils telegraphisch Glück gewünscht, theils kostbare Vasen als Geschenk geschickt. Am 27ten des 1ten Monats und am 3ten Tage dieses Monats haben ferner die Herren Minister alle in ihren Gesandtschaften durch Flaggen ihre Freude zum Ausdruck gebracht. Wir müssen unseren Dank dafür aussprechen. Die Antworten auf die Handschreiben werden alsbald abgeschickt werden. Vorläufig lassen Sie mich mein Glas daraufhin leeren, dass Eueren Exzellenzen, den Herren Legationssecretären und den andern Beamten der Gesandtschaften in allem ein gütiges Geschick beschieden sein möge, und dass alle ihre amtlichen und privaten Unternehmungen ihren Wünschen entsprechend günstigen Erfolg haben.

C. N⁰ 55.

Antwort des Doyen v. Brandt.

Wir haben soeben die glänzende Rede Seiner Kaiserlichen Hoheit vernommen, in welcher er mit überaus gütigen Worten seiner freundlichen Gesinnung beredten Ausdruck gibt. Im Namen Ihrer Majestät der Kaiserin Mutter hat Seine Hoheit die besten Wünsche für die Oberhäupter der Vertragsstaaten und für die fremden Regierungen zum Ausdruck gebracht und zugleich von den freundlichen Beziehungen zwischen dem Reiche der Mitte und den Ländern des Westens in Vergangenheit, Gegenwart und

Zukunft gesprochen. Seiner Exzellenz Herrn *v. Brandt* als dem Doyen des diplomatischen Korps in *Peking* ist das Glück zutheilgeworden, im Namen aller fremden Vertreter hierfür danken zu dürfen.

Zwei freudige Ereignisse sind vor Kurzem eingetreten, welche seit Alters nicht nur am Kaiserlichen Hofe als etwas Aussergewöhnliches gelten, sondern auch seit vielen Generationen allgemein als ausserordentlich wichtige Akte betrachtet werden. Und welches sind diese freudigen Ereignisse? Das eine ist die glückliche Vermählung Seiner Majestät des Kaisers und das andere der Rücktritt Ihrer Majestät der Kaiserin Mutter von der Regierung und die selbständige Übernahme derselben durch den Kaiser. Diese beiden Ereignisse verfolgt nicht nur das gesammte chinesische Volk mit dem grössten Interesse, sondern die Staaten der ganzen Welt nehmen den allerregsten Antheil daran.

Während sie die Regierungsgeschäfte führte, hat Ihre Majestät sich Tag und Nacht abgemüht und ist 30 Jahre lang in alle den tausend Fragen, welche an sie herantraten, sich selbst stets treu geblieben. Mit einer so schweren Last auf den Schultern musste sie jeden ihrer Schritte auf das sorgfältigste überlegen. Als sie vor 30 Jahren die Regierung übernahm, befand sich diese in den grössten Schwierigkeiten. Vergleicht man damit den Frieden, der jetzt in allen Theilen des Reiches herrscht, und die Ruhe auch in den Grenzgebieten, so kann man die gütige Fürsorge Ihrer Majestät, der Kaiserin Mutter nicht genug rühmen. Ferner besteht zwischen den heutigen Verhältnissen und denen vor 30 Jahren ein weitgehender Unterschied. Fasst man zum Beispiel den Verkehr mit Europa ins Auge, so erforderte früher die Reise von Europa nach China mehrere Monate, während jetzt schon einige Dekaden von Tagen genügen, und während ehemals China für die Europäer ein Land am Ende der Welt war, sehen sie es heute wie einen Nachbarstaat an. Daher konnte Ihre Majestät vor einigen Tagen dieses Festmahl im *Tsungli Namen* anordnen, wodurch es den fremden Vertretern vergönnt ist, sich mit Euerer Kaiserlichen Hoheit und Eueren Exzellenzen, den Pflegern der internationalen Beziehungen, im fröhlichen Kreise zu vereinigen.

Ihre Exzellenzen die Herren Gesandten haben alle beim Lesen des Allerhöchsten Erlasses, in welchem mit so anerkennenden Worten von der Stärkung der internationalen Freundschaft gesprochen wird, eine grosse und aufrichtige Freude empfunden. Da die Beziehungen Chinas zu den fremden Mächten jetzt glücklicherweise so vorzügliche sind, dass diese ihre freundlichen Gesinnungen gegeneinander zum Ausdruck bringen, so wird man allseitig bestrebt sein, sie zu wahren, stets die Gerechtigkeit hochhalten und, soweit diese es zulässt, einander Zugeständnisse machen und dem andern Theil immer weitergehende Vortheile einräumen. Ihre Exzellenzen hoffen, dass man an diesen Grundsätzen unentwegt festhalten wird.

Die Gesandten bitten Euere Kaiserliche Hoheit, diese Worte und den Ausdruck des Dankes für die gnädige Einladung Ihrer Majestät der Kaiserin Mutter übermitteln zu wollen. Was die ihnen huldvollst übersandten Geschenke anbetrifft, so werden sie als kostbare Familienstücke zum Andenken an die Allerhöchste Anerkennung der Bemühungen der fremden Vertreter um das gute Einvernehmen und um die Festigung der guten Beziehungen aufbewahrt werden. Die Gesandten werden auch in Zukunft alle von demselben Wunsche beseelt sein, alles zu thun, um die Freundschaft mit ihren Ländern zu kräftigen und das gute Einvernehmen zu fördern.

Die segensreiche Regierung Ihrer Majestät, der Kaiserin Mutter erfüllt das ganze chinesische Volk mit der grössten Bewunderung. Seine Exzellenz, Herr *von Brandt* wünscht auch im Namen seiner Kollegen der erlauchten Person der Kaiserin Mutter Gesundheit, Wohlergehn und tausendfaches Glück. Er hofft, dass die zwischen China und dem Auslande neu geknüpften Beziehungen stets unverändert erhalten bleiben, und wünscht, dass dem chinesischen Volke dauernd die Segnungen eines friedlichen Gedeihens zutheilwerden mögen. Vor einigen Tagen hat Seine Majestät der Kaiser persönlich die Regierung übernommen. Herr *v. Brandt* bringt Seiner Majestät auch im Namen aller fremden Vertreter die ehrerbietigsten Wünsche dar. Tausendfaches Glück ohne Ende Seiner Majestät dem Kaiser! Hundert Jahre und langes Heil Ihrer Majestät der Kaiserin![1])

C. N° 56.

Bestimmungen für die Uebernahme des Kampfer Monopols in ganz Formosa, zur Entscheidung vorgelegt.

I. Für das Kampfermonopol auf Formosa ist zunächst eine Kaution von 8000 Dollar zu hinterlegen. Davon sollen 3000 Dollar ausgesondert werden, und der betreffende Monopolkaufmann kann 6 Monate lang von dem Kampfer Preise in jedem Monat 500 Dollar in Abzug bringen. Die restirenden 5000 Dollar, welche deponirt bleiben, sind nach Ablauf der Frist, sobald der Kaufmann vom Vertrage zurücktritt, ihm voll zurückzuerstatten.

II. Der Absatz des in Mittel- und Nord Formosa gewonnenen Kampfers wird auf jährlich 12000 Piculs abgeschätzt. Es kann nicht mehr gekocht werden, um den Markt nicht zu überfüllen. Der Kontrahent wünscht das Monopol zunächst auf 3 Jahre versuchsweise zu übernehmen. Während dieser 3 Jahre, vom 9ten Monat des 13ten Jahres *Kuang-hsü* bis zum 9ten Monat des 16ten Jahres *Kuang-hsü* darf kein anderer Kaufmann sich einmischen oder in Konkurrenz treten.

III. Für jedes Picul Kampfer sind 12 Dollar (à 0.72 Tael) zu zahlen. Abgesehen von den Zöllen, welche der betreffende Kauf-

1) Man bemerke, dass die Toaste des Prinzen *Ch'ing* in einem Gemisch von *Kuan-hua* und Schriftsprache, die Rede des Gesandten dagegen in sehr gewählter Schriftsprache abgefasst sind. Bei Reden ist ein starker Zusatz von *Kuan-hua* durchaus angebracht, da selbst Chinesen gesprochenes, reines Schriftchinesisch kaum verstehen.

mann selbst zu begleichen hat, ist alles Likin in diesem Preise mit einbegriffen. Fracht und sonstige Unkosten dagegen hat der Kaufmann zu tragen.

IV. Der Kampfer soll mit einer Wage gewogen und nach *Sse-ma* Gewicht [1]) berechnet werden. Der Kontrahent schickt seine Verwalter nach den Bureaux an den einzelnen Plätzen, wo sie, wenn Kampfer Produzenten Kampfer einliefern, in Gemeinschaft mit den Kommissaren der Regierungsbureaux vor den Augen der Produzenten den Kampfer abwiegen, worauf ihn die Verwalter in Empfang nehmen. Sobald der Kampfer ankommt, ist er sofort zu wiegen und anzunehmen, damit die Produzenten nicht unnöthig zu warten brauchen. Zugleich ist das Quantum anzumelden und von dem Hauptamt nachzuprüfen.

V. Da die Entfernung nach den beiden Orten, *Hou-lung* und *Wu-ch'i* so weit ist, was die Unkosten vertheuert, so werden die Regierungsbureaux auf jedes Picul Kampfer von dort eine Vergütung von 30 Cents gewähren. Der Weg nach *Ta-k'o-chien* und *San-chio-yung* ist verhältnissmässig kurz, desshalb kommt dafür die Vergütung in Wegfall. So wird dem Kontrahenten geholfen, aber zugleich ein Unterschied gemacht. Im Übrigen sind die Transportkosten seine Sache.

VI. Die Kampfer Fässer, welche vor Inkrafttreten des Monopols von den Regierungsbureaux bestellt sind, werden ohne Rücksicht auf ihre Grösse von dem Kontrahenten zu dem ursprünglichen Preise übernommen. Ob er später den Kampfer in Kisten umpacken lässt, hängt von ihm ab.

VII. Der von den Produzenten abzuliefernde Kampfer muss rein und klar sein. Stellt sich heraus, dass er verfälscht oder geschmuggelt ist, so wird bei einem Regierungsbureau die gerichtliche Verfolgung beantragt werden.

VIII. Nach Abschluss dieses Vertrages soll das Hauptamt um

---

1) Nach dem *Sse-ma* Gewicht gelten $15^1/_2$ Unze statt 16 als 1 Pfund.

einen Erlass ersucht werden, damit der Betrieb eröffnet werden kann; auch wird es gebeten. alle Zweigämter mit den nöthigen Weisungen zu versehen. Was den Einschluss des Likin in dem Kampfer Preise von 12 $ anbetrifft, so wird gebeten, das Haupt Likinamt hiervon in Kenntniss zu setzen, damit es alle Zweiglikinämter benachrichtigt.

IX. Der von den einzelnen Bureaux angenommene Kampfer ist monatlich einmal zu verrechnen, und der gesammte, dafür zu entrichtende Preis in den ersten 10 Tagen jedes Monats von dem Monopolkaufmann persönlich an das Hauptamt zu zahlen.

X. Sollten sichere Beweise dafür vorliegen, dass die Kommissare oder die Verwalter der Bureaux sich Betrügereien haben zu Schulden kommen lassen, so kann der Kontrahent dem Hauptamt Anzeige erstatten, welches zur Abschreckung für andere eine strenge Untersuchung anstellen wird.

Diese Eingabe und ein Exemplar der Bestimmungen sind am 11ten Tage des 8ten Monats dem characterisirten Taotai *Ting*, Direktor der Waffendepots in Formosa, der zugleich mit der Verwaltung der Kampfer- und Bergwerksangelegenheiten betraut ist, eingereicht und durch eine am 13ten Tage des 8ten Monats des 13ten Jahres *Kuang-hsü* ausgestellte Licenz genehmigt, was besonders zu bemerken ist.

Erlass des Taotai Ting:

Mir ist eine Eingabe nebst einem Entwurf von Regulationen zugegangen. Da ich bei der Prüfung nichts daran auszusetzen gefunden habe, so habe ich die eingereichten Regulationen genehmigt und die verschiedenen Behörden davon in Kenntniss gesetzt. Der betreffende Beamte [1]) wird durch diesen Erlass ermächtigt, sofort Verwalter für *Ta-k'o-chien*, *Hou-lung*, *Wu-ch'i* und die andern Plätze zu bestellen, die genau nach den Regulationen

1) Der Monopolkaufmann, welcher Beamtenrang hat.

zu verfahren haben. Diese Verordnung ist strikte zu beachten und darf nicht übertreten werden.

Verfügung des einen Adelstitel führenden Gouverneurs Liu[1]:

Die in dem Bericht[2]) gemachten Vorschläge sind auszuführen. Der Berichterstatter möge die erforderlichen Meldungen machen und Benachrichtigungen ergehen lassen.

Diese Verfügung ist mitzutheilen. Der Entwurf der Regulationen bleibt bei den Akten.

Die Verfügung ist ergangen am 19ten Tage des 8ten Monats.

C. N° 57.

Der Kaiserlich Deutsche stellvertretende Generalkonsul in Shanghai und der Kaiserlich Chinesische, zum Provinzialrichter von Chekiang beförderte, Superintendent des Shanghai Zollamts, Taotai des Su Sung T'ai Kreises mit militärischen Befugnissen, haben jetzt das nachstehende Reglement in 10 Artikeln betreffend die won den fremden Kaufleuten in P'utung bei Shanghai vorläufig versuchsweise anzulegenden Petroleum Reservoirs vereinbart:

Artikel I. — Nach dem telegraphischen Erlass des Herrn Handelssuperintendenten muss, wenn in Zukunft durch die Ölreservoirs Feuer entstehen und Menschen verletzt, oder Eigenthum beschädigt werden sollte, reichlicher Schadenersatz bez. Schmerzensgeld gezahlt werden. Sollten durch die Nachlässigkeit der Reservoir Verwalter oder durch sonstige unglückliche Zufälle Chinesen körperlichen Schaden erleiden, oder Häuser, Schiffe, Vermögensobjekte, bewegliche oder unbewegliche Sachen zerstört werden, und der Schaden offenbar auf die Reservoirs zurückzuführen sein, so sind die betreffenden Firmen bereit, nach

1) Der bekannte Gouverneur von Formosa *Liu Ming Ch'uan*.
2) Der Berichterstatter ist der Taotai *Ting*.

dem von den chinesischen und europäischen Beamten gemeinsam festgesetzten, angemessenen Betrage Kurkosten und ein reichliches Schmerzensgeld zu zahlen und nach dem Werthe Schadenersatz zu leisten.

Artikel II. — Der Handelssuperintendent der Nördlichen Häfen hat mit dem in *Peking* residirenden Gesandten *O'Conor* vereinbart, dass vorläufig nur für *P'utung* bei *Shanghai* die Anlage von Petroleum Reservoirs zugelassen werden soll, und dass man später sich nicht an andern Plätzen darauf berufen kann. Wenn jemand eine ähnliche Anlage zu machen wünscht, so muss er sich zunächst unter Beifügung einer Skizze mit einer Eingabe an seinen Konsul wenden und beantragen, dass dieser den Zolltaotai ersucht, zu prüfen, ob die Anlage für die anwohnenden Chinesen mit ernstlichen Gefahren verbunden ist. Der Taotai antwortet dem Konsul und berichtet gleichzeitig an das *Tsungli Yamen*, welches sich mit dem Kaiserlichen Gesandten in *Peking* ins Benehmen setzt, damit dieser dem Konsul Verhaltungsmassregeln zugehen lässt. Liegt für die Anwohner der Gegend keine Gefahr vor, so darf China die Sache nicht durch allerhand Schwierigkeiten zu hintertreiben suchen.

Artikel III. — Es ist ein Beweisdokument und ein Garantieschein ausgestellt worden. Die betreffende Firma hat bereitwilligst einen Schein der *Shanghai und Hongkong Banking Corporation* eingereicht, auf welchem geschrieben steht, dass für die Firma *Jui-chi* 100 000 Taels deponirt worden sind, um zur Zahlung von Schadenersatz oder Schmerzersgeld verwandt zu werden. Sollte eintretenden Falls diese Summe nicht ausreichen, so muss der Eigenthümer der Reservoirs nachzahlen. Es ist jetzt ein Garantieschein der *Hongkong und Shanghai Bank* für 100 000 Taels in fremder Sprache eingesandt worden. Nach dem Geschäftsgebrauch gilt er allerdings nur für den Zeitraum eines Jahres, aber der Besitzer der Reservoirs wird ihn später nach Ablauf der Frist jedes Jahr bei der Bank gegen einen neuen umtauschen und diesen dem Taotai zur Aufbewahrung übersenden. Sollte dieser Schein an dem Termin noch nicht umgetauscht sein, oder sich irgend ein unvorhergesehener Zufall ereignen, so wird doch die Firma ohne Rücksicht darauf, ob Geld in der Bank deponirt ist oder nicht, und auf etwaige Schwierigkeiten, die sich mit der Bank ergeben könnten, die an Chinesen zu zahlenden Entschädigungen voll leisten.

Artikel IV. — Die Firma trifft alle Vorkehrungen zur Abwendung von Unglück. Auf den Kesseln über den Reservoirs sind oben Deckel aus Stahlplatten angebracht und auf diesen Bassins für Wasser, wodurch verhindert wird, dass sich die Deckel durch die Sonnengluth zu stark erhitzen. Ausserdem sind neben den Reservoirs eiserne Blitzableiter aufgestellt, um das plötzliche Einschlagen des Blitzes zu verhüten. Später soll auch von den chinesischen Lokalbeamten ein erfahrener, europäischer Techniker mit der Inspektion der Anlage betraut werden, und es wird noch ein Graben oder eine Mauer gebaut oder eine andere Schutzmassregel getroffen werden. Sofern darunter die Reservoirs nicht leiden und die Gefahr verringert wird, wird die Firma etwaige Vorschläge zur Ausführung bringen.

Aus dem Auslande werden sogleich zwei Feuerspritzen beschafft und für Fälle der Noth in Schuppen untergebracht werden. Ferner soll für immer ein in jeder Beziehung zuverlässiger Mann angestellt werden, der auch bei Regen und Schnee, Tag und Nacht umherzugehen und sorgfältigst aufzupassen hat, damit ja nichts versäumt wird. Die Firma reicht auch dem Taotai eine Zeichnung zur Prüfung ein.

Artikel V. — Da ein europäischer Leiter dauernd bei der Petroleum Niederlage wohnt, so wird sicherlich keine der europäischen Firmen die Versicherungsprämie für die in der Nähe liegenden Speicher und Waaren erhöhen. Der Chef der Firma, welcher die Reservoirs gehören, hat ein Schriftstück überreicht, worin er erklärt, dass seine Firma dauernd einen Europäer bei der Anlage wohnen lassen würde, und dass desshalb eine Erhöhung der Prämie für die Speicher in der Nähe nicht zu befürchten sei. Sollten die Versicherungsgesellschaften schriftlich erklären, dass sie mit Rücksicht auf die Petroleum Reservoirs die Versicherungsprämie erhöhten, so ist für die chinesischen Speicher der „China Merchants" von der Eigenthümerin der Reservoirs der Zuschlag zu ersetzen.

Artikel VI. — Petroleum ist ein leicht entzündbarer und äusserst feuergefährlicher Stoff. Es müssen Vorkehrungen getroffen werden, um sein Auslaufen und alle sonstigen Unglücksfälle zu verhindern, und die Firma muss zur Ausführung aller geeigneten Sicherheitsmassregeln bereit sein. Wenn das Petroleum ausläuft, so hat die Firma eine Frist zu setzen, in welcher sie Abhülfe schafft und etwaige Reparaturen vornimmt. Können diese innerhalb der Frist nicht zu Ende geführt werden, so muss der Betrieb für eine Zeitlang eingestellt werden und kann erst wieder aufgenommen werden, sobald alles wieder in Ordnung ist.

Die Firma muss auch zulassen, dess ein europäischer Maschineningenieur im Auftrage der chinesischen Behörden von Zeit zu Zeit die Petroleum Anlage inspizirt, um alle Besorgnisse zu zerstreuen und das Publikum zu beruhigen.

Artikel VII. — Was die Petrolenm Bassin Dampfer [1]) anbetrifft, so hat die Firma, sobald vom Zollkommissar die bisherigen Bestimmungen des Hafenreglements entsprechend abgeändert sind, diese Abänderungen zu beachten.

Ariikel VIII. — Für die Petroleum Reservoirs ist zur Zeit allerdings die Firma *Jui-chi* Agentin. Sollte in Zukunft ein anderer Agent für sie eintreten, so ist auch dieser an die getroffenen Vereinbarungen gebunden.

Artikel IX. — Jedesmal, wenn ein Petroleum Dampfer im Hafen erscheint, wird vom Zollkommissar die Erlaubniss zum

1) Das Petroleum wird nicht in Gefässen, sondern in grossen Bassins in den Dampfern verschifft, die dann in die Reservoirs entleert werden.

Löschen ertheilt und von ihm zugleich der Kapitän benachrichtigt, dass er, sobald das Öl in die Reservoirs geleitet ist, mit seinem Schiff aus dem Hafen von *Wusung* hinausgehen und auf dem Meere das Petroleum Bassin des Schiffes reinscheuern lassen muss, bevor er wieder in den *Huangpu* einlaufen und Waaren laden darf. Es ist ihm nicht gestattet, innerhalb des Hafens von *Wusung* oder im *Huangpu* Fluss diese Reinigung vorzunehmen, damit nicht die Reste des Petroleums in den Fluss laufen und das Trinkwasser verderben. Über diesen Punkt hat auch die in *Shanghai* als Agentin fungirende fremde Firma ihre Auftraggeber im Auslande[1]) vorher zu informiren, damit sie den nach dem *Huangpu* abfahrenden Schiffsführern die Beachtung zur Pflicht machen. Sollten sich die Schiffe trotzdem nicht darum kümmern, so würde in der Folgezeit den Petroleum Bassin Dampfern das Einlaufen in den Hafen verboten werden.

Artikel X. — Wenn in Zukunft Petroleum aus den Reservoirs in die Felder und Wasserläufe durchsickert und die Saaten und das Trinkwasser der Bevölkerung verdirbt, oder wenn der Blitz einschlägt, oder wenn eine Feuersbrunst ausbricht, und die Hütten der Anwohner erfasst, so ist, insofern der Schaden nachweislich durch die Reservoirs verursacht worden, nicht nur Schadenersatz für die erlittenen Verluste zu zahlen, sondern die Lokalbeamten werden auch noch gemeinsam mit dem Generalkonsul den Besitzer der Petroleum Bassins anweisen, diese abreissen zu lassen, und den Wiederaufbau nicht gestatten.

Die obigen 10 Artikel betreffen die wichtigeren Einzelheiten. Diejenigen Punkte, welche etwa übergangen sein sollten, bleiben einer späteren Prüfung und weiteren Vereinbarungen vorbehalten. Das Hauptziel ist die Vermehrung der Vortheile und Abwendung alles Schadens, damit auf beiden Seiten dauernd ein freundliches Einvernehmen bestehen bleibt.

---

1) Die Auftraggeber sind die Petroleum Produzenten, für welche die deutsche Firma in Shanghai das Petroleum verkauft.

Nachdem dies Abkommen geschlossen ist, wird der Taotai noch an die Handelssuperintendenten von Nord- und Süd China [1]) darüber berichten, welche dem *Tsungli Yamen* Mittheilung machen und seine Entscheidung herbeiführen werden.

Dieses Abkommen ist in 2 Exemplaren ausgefertigt, von denen jeder Theil eins erhält. Der Kaiserliche Generalkonsul wird den Besitzer der Petroleum Reservoirs anweisen, sich nach diesen Bestimmungen zu richten.

C. N° 58.

Proklamation ein Verbot betreffend.

Unter dem 12ten Tage des 7ten Monats dieses Jahres ist mir der nachstehende Erlass des Taotai des *Hui Ch'ao Chia* Kreises [2]) *Tsêng* zugegangen: „Der stellvertretende Amerikanische Vizekonsul *Liang* hat mir die Mittheilung gemacht, dass chinesische Christen beständig von den Einheimischen gezwungen würden, zu den Prozessionen beim Empfang der Götter Beiträge zu leisten. Hiergegen sei schon vom früheren Taotai *Tê* ein Verbot erlassen. Eine Kopie der betreffenden Bekanntmachung fügt der Vizekonsul in Abschrift zu meiner Kenntnissnahme bei. Nach einer Meldung von Amerikanischen Missionaren werden jetzt in *Chin-shih-ying* in *Hai-yang* [3]) sowie in *Ch'ih-liao-hsiang* in *Ch'ao-yang* [4]) die Konvertiten von den Einheimischen zur Entrichtung der erwähnten Beiträge gedrängt, wesswegen die Missionare anheimstellen, mich um eine erneute Bekanntmachung des früheren Verbotes zu ersuchen. Der Vizekonsul meint, dass, da das Verbot des früheren Taotai *Tê* schon mehrere Jahre alt sei, die Eingeborenen an den verschiedenen Plätzen von der Existenz einer solchen Prokla-

1) Die beiden Generalgouverneure von *Chili* und *Liang Kiang*.

2) Kreis umfassend die Präfekturen *Hui-chou-fu*, *Ch'ao-chou-fu* und *Chia-ying-chou* in *Kuangtung*.

3) Distrikt mit Präfekturstadt *Ch'ao-chou-fu*.

4) Distrikt in *Ch'ao-chou-fu*.

mation nichts mehr wüssten. Eine derartige Bekanntmachung könne keinerlei übele Folgen haben, desshalb bäte er mich, die frühere Proklamation noch einmal bekanntzumachen. Es brauche gar nicht erwähnt zu werden, von welchem Staate die Anregung dazu ausgegangen sei. Ich möchte 15 Exemplare davon abschreiben, mit dem Amtssiegel versehen lassen und ihm zuschicken. Er würde sie dann an die Missionare vertheilen, die sie anschlagen könnten. Die Schreibgebühr für die Kanzlisten würde er selbstverständlich nach dem Eintreffen meiner Antwort voll bezahlen. Bei derartigen Missionsangelegenheiten sei immer Vorsicht am Platze, und es sei besser, vor dem Eintritt einer Katastrophe seine Vorkehrungen zu treffen als erst, wenn das Unglück geschehen sei, alle Hebel in Bewegung zu setzen. Seine Bitte um Bekanntmachung des Verbots entspränge nur dem Wunsche, dem Unheil vorzubeugen. Ich würde dies zu würdigen wissen und jedenfalls ähnlich fühlen. Für meine Bemühungen danke er im Voraus. In der Anlage ubersandte mir der Vizekonsul den Text der Proklamation.

Ich habe bereits dem Vizekonsul *Liang* geantwortet und fordoro hiermit den Präfekten auf, sogleich ein entsprechendes Verbot ergehen zu lassen, und die ihm unterstehenden Distriktsmagistrate anzuweisen, gleichfalls Bekanntmachungen in demselben Sinne an die Honoratioren und das Volk zu erlassen. In Zukunft dürfen, wenn wieder Einholungen der Gottheiten, Theatervorstellungen [1]), Prozessionen und Weihrauchopfer stattfinden, von den Christen keine Beiträge erhoben werden, damit der Friede zwischen der Bevölkerung und den Konvertiten erhalten bleibt. Die Angelegenheit ist sehr wichtig und leidet keinen Aufschub."

In Nachachtung diesos Erlasses habe ich die Beamten meines Ressorts mit den entsprechenden Weisungen versehen und er-

1) Theatervorstellungen zu Ehren der Gottheiten, oft auf besonderen Bühnen in ihren Tempeln abgehalten.

lasse jetzt diese Bekanntmachung und dieses Verbot, indem ich mich an die mir unterstehenden Notabeln, Ältesten, Litteraten und Bürger wende und ihnen kundthue, dass in Zukunft bei Einholung der Gottheiten, Theatervorstellungen, Prozessionen und dergleichen Festlichkeiten von den Christen Beiträge zu den Unkosten nicht erhoben werden dürfen, damit der Friede zwischen dem Volk und den Missionen nicht gestört wird.

Diese Verordnung darf nicht übertreten werden.

Angeschlagen am 24ten Tage des 8ten Monats des 20. Jahres *Kuang-hsü.*

Der charakterisirte Taotai mit den Insignien des ihm durch Kaiserliche Gnade extra verliehenen dritten Ranges, stellvertretender Präfekt von Ch'ao-chou-fu [1]), Fang.

C. N⁰ 59.

Handschreiben des Kaisers von China an den Deutschen Kaiser (entnommen dem Ostasiatischen Lloyd 1900 S. 897).

Meinen Gruss! Es ist tief zu bedauern und zu beklagen, dass Euerer Majestät Gesandter ein Opfer des Aufstandes geworden ist, der plötzlich in China ausbrach, ohne dass unsere Beamten im Stande waren, dies zu verhindern, und dass dadurch unsere freundschaftlichen Beziehungen getrübt wurden. Wir haben angeordnet, dass auf einem Altar für den Verstorbenen Opfer dargebracht werden, und der erste Sekretär *K'un-kang* is angewiesen worden, auf dem Altar Trankopfer zu spenden. Die Handelssuperintendenten in der nördlichen und südlichen Häfen haben Befehl erhalten, die nöthigen Massnahmen betreffs der Überführung der Leiche nach Deutschland zu treffen. Wenn die Leiche in Deutschland eintrifft, sollen auf einem Altar weitere Opfer

---

1) In der Präfektur *Ch'ao-chou-fu* liegt der Vertragshafen *Swatow*, wo die fremden Konsuln residiren.

durch den Vizepräsidenten des Finanzministeriums *Lü-hai-huan* dargebracht werden.

Deutschland hat stets die freundschaftlichsten Beziehungen zu China unterhalten. Wir hoffen daher, dass Ew. Majestät jeden Groll entsagen werden, damit so bald als möglich Friede wiedereinkehre und die allgemeine Harmonie für alle Zeiten ermöglicht werde. Dies ist Unsere sehnlichste Hoffnung und Unser glühendster Wunsch.

Antwort:

An den Kaiser von China!

Ich, der Deutsche Kaiser, habe die Depesche Euerer Majestät, des Kaisers von China, erhalten. Ich habe mit Genugthuung bemerkt, dass Ew. Majestät sehnlichst wünscht, im Einklang mit Gebräuchen und Vorschriften Ihrer Religion die schändliche Ermordung meines Gesandten, welche der gesammten Zivilisation einen Schlag ins Gesicht versetzte, wiedergutzumachen. Indessen kann ich als Deutscher Kaiser und als Christ dieses verabscheuungswürdige Verbrechen nicht durch Trankopfer als gesühnt betrachten. Abgesehen von meinem ermordeten Gesandten sind eine grosse Anzahl unserer christlichen Glaubensbrüder, Bischöfe und Missionare, Frauen und Kinder vor den Thron Gottes gegangen, die um ihres Glaubens willen, der auch der meinige ist, einen qualvollen Martertod erlitten haben und Ankläger Euerer Majestät sind. Genügen die von Ew. Majestät angeordneten Libationen für alle diese Unschuldigen?

Ich mache Ew. Majestät nicht persönlich verantwortlich für die Angriffe auf die Gesandtschaften, die unter allen Nationen als unverletzlich gelten, auch nicht für all das schwere Unrecht, das so vielen Nationen und Konfessionen und den Unterthanen Euerer Majestät, die sich zu meinem christlichen Glauben bekennen, zugefügt worden ist. Aber die Rathgeber des Thrones Euerer Majestät und die Beamten, auf deren Häuptern die Blutschuld eines Verbrechens ruht, das alle christlichen Nationen mit Entsetzen erfüllt, müssen ihre scheusslichen Thaten sühnen. Wenn Ew. Majestät dieselben zur verdienten Strafe zieht, will ich dies als eine Sühne ansehen, die den Nationen der Christenheit genügen wird. Wenn Ew. Majestät unter Acceptirung der Unterstützung aller beleidigten Nationen die Kaiserliche Macht Euerer Majestät zu diesem Zweck ausüben will, so erkläre ich für mein Theil mich damit einverstanden. Ich würde auch mit Freuden die Rückkehr Euerer Majestät nach *Peking* begrüssen. In diesem Falle wird mein Generalfeldmarschall Graf *Waldersee* instruirt werden, nicht nur Ew. Majestät mit den gebührenden Ehren zu empfangen, sondern Euerer Majestät auch den militärischen Schutz zu gewähren, der Ihnen gegen die Rebellen wünschenswerth und nothwendig erscheinen mag.

Auch ich sehne den Frieden herbei, aber einen Frieden, der eine Sühne für die Schuld bringt, die geschehenen Übelthaten wieder gut macht und allen Ausländern in China Sicherheit für Leben und Eigenthum und vor Allen für freie Religionsübung bietet[1]).

C. N⁰ 60.

Promemoria der Fremden Gesandten an das Tsungli Yamen:
(aus dem Ostasiatischen Lloyd 1900 S. 1074).

Im Verlaufe der Monate Mai, Juni, Juli und August dieses Jahres sind die ersten Unruhen in den nördlichen Provinzen Chinas zum Ausbruch gelangt. Es sind unter besonders frevelhaften Umständen Verbrechen begangen worden, die ohne ihres Gleichen dastehen in der Geschichte der Menschheit, Verbrechen gegen das Völkerrecht, gegen die Gesetze der Menschlichkeit und

1) Es ist zu bemerken, dass der chinesische Text an vielen Stellen nur eine allgemeine Paraphrase, nicht eine genaue Uebersetzung des deutschen Originales ist, die bei der grossen Verschiedenheit der Ausdrucksweise in den beiden Sprachen allerdings nicht sehr leicht ist.

gegen die Zivilisation. Die hauptsächlichsten dieser Verbrechen sind die folgenden:

1. Am 20. Juni wurde Se. Exzellenz der Kaiserlich deutsche Gesandte, Freiherr *von Ketteler*, als er sich in Ausübung seiner Amtspflichten zum *Tsungli Yamen* begab, durch Soldaten der regulären Armee, die auf Befehl ihrer Führer handelten, ermordet.

2. An demselben Tage wurden die fremden Gesandtschaften angegriffen und belagert, und diese Angriffe folgten sich ohne Unterbrechung bis zum 14. August, an welchem Tage ihnen durch die Ankunft der fremden Truppen ein Ende gesetzt wurde. Die Angriffe waren durch reguläre Soldaten ausgeführt, die sich mit den Boxern verbanden und die den ihnen aus dem Kaiserlichen Palast gesandten Befehlen des Hofes gehorchten. Während dieser Zeit liess die Chinesische Regierung amtlich durch ihre Vertreter den Mächten erklären, dass sie für die Sicherheit der Gesandtschaften die Bürgschaft übernehme.

3. Am 11. Juni ist Herr *Sugiyama*, Kanzler der Japanischen Gesandtschaft in Ausführung einer amtlichen Sendung durch reguläre Soldaten an den Thoren der Stadt ermordet worden. In *Peking* und in verschiedenen Provinzen sind Fremde ermordet und gemartert worden. Andere wurden von Boxern und von regulären Truppen angegriffen und haben ihre Rettung nur ihrem hartnäckigen Widerstande zu verdanken. Ihre Wohnstätten wurden geplündert und zerstört.

4. Die fremden Kirchhöfe, insbesondere in *Peking*, sind geschändet, die Gräber geöffnet und die Gebeine zerstreut worden.

Diese Vorgänge haben die fremden Mächte veranlasst, ihre Truppen nach China zu entsenden, um das Leben ihrer Vertreter und ihrer Landesangehörigen zu schützen und um die Ordnung wiederherzustellen. Auf dem Marsche nach *Peking* sind die verbündeten Truppen auf den Widerstand chinesischer Heeresabtheilungen gestossen, den sie mit Gewalt überwinden mussten. Nachdem China nunmehr eine Verantwortlichkeit anerkennt, seine Reue bezeugt und den Wunsch kundgegeben hat, der durch die in Frage stehenden Unruhen geschaffenen Lage ein Ende zu setzen, haben sich die Mächte entschlossen, seinem Verlangen stattzugeben unter den nachfolgend aufgezählten, unumstösslichen Bedingungen, die sie zur Sühne der begangenen Verbrechen und zur Verhütung ihrer Wiederholung für unerlässlich erachten.

1*a*. Entsendung einer ausserordentlichen, von einem Kaiserlichen Prinzen geführten Gesandtschaft nach Berlin, um dem Bedauern Seiner Majestät des Kaisers von China und der Chinesischen Regierung anlässlich der Ermordung Seiner Exzellenz, des Kaiserlichen Deutschen Gesandten, Freiherrn *von Ketteler*, Ausdruck zu verleihen.

b. Errichtung eines dem Stande des Verstorbenen würdigen Erinnerungsdenkmals an dem Thatorte der Ermordung mit einer Inschrift in lateinischer, deutscher und chinesischer Sprache, die das Bedauern des Kaisers von China über den begangenen Mord zum Ausdruck bringt.

2*a*. Verhängung der schwersten, ihren Verbrechen angemessenen Strafe für die im Kaiserlichen Edikt vom 25. September 1900 bezeichneten sowie für diejenigen Personen, welche die Vertreter der Mächte namhaft machen werden.

b. Vorläufige Einstellung aller amtlichen Prüfungen während der Dauer von 5 Jahren in allen Städten, in denen Fremde niedergemetzelt worden sind oder grausamer Behandlung ausgesetzt waren.

3. Gewährung einer angemessenen Genugthuung seitens der Chinesischen an die Japanische Regierung für die Ermordung des Herrn *Sugiyama*, Kanzlers der Japanischen Gesandtschaft.

4. Errichtung eines Sühnedenkmals durch die Chinesische Regierung auf jedem der fremden oder internationalen Kirchhöfe, die entweiht wurden oder auf denen Gräber zerstört worden sind.

5. Aufrechterhaltung des Einfuhrverbots von Waffen und solchem Material, das ausschliesslich zur Anfertigung von Waffen

und Munition dient nach Massgabe von unter den Mächten noch zu vereinbarenden Bestimmungen.

6*a*. Angemessene Entschädigung für die Staaten, Gesellschaften und einzelnen Personen, sowie ausserdem für diejenigen Chinesen, die während der letzten Ereignisse an ihrem Leibe oder an ihrem Eigenthum desshalb Schaden erlitten haben, weil sie im Dienste von Fremden standen.

b. Einführung finanzieller Massnahmen seitens Chinas in einer für die Mächte annehmbaren Weise, um die Zahlung der gesagten Entschädigungen und den Anleihedienst zu gewährleisten.

7. Berechtigung der Mächte ständige Wachen für ihre Gesandtschaften zu halten und das Gesandtschaftsviertel in Vertheidigungszustand zu setzen. Entziehung der Befugniss für Chinesen, in diesem Viertel zu wohnen.

8. Schleifung der Forts von *Taku*, sowie derjenigen Forts, die den freien Verkehr zwischen *Peking* und dem Meer hindern könnten.

9. Recht der militärischen Besetzung gewisser durch Vereinbarung unter den Mächten zu bezeichnenden Plätze, um die Verbindung zwischen dem Meer und der Hauptstadt freizuhalten.

10*a*. Veröffentlichung eines Kaiserlichen Ediktes seitens der Chinesischen Regierung in sämmtlichen Distriktsstädten durch Maueranschlag während der Dauer von 2 Jahren von folgendem Inhalt: Ständiges bei Übertretung mit Todesstrafe zu ahndendes Verbot einer fremdenfeindlichen Gesellschaft anzugehören, Aufzählung der Strafen, welche über die Schuldigen verhängt worden sind, einschliesslich der Einstellung aller amtlichen Prüfungen in den Städten, in denen Fremde niedergemetzelt oder grausamer Behandlung ausgesetzt gewesen sind.

b. Erlass eines in dem ganzen Reiche zu veröffentlichenden Ediktes des Inhalts, dass sämmtliche Generalgouverneure, Gouverneure und Provinzial- und Lokalbeamte für die Aufrechthaltung der Ordnung in ihren Verwaltungsbezirken verantwortlich gemacht werden, und dass im Falle von erneuten fremdenfeindlichen Unruhen oder anderweitigen Vertragsverletzungen, die nicht sofort unter Bestrafung der Anstifter abgestellt werden, diese Verwaltungsbeamten unverzüglich abzusetzen sind, ohne jemals neue Ämter oder Auszeichnungen erhalten zu können.

11. Verpflichtung der Chinesischen Regierung über die von den fremden Regierungen für nützlich erachteten Zusätze zu den Handels- und Schiffahrtsverträgen sowie über andere die Handelsbeziehungen betreffende und ihre Erleichterung bezweckende Punkte in Verhandlungen zu treten.

12. Verpflichtung der Chinesischen Regierung, das Ministerium für Auswärtige Angelegenheiten zu reformiren, und das Hofzeremoniell für den Empfang der fremden Vertreter umzuändern nach Massgabe der von den Mächten zu bestimmenden Angaben.

Solange nicht die Chinesische Regierung den vorstehenden Forderungen zur Zufriedenheit der Mächte nachgekommen ist, sind die Unterzeichneten nicht in der Lage, die Bedingung der Entsetzung Pekings und der Provinz *Chili* durch die internationalen Truppen in Aussicht zu stellen.

D. N⁰ 1.

Schreiben des Königs von Annam an den Kaiser von China.

Ich, der König von Annam, Euerer Majestät Diener, *Juan Fu Shih*, falle nieder und berühre mit dem Haupte den Boden, indem ich ehrerbietigst diese Worte spreche:

Emporschauend zu dem vom Nordstern ausstrahlenden Glanze [1]), bringe ich die Metalle des Südens [2]) als Glücksgabe dar, den Weg nehmend über tausende von Gebirgsketten, die nur mit Leitern übersteigbar, um zehntausend *Li* weit der Sonne der Kaiserlichen Majestät zu huldigen [3]).

Unterthänigst reiche ich den folgenden Bericht ein:

Nachdem der Himmel des Glückes sich aufgethan, sind alle meerumspülten Provinzen der Segnungen derselben Zivilisation theilhaftig geworden. Trotz der weiten Entfernung des Rothen Grenzgebiets [4]), werden desshalb die Landesprodukte als gerechte Kontributionen dargebracht. Ehrfurchtsvoll entzünde ich in meiner Halle den Weihrauch und eile im Geiste zum Thor des Kaiserpalastes.

Mir däucht, dass des Kaisers Majestät entsprechend dem Hexagramme *Li* immer mehr seinen Glanz erstrahlen und weithin

---

1) Damit ist natürlich der Kaiser gemeint.

2) Anspielung auf einen Vers des *Shiking* (*Legge*'s Uebers. B. II S. 620). Die südlichen Provinzen hatten in ältester Zeit als Tribut die 3 Metalle: Gold Silber und Kupfer als Tribut zu liefern.

3) Ist nur bildlich zu verstehen. Der König sollte nach dem alten Zeremoniell, auf welches er beständig anspielt, selbst als Vasall bei Hofe erschienen sein, er schickt aber nur seine Tributgesandten.

4) Damit ist *Annam* gemeint. Auch *Siam* führt den alten Namen 赤土國 „Land der rothen Erde."

leuchten lässt[1]), und dass die Wandlung des Zeichens *Yi* grosses und strahlendes Glück zur Folge hat[2]). Der Kaiser hält fest an Recht und Ordnung und an dem Grundprinzip der Dinge[3]). Das ist die Lehre des *Ch'un-ch'iu*, welche im ganzen Staate zur Geltung kommt. Er ist gütig gegen die Reichsfürsten und freundlich gegen die Fremden[4]). Die Lehre des *Chung-yung* beruht auf diesen 9 Grundsätzen[5]). Als Vollstrecker des göttlichen Willens giebt er den 9 Theilen des Reiches ein Beispiel[6]), und von seinen zivilisatorischen Tugenden fällt auch ein Abglanz auf die Grenzstaaten[7]). Gross ist der Vorzug, Zeitgenosse eines so grossen Mannes zu sein[8]). Der Sohn des Himmels bringt diesem die ihm gebotenen Gaben dar[9]).

Mein sonnendurchglühtes Land steht schon seit langer Zeit unter chinesischer Oberhoheit, mit schuldiger Ehrfurcht übe ich die Herrschaft darüber aus[10]), und mein Geschlecht wird dauernd dies Verdienst aufrecht erhalten[11]). Gerade jetzt, wo der Aufstand an der Grenze niedergeworfen, ist der Zeitpunkt für die Fürstenzusammenkunft gekommen. Das Meer der *Chou* schlägt keine Wellen[12]), und es werden alle Scepter eingefordert im Palaste des *Shun*[13]).

1) Zitat aus dem *Yiking* (*Legge*'s Uebers. S. 304) *Li* ist das XXX. Hexagramm.

2) *Yiking* S. 248. *Yi* ist das XLII. Hexagramm.

3) Kommentar des *Tu Yü* zu der ersten Zeile des *Ch'un-ch'iu* (*Legge Ch'un-ch'iu* B. I, S. 4).

4) Zitat aus dem *Chung-yung* (*Legge*, *Classics* Vol. 1, S. 408).

5) Die 9 Grundsätze werden im *Chung-yung* angeführt. Einer derselben ist der zu 4) zitirte.

6) *Shiking* (*Legge* B. II S. 640).

7) Zitat aus dem *Shiking* (*Legge* B. II S. 555).

8) *Yiking*, Zeichen *Ch'ien* (*Legge* S. 57).

9) *Yiking* (*Legge* S. 150).

10) *Shuking* (*Legge* B. I S. 74).

11) *Shiking* (*Legge* B. II S. 536).

12) Das heisst, es herrscht allgemeiner Friede. Diesen Ausspruch sollen nach dem 通鑑輯覽 *T'ung-chien-chi-lan* Tributgesandte der 越裳 *Yüeh-shang* zur Zeit des *Chou* Kaisers *Ch'êng-wang* gethan haben.

13) Anspielung auf eine Stelle im *Shuking* (*Legges* Uebers. B. I. S. 34), wo *Shun* bei seinem Regierungsantritt von den Vasallenfürsten die 5 *Juis*, mit denen sie belehnt worden, einfordert.

Fest bauend auf die Macht der Kaiserlichen Huld bin ich getreu meinen Vasallenpflichten nachgekommen, habe die Tributgeschenke und Rangabzeichen[1]) geordnet und die Vorkehrungen für die Abreise meiner Gesandten getroffen. Mir ist, als ob ich selbst das Kaiserliche Antlitz schauen würde. Zu meiner Freude haben der Glanz von Sonne und Mond auf ewig alle Kriegswolken verscheucht[2]), so dass wir auf dauernden Frieden hoffen können, indem meine Füsse nie vom rechten Pfade abschweifen werden. Begeistert blicke ich zum Himmel und zu seinem Heiligen empor, und es erfasst mich ein Schauer der Ehrfurcht.

Ich habe nun die einzelnen Gaben des Jahrestributs meinem Beamten *Juan Shu* und Begleitern zur Darbietung an den Thron übergeben und reiche zugleich dieses unterthänige Begleitschreiben zur Allerhöchsten Kenntnissnahme ein.

Dem Staatsrath ist darauf das Kaiserliche Rescript: „Gelesen" zugegangen.

Der vorstehende Brief ist ein stilistisches Kunstwerk, gespickt mit klassischen Zitaten und ausserdem in rythmischer Prosa geschrieben, wie aus dem Folgenden ersichtlich. Die Uebersetzung bietet daher grosse Schwierigkeiten, und die Dolmetscher würden verzagen müssen, wenn die amtlichen Schriftstücke, welche ihnen vorgelegt werden, oft derartig geschraubt und gekünstelt wären. Das Schriftstück entstammt schwerlich der Kanzlei des Königs von *Annam*, vielmehr hat er es sich in der *Hanlin* Akademie, deren Hauptstärke solche Künsteleien sind, machen lassen.

Was den Rythmus anbetrifft, so wechseln Doppelreihen von je 4, 7 und 6 Worten miteinander ab, die aber durch Sätze, welche nicht rythmisch gegliedert sind, hier und da durchbrochen werden:

Von 北極 bis 之忱 folgen aufeinander 2 Reihen zu 4 Worten und 2 Reihen zu 7 Worten, also: 4. 4. 7. 7. Dieser Rythmus heisst chinesisch

---

1) Reminiscenz an *Shiking* (*Legge* B. II S. 641).

2) Nach dem 白虎通, *Po-hu-t'ung*, erstrahlt, wenn die Tugend eines Herrschers zum Himmel empordringt, das Siebengestirn, und es leuchten Sonne und Mond mit hellerem Glanze. Dadurch werden nach einem Gedichte des *Ch'ang-chien*, 常建, die Kriegswolken verscheucht.

駢體文. Die Reihen zu 7 Worten haben eine Caesur nach dem 2ten Worte.

Für die Worte von 黄道 bis 天闕 haben wir folgendes Schema: 4. 7. 4. 7. 4. 4. Die 7 silbigen Reihen haben wieder die Caesur nach der zweiten Silbe.

Von 離明 bis 用亨 haben wir dann: 4. 4. 4. 7. 4. 7. 7. 7. 4. 4, dagegen ist die Caesur der ersten 7 silbigen Reihen nach dem 4ten, die der zweiten nach dem 3ten Worte.

Von 徼哉 bis 虞廷: 4. 4. 7. 7. 6. 6. Die Caesur in den 7 silbigen Reihen ist nach dem 3ten Worte.

Von 恪循 bis 揚光: 4. 6. 4. 6. Die 6 silbigen Reihen haben eine Caesur nach der 3ten Silbe. 度承 bis 不違: 6. 6. mit einer Caesur an derselben Stelle.

Die korrespondirenden Reihen sind symmetrisch gebaut, es gilt für sie das Gesetz des Parallelismus, das im rhetorischen Stil eine grosse Rolle spielt und das Verständniss wesentlich erleichtert, indem man von den Worten, welche man versteht, auf die unverständlichen in der entsprechenden Reihe einen Schluss machen kann, da einem wenigstens die Kategorie durch den Parallelismus gegeben wird. Z. B.:

北極騰輝 | 南金獻瑞
1. 2. 3. 4. 1. 2. 3. 4.

1 + 2 = Subjekt, 3 = Verbum 4 = Objekt. Ferner: 1 = Attribut zu 2 und Bezeichnung einer Himmelsrichtung.

千重 | 達梯山之路 ‖ 萬里 | 傾向日之忱
1. 2. 3. 4. 5. 6. 7. 1. 2. 3. 4. 5. 6. 7.

1 + 2 = Ortsbestimmung, 3 = Verbum, 1. Person, 4 + 5 = Attribute zu 7, 6 = Verbindungspartikel, 7 = Objekt. Ferner: 1 = Zahlwort, 4 = verbal, 5 = Objekt von 4, Substantiv, 2 = substantivisch.

D. N⁰ 2.

Schreiben des Königs von Annam an den Kaiser von China.

Der König von Annam, Euerer Majestät Diener, *Juan Fu Shih*, fällt nieder und berührt mit dem Haupte der Boden, indem er gehorsamst meldet, dass der Zeitpunkt für die Tributsendung, an welchem die Körbe gepackt werden müssen, gekommen ist.

Mein Reich ist von der Himmlischen Dynastie als Vasallenstaat gegründet und von vielen Generationen demgemäss verwaltet worden. Durch Kaiserliches Edikt ist bestimmt, dass alle 4 Jahre einmal Tribut zu entrichten sei, und dass dies als dauernde Regel gelten solle. Nach dieser Bestimmung ist später jedesmal zu dem Termine dem Brauche entsprechend Tribut gesandt worden. Am 8ten Tage des 1. Monats des 6. Jahres *Kuang-hsü* habe ich mich nun, da im nächsten Jahre wieder der Termin bevorstand, an den Gouverneur von *Kuang-hsi* gewandt, damit dieser in meinem Namen dem Thron Bericht erstattete. Von ihm erhielt ich darauf die Antwort, dass am 1. Tage des 9. Monats dieses Jahres das Grenzthor geöffnet werden würde. Diese Erlaubniss erfüllt mich mit der tiefsten Dankbarkeit. Nachdem die Grenzen des Reichs auf Bergen und Flüssen festgelegt [1]), erhalte ich jetzt diesen Ruf von dem Kaiserhause der *Chou* [2]) und erscheine mit den Tributgaben und Abzeichen am Hofe, um über meine Amtsführung Rechenschaft zu geben [3]), wie es Regel ist bei den *Shang* [4]).

Wenn es mir diesmal vergönnt ist, den Bestimmungen gemäss Tribut darzubringen, so wolle die Kaiserliche Regierung daraus die Aufrichtigkeit meines ehrerbietigen Gehorsams erkennen, indem ich die Gefühle der Verehrung und der Freundschaft meines Landes zum Ausdruck bringe.

Treu meinen Vasallenpflichten habe ich, den Blick in die Ferne zum Thor des Kaiserpalastes gerichtet, die einzelnen Gegenstände der Tributsendung für das Jahr *Hsing-sse* [5]) meinem Beamten, *Juan Shu* und Begleitern zur Überreichung an den Thron über-

1) Dies war durch den Kaiser *Yü* geschehen.

2) Bildlich gemeint. Die jetzige Dynastie wird mit der *Chou* Dynastie verglichen.

3) Die Feudalfürsten mussten im Alterthum alle 6 Jahr einmal bei Hofe erscheinen.

4) Zitat aus dem *Shiking* (*Legge* B. II S. 644).

5) Das Jahr 1881.

geben und hoffe gehorsamst, dass die Entgegennahme huldvollst genehmigt werden wird. Nachdem ich bereits ein Begleitschreiben habe einreichen lassen, habe ich die Ehre über diese Punkte zu berichten, wovon Seine Majestät allergnädigst Kenntniss nehmen möge.

1. Als Gesandte fungiren die 3 Minister: *Juan Shu*, *Ch'ên Ch'ing Chien* und *Juan Huan.*

2. Landesprodukte der Tributsendung für das Jahr *Hsing-sse*:

2	Elefantenzähne.		
2	Nashörner.		
45	Pfund Betel.		
45	Pfund Kardamomen.		
600	Unzen *Su-hsiang* Holz [1]).		
300	Unzen Aloeholz.		
100	Ballen	einheimischer	Seidendamast.
100	do.	do.	weisse Seide.
100	do.	do.	Seidentaffet.
100	do.	do.	Baumwollentuch.

Den Ministern des Staatsraths ist darauf der Erlass „Gesehen" zugegangen.

D. N⁰ 3.

Ueber die Errichtung von Hallen zur Erklärung der Zeitungen:

Die Durchführung von Reformen ist verhältnissmässig einfach bei den oberen Klassen der Bevölkerung, aber sie stösst auf Schwierigkeiten bei den unteren. Die bedauerliche Stagnation in der Entwickelung Chinas kommt keineswegs von der mangelhaften Bildung der oberen Gesellschaftsschichten, sondern ist die Folge

---

1) Ein wohlriechendes Holz.

der Unwissenheit und Beschränktheit des gewöhnlichen Volkes. Will man daher in den chinesischen Lebensgewohnheiten Neuerungen einführen, so wird man keinen Erfolg zu verzeichnen haben, wenn man nicht mit der Aufklärung der unteren Klassen den Anfang macht. Diese wissen kaum etwas von den Verhältnissen ihres Vaterlandes; wollte man unter diesen Umständen plötzlich von ihnen eine Kenntniss der Vorgänge in allen fünf Erdtheilen nnd ein Vertrautsein mit den Verhältnissen anderer Staaten erwarten, so wäre das nicht viel anders, als wenn man mit einem Blinden über schöne Blumen spräche oder einem Tauben etwas auf der Zither vorspielte, denn wie würden dadurch bei den letzteren irgend welche Vorstellungen erweckt?

Schmerzlich berührt durch diese Rückständigkeit der Volksbildung und die Zähigkeit der alten Gewohnheiten, hat Schreiber dieser Zeilen bereits die Errichtung von einer grösseren Anzahl Hallen zur Erklärung von Zeitungen in Vorschlag gebracht. Die unteren Volksklassen besitzen nur eine sehr geringe Kenntniss der Schriftzeichen und sind desshalb durchaus nicht im Stande, Zeitungen zu lesen, ohne das Lesen von Zeitungen ist es aber ganz unmöglich, den Gesichtskreis dieser Leute zu erweitern. Das einzige Mittel ist, an allen Verkehrszentren und in allen grösseren Städten Lokale zur Erklärung der Zeitungen einzurichten und tüchtige Litteraten dafür zu engagiren, welche die nächstliegenden und fasslichsten Ereignisse der innern und äusseren Politik vom Katheder herab frei zu erzählen haben. Der Eindruck auf die Zuhörerschaar wird ein so grosser sein, dass sich von selbst ein Umschwung in den Gewohnheiten und Anschauungen vollziehen wird, denn die Leute werden den Vortrag verstehen und ihn in sich aufnehmen. Ich habe öfter beobachten können, wie in armen Dörfern und entlegenen Ortschaften, wenn sich jemand fand, der von dem Wirken der Geister und Dämonen in alter und neuer Zeit und alle die alten Geschichten von den edlen Thaten treuer und tugendhafter Helden und den Schändlichkeiten der Verräther und Schurken erzählen konnte [1]), wie dann die einfachen Männer und Frauen gar nicht müde wurden, ihm zuzuhören, und die Erzählungen einen so nachhaltigen Einfluss auf sie ausübten, dass sie bis in ihr Alter und zu ihrem Tode sie nicht wieder vergassen. Die Erklärung der Zeitungen würde ein noch viel lebhafteres Interesse erwecken und noch weittragendere Wirkungen ausüben.

Ein unternehmender Mann hat vor Kurzem in *Suchou* die Eröffnung von Hallen zur Erklärung von Zeitungen energisch in's Werk gesetzt, die sich eines regen Zuspruchs von Seiten der unteren Klassen erfreuen. Wenn die Präfekturen und Distrikte aller Provinzen diesem Beispiele folgten, so wage ich zu versichern, dass das matte Herz Chinas wieder pulsiren und sein träges Gehirn wieder arbeiten würde. Wer weiss, vielleicht könnte man dann sogar erhoffen, dass unser Land in Zukunft wieder zu Blüthe und Macht gelangt.

Einrichtung von Hallen für Gesetzeskunde.

Vierhundert Millionen gesetzesunkundige Unterthanen vereint bilden den Staat. Wenn man plötzlich eines Tages ein sehr strenges und scharfes Gesetz erlässt, um jene durch seine Vorschriften zu zügeln, durch die Bestimmungen einzuschränken und durch Strafen zu schrecken, so ist das nicht anders, als wenn man eine Fallgrube gräbt und dann ahnungslose, unmündige Kinder dorthin treibt, damit sie hineinfallen.

Die chinesischen Gesetze sind sehr zahlreich, aber nur die ergrauten juristischen Sekretäre [2]) und die Kanzlisten im Justizministerium wissen damit umzugehen. Die höchsten Justizbeamten

1) Ein Geschichtenerzähler, der sich in China bei den des Lesens Unkundigen grosser Beliebtheit erfreut. Das Vortragen des Inhalts der Zeitungen ist in ganz ähnlicher Weise gedacht.

2) Die Privatsekretäre der Lokalbeamten, welche alle juristischen Sachen der Behörde zu bearbeiten haben und eine praktische Rechtskenntniss besitzen.

die mit Jurisdiktion versehenen hohen Provinzialbeamten sowie die rechtsprechenden Lokalbeamten sind zwar als Richter hochangesehen und leben von ihrem Richteramt, aber sobald ihnen ein schwieriger Fall vorkommt, wissen sie nicht, nach welchem Paragraphen sie zu entscheiden haben, und, wenn ihnen eine Processsache überwiesen wird, so verstehen sie die Gesetzesbestimmung nicht, welche nach Analogie anzuwenden ist. Ja es giebt sogar solche, die noch niemals ein *„Ta Ch'ing lü-li"* zu Gesicht bekommen haben. Was soll man da von dem Volke erwarten, das sich nie mit Jurisprudenz abgegeben hat?

Bei der Verbesserung seiner Rechtspflege hat China in ausgedehntem Masse neue Gesetze erlassen und alte abgeschafft. Von den alten Gesetzen sind einige im Volke bekannt, andere nicht, von den neu erlassenen weiss es aber absolut gar nichts. Wenn es nun aus Unkenntniss versehentlich ein solches Gesetz übertritt, so muss die Strafe verhängt werden, obgleich die Umstände unser Mitleid erregen. Desswegen sollte mit der Errichtung von Hallen zum Vorlesen der Gesetze nicht länger gezögert werden. Was noch ganz besonders dazu veranlassen muss, ist die Einführung einer chinesischen Polizei [1]. Diese hat über die Beachtung der Gesetze zu wachen. Inwieweit etwas gegen die Polizeiverordnungen verstösst und wieweit es damit übereinstimmt, ist den Polizeibeamten und den Polizisten sehr wohl bekannt, aber das Volk weiss nicht, welche seiner Handlungen in den Rahmen der Polizeiverordnungen hineinpassen und welche sich als Übertretungen darstellen. Das ist, weil nicht schon längst solche Institute zur Rechtsbelehrung gegründet sind. Dort müsste dem Volk täglich auseinandergesetzt werden, dass dies oder jenes mit den Bestimmungen nicht im Einklang steht, also gegen das Gesetz verstösst, und dass dies oder jenes den Vorschriften nicht

1) Die chinesische Polizei ist nach japanischem Muster reorganisirt. Auch der neue Name 巡警 ist japanischen Ursprungs.

entspricht und desshalb den öffentlichen Frieden stören würde. Durch derartige eingehende Besprechungen würde das gewöhnliche Volk bald zur Einsicht von der Strenge und Unentrinnbarkeit der Gesetze gelangen, und die Fälle der böswilligen Gesetzesverletzung würden sich sehr vermindern.

Die Verlesung der Gesetze am „Tigerthor", wovon das *Chou-li* berichtet, hatte ganz denselben Sinn [1]. Die plötzliche Einführung der Polizei im Inland, bevor für die nöthige Rechtsbelehrung gesorgt ist, würde eine Verwaltungsmassregel sein, bei der das Volk einfach eingefangen wird.

Errichtung von Turnvereinen:

Der Charakter des chinesischen Volkes, welcher ursprünglich wild und kühn war, hat sich geändert und ist schwächlich und indolent geworden. Die Fürsten als Träger aller Macht haben Mittel und Wege gefunden, um das Volk zu verdummen. Im Alterthum pflegte man den Frühling und den Sommer den Studien zu widmen und im Herbst und Winter dem Bogenschiessen und dem Weidwerk obzuliegen. Die Künste des Friedens und des Krieges wurden zusammen gepflegt. Später kam das Schiessen und Jagen ab, und Civil und Militär wurden von einander getrennt. Dadurch wurde das Volk verweichlicht, so dass es den Starken und Kühnen zum Opfer fiel.

Neuerdings hat das chinesische Volk wieder gelernt, die Kriegstüchtigkeit zu schätzen. Bei allen öffentlichen und Privatschulen an den verschiedenen Orten werden besondere Turnklassen eingerichtet und sogar der Mädchenunterricht erhält eine militärische Grundlage. Man will dadurch aus Schwächlingen wieder kräftige Männer machen. Wie die Leistungsfähigkeit einer Maschine auf

---

1) Das *Chou-li* sagt davon nichts. Der Prinzenerzieher, welcher auch den Unterricht der Söhne der Grosswürdenträger leitete, hielt sich links vom »Tigerthor" bei der kaiserlichen Audienzhalle. Es wird nur hervorgehoben, dass er seine Schüler in der Moral unterwies. Vergl. *Le Tcheou Li* par *E. Biot*, Tome I p. 294.

ihrer Beweglichkeit beruht, so hängt auch die Kriegstüchtigkeit einer Nation von ihrer körperlichen Beweglichkeit ab. Durch gymnastische Übungen wird erstens die Körperkonstitution gekräftigt und zweitens der kriegerische Geist erweckt, der dann nicht so leicht wieder verschwindet.

Indess, wenn auch die Schuljugend turnt und militärische Übungen macht, so würden doch alle diese Bestrebungen zur Hebung der chinesischen Wehrkraft im Hauptpunkte scheitern, sofern nicht auch der schwächliche und indolente Charakter der Bürger, welche ausserhalb der Schule stehen, aufgerüttelt wird. Zu dem Zweck schlägt Schreiber die Gründung von Turnvereinen für alle Gewerbe vor. Bei allen Gewerben ohne Unterschied müssten alle Mitglieder in den mittleren Jahren und im manneskräftigen Alter an den Turnübungen theilnehmen und den militärischen Drill und andere derartige Fertigkeiten erlernen. Von einer solchen militärischen Schulung kann man mindestens zum eigenen Schutze und im Nothfalle zur Vertheidigung des Vaterlandes Gebrauch machen. Dann wird hoffentlich im Charakter des chinesischen Volkes wieder Muth und Kühnheit an die Stelle von Schwäche und Schlaffheit treten, und in unserer Zeit der natürlichen Zuchtwahl[1]) wird es auch mit den Starken und Gewaltigen den Kampf aufnehmen können, ohne von ihnen zu Boden geschlagen zu werden. Auf den Marktstrassen wird es nicht an tüchtigen Kerlen fehlen, die stets bereit sind ihre Fäuste zu erproben, das Gefühl, dass man Haus und Hof gegen fremde Angriffe schützen muss, wird allgemein werden, und durch besondere Bestimmungen wird man sich gegenseitig anzufeuern suchen. Kommt man dann über einen Marktplatz, so sieht man überall die Leute ihre Übungen machen, hört die Kommandorufe, das Händeklatschen und den Marschschritt. So würde unser Volk wohl doch noch seine Selbständigkeit bewahren können.

1) Auch der chinesische Ausdruck für 'natural selection' 淘汰 = auswaschen, z. B. Goldsand aus dem Flussschlamm, ist japanischer Herkunft.

D. N⁰. 4.

Das englisch-japanische Bündniss und das deutsch-russische Uebereinkommen.

Die mächtigen Staaten der Welt müssen um ihr Dasein kämpfen, wobei der Himmel eine Auswahl trifft. Der Existenzkampf derjenigen, welche aus dieser Auslese hervorgehen, führt aber jetzt sehr schnell zu einem politischen Gleichgewicht, wobei die entgegengesetzten Kräfte sich die Wage halten. Das zwanzigste Jahrhundert ist nämlich kein Zeitalter mehr, in welchem Gewehre und Kanonen allein die Suprematie verschaffen, diese kann nur noch durch Politik gewonnen werden.

Als Deutschland Österreich niederwerfen wollte, bemühte es sich zunächst um die französische Freundschaft, und, als Amerika im Begriff stand von England abzufallen, bat es heimlich Frankreich um Beistand. Das Resultat war, dass Deutschland und Amerika Unterstützung fanden und ihre kühnsten Hoffnungen erfüllt sahen, während Osterreich und England ihre Bundesgenossen verloren und alle früher erworbenen Vorrechte einbüssten.

Wenn man sieht, wie England und Japan ihr Bündniss erneuert haben und, wie man sagt, Deutschland einen Vertrag mit Russland abgeschlossen hat, so muss man leider zugestehen, dass die Geschicklichkeit und der Erfolg der äusseren Politik der fremden Mächte unerreicht dasteht.

Von allen Nationen der Erde sind, was Macht und Einfluss anbetrifft, die Engländer die stärksten; auch ihr Ländergebiet ist das grösste. Aber zwischen Mutterland und Kolonien besteht kein fester Zusammenhang; wenn sich daher plötzlich Schwierigkeiten ergeben, so geht, während man für das eine Land sorgt, leicht das andere verloren. Deswegen schwebten die Engländer schon seit über zehn Jahren Tag und Nacht in beständiger Angst und konnten nicht zur Ruhe kommen. In Afrika und Australien wurde ihnen die Herrschaft von mächtigen Rivalen streitig gemacht. Wenn sie ihre ganze Macht auf Afrika konzentrirten, so mussten sie fürchten, ihren Einfluss in Asien zu verlieren, und wenn sie ihre Macht in Asien entfalteten, so hätte das möglicherweise ihre Stellung in Afrika erschüttern können. Da sie so nach allen Seiten hin auf der Hut sein mussten, konnten die englischen Politiker nicht anders als sich mit Japan verbünden. Japan nahm gerade einen gewaltigen Aufschwung, und seine Macht stand auf der Höhe. Durch das Bündniss mit ihm wurde Indien felsenfest gesichert, und England konnte seine dadurch frei gewordene Kraft gegen die Nebenbuhler in Afrika richten und nach Regelung der dortigen Verhältnisse seine Aufmerksamkeit wieder Ostasien zuwenden. Dies ist der Hintergedanke der englischen Politik. Hätte sie sich jetzt nicht Japans zum Schutze Indiens bedient, so würde Indien ernstlich gefährdet gewesen sein, und England würde infolgedessen auch seinen Einfluss in Afrika verloren haben. Deshalb hat England von dem englisch-japanischen Bündniss wirklichen Vortheil, während Japan davon nur die Ehre hat. Ebenso wie England mit seinen drei Inseln in Westeuropa seine Willkürherrschaft ausübt, so macht es Japan mit seinen drei Inseln in Ostasien. Die andern Grossmächte sehen scheel und haben Angst, indem sie einen unerträglichen Druck auf sich lasten fühlen. Da nun jetzt noch jede Einwirkung auf die eine Seite, sofort eine Reaktion auf der andern hervorruft, indem die beiden mächtigen Staaten ihre Kräfte vereint haben und fest zusammenhalten, so giebt das natürlich noch zu besonderer Besorgniss Veranlassung.

Dagegen richtet sich im Grunde der zwischen Deutschland und Russland abgeschlossene Vertrag. Das ist nur natürlich. Deutschland hat mit England eine Menge Streitpunkte in Afrika, und noch weniger gut vertragen sich beide Mächte in Asien. Die Rivalität zwischen Deutschland und England konzentrirt sich aber auf Ostasien, in Afrika haben beide Mächte nur geringere Interessen. Auf die Erwerbung von *Kiaochou* hat Deutschland nur soviel Kraft verwandt, wie nöthig ist, um einen Hasen zu fangen. Das ist Japan ein Dorn im Auge. Es fürchtet, dass *Kiaochou* noch einmal ein Krankheitsherd für ganz Ostasien werden wird, und sah sich dadurch veranlasst, die Freundschaft Englands zu suchen. England seinerseits fürchtete ebenfalls, dass durch die Entwicklung *Kiaochou's* der Machtbereich der Engländer in Ostasien durchbrochen werden würde, und wurde dadurch zum Anschluss an Japan bewogen. Als nun Deutschland die Vereinigung Japans mit England sah, blieb ihm nichts anderes übrig, als sich mit Russland zu verbünden, um so ein Gegengewicht zu schaffen. Indess nach dem letzten grossen Kriege wird Russlands Macht im fernen Osten nicht so leicht wiederhergestellt werden. Dass Russland sich Deutschland anschliesst, um sein Ansehen in Europa zu kräftigen, ist durchaus nicht unpolitisch, aber dass Deutschland mit Russland zusammengeht, von dem es doch zur Zeit keinerlei Unterstützung erwarten kann, scheint auf den ersten Blick ein verfehltes Beginnen. Dabei darf man jedoch nicht vergessen, dass zwischen Deutschland und Frankreich eine Erbfeindschaft besteht. Wenn Deutschland sich im Osten zu schaffen macht, würden sich die Franzosen nicht die Gelegenheit entgehen lassen, ihm in den Rücken zu fallen. Solange also Deutschland für das eigene Gebiet besorgt sein muss, würden alle seine Herrschaftsgelüste im fernen Osten zu Schanden werden. Das deutsch-russische Einvernehmen bezweckt nun durchaus nicht effektive Hülfe von Russland zu erlangen, sondern durch das blosse Vorhandensein eines Bündnisses mit Russland will man Frankreich gewinnen und von feindlichen Unternehmungen gegen Deutschland abhalten. Dann kann Deutschland im Fernen Osten mit England um den Vorrang kämpfen und dort ebenfalls es den Japanern gleichthun. Der Abschluss des deutsch-russischen Vertrages richtet somit seine Spitze gegen England und Japan und nützt Russland und Frankreich nicht das Geringste.

Das englisch-japanische Bündniss und der deutsch-russische Vertrag werden grosse Umwälzungen in der Weltpolitik hervorrufen. Amerika steht für gewöhnlich auf Seiten Englands; für welche Partei sich Frankreich erklären wird, lässt sich jetzt noch nicht ersehen. Dem äusseren Anschein nach wird Frankreich den Ausschlag geben, in Wirklichkeit aber hängt alles von China ab. Solange China nicht mächtig ist, wird die Welt nicht zur Ruhe kommen. Wir müssen hoffen, dass die Leiter unserer auswärtigen Politik die Beziehungen der fremden Mächte untereinander verstehen und sich als Hauptziel die Trennung und Entzweiung derselben setzen. Solange die Bündnisse und Gegenbündnisse in Kraft bleiben, ist für China keine Rettung; erst, wenn sie durchbrochen werden, kann Chinas Integrität bewahrt bleiben. Die Fäden zu knüpfen und zu lockern ist die Aufgabe unserer auswärtigen Politik. Leicht ist sie nicht.

D. N⁰ 5.

Die versuchsweise Einführung der Kopfsteuer [1]).

Für alle Abgaben gilt das *Noli me tangere*, denn, sobald erst einmal ein Loch gebohrt ist, lässt es sich nie wieder zustopfen. Jede neue Einnahmequelle des Staates wird für das Volk zu einem Kanal, der seine Reichthümer mit sich fortführt. Wenn gesagt wird, dass nach Erschliessung einer einzigen Einnahmequelle die zahlreichen andern alle wieder zugeschüttet werden können, so verdient diese Behauptung keinen Glauben.

Da die der Regierung zu Gebote stehenden Mittel immer weniger werden, denn es fehlt an allen Ecken, und auch die Freiwilligen Beiträge bringen nur wenig ein, und die Stimmen des Unwillens sich mehren, so hält die Regierung den jetzigen Zu-

1) Eine Kopfsteuer hat früher lange Zeit bestanden. Sie wurde, da sie sehr unpopulär war, zu Anfang der jetzigen Dynastie mit der Grundsteuer vereinigt.

stand auf die Dauer für unhaltbar. Nun hat der Generalgouverneur von *Chili*, der Prinzenerzieher *Yüan Shih-k'ai* einen Vorschlag des Präfekten von *Pao-ting-fu*, *Chu Chia-pao*, angenommen und beabsichtigt die Einführung einer Kopfsteuer. Man nimmt an, dass die Provinz *Chili* allein 20 Millionen Taels einbringen kann. Wenn diese Steuer sich bewährt, so sollen alle übrigen, verschiedenen Arten der Freiwilligen Beiträge [1]) abgeschafft werden. Die Regierung hat die Provinz *Chili* ermächtigt, zunächst einen Versuch zu machen. Wenn er Erfolg hat, so soll das System auf alle Provinzen ausgedehnt werden.

Chili hat sich von den Unruhen im Jahre 1900 noch nicht wieder ganz erholt. Wenn man trotzdem durch die Einführung der Kopfsteuer auf Grund der Einwohnerzahl der Provinz fest auf 20 Millionen Taels rechnet, so lässt sich die Grösse der Summen ermessen, die von den dichtbevölkerten und blühenden Provinzen einkommen müssen. Obwohl die Ziffern der chinesischen Zählungslisten nicht ganz zuverlässig sind, so kann man doch annehmen, dass die Zahl der Einwohner des gesammten Chinesischen Reiches 400 Millionen übersteigt. Zieht man nun hiervon 200 Millionen Arme ab, die keine Abgaben zahlen können, so bleiben doch noch über 200 Millionen zahlungsfähige Bürger übrig. Wenn jeder 1 Tael zahlt, so erhält man jedes Jahr über 200 Millionen Taels.

Die Einnahmen des Chinesischen Staates sind wohl in den letzten Jahren gegen früher etwas gewachsen, aber, wenn man die Seezölle, Kopf- und Grundsteuer, die gemischten Abgaben und die verschiedenen kleineren Zölle zusammenrechnet, so erreichen sie doch noch nicht 100 Millionen. Wenn also durch die Einführung der Kopfsteuer die Reichseinkünfte so bedeutend erhöht werden, so würden diese grossen Einnahmequellen für die innere Verwaltung und die Rückzahlung der fremden Anleihen vollständig ausreichen, und es könnte scheinen, als ob dann alle

---

1) Die *sogenannten* Freiwilligen Beiträge, zu denen auch das Likin gehört.

die verschiedenen kleineren Abgaben in Wegfall kommen könnten. Diese herrliche, neue Art der Besteuerung würde weder nach unten beim Volke als eine schwere Last, noch nach oben als den Staatsinteressen zuwiderlaufend empfunden werden, und es liesse sich gar nichts Besseres ersinnen. Allein man möge bedenken, dass die südlichen Provinzen schwer an dem Tributreis und die nördlichen an den Frohnabgaben [1]) zu tragen haben. Sollte nun trotz der Kopfsteuer keinerlei Erleichterung in den Frohnabgaben eintreten, so dass die nördlichen Provinzen zu diesen Abgaben noch eine neue Frohn, allerdings unter anderer Gestalt hinzuerhielten und die Südprovinzen ausser ihrem Reistribut unter anderem Namen noch einen andern Tribut extra zu entrichten hätten, würde das Volk es wohl ertragen, so bis aufs Blut gepeinigt und geschunden zu werden?

Und das wäre noch nicht alles. Nach Einführung der Kopfsteuer würden jedenfalls die vielen kleinen Abgaben nicht abgeschafft werden. Gerade während der jetzigen Übergangsperiode unseres Staates von der Barbarei zur Zivilisation [2]), wo im Kampf mit stärkeren Gegnern wir uns zu retten suchen und hunderterlei Rückständigkeiten beseitigt werden müssen, kann nicht eine von den vielen Reformen ohne die grössten pekuniären Opfer durchgeführt werden. In demselben Verhältniss wie der Staat in der Entwickelung fortschreitet, wachsen auch seine Ausgaben an. Jedesmal, wenn man eine neue, zuverlässige Steuerquelle entdeckt, sind auch sofort nothwendige Ausgaben da, welche ihre Befriedigung davon erwarten. Die Vermehrung solcher Abgaben ist sehr einfach, die Beseitigung dagegen sehr schwierig.

Als bei der Unterdrücking des *T'aip'ing* Aufstandes die nöthigen Gelder zur Löhnung der Truppen fehlten, waren es *Tsêng Kuo-*

---

1) Eigentliche Frohndienste werden nicht mehr geleistet. An ihre Stelle trat die Kopfsteuer.

2) Ein solches Zugeständniss im Munde eines Chinesen wäre noch vor wenigen Jahren undenkbar gewesen.

fan und *Hu Lin-i*[1]), welche mit der Erhebung von Likin den Anfang machten. Freilich schlugen sie vor, nach Unterwerfung der Rebellen diese Steuer wiederaufzuheben, aber jetzt sind schon über 40 Jahre seit Beendigung des Aufstands verflossen, und die Likinstationen haben noch nicht beseitigt werden können. Sobald nämlich sich eine Einnahmequelle aufthut, so stellen sich auch sofort Bedürfnisse dafür ein. Wenn man sie auch wieder beseitigen möchte, ist man doch nicht dazu in der Lage.

Dass die Chinesische Regierung ihr Versprechen nicht hat halten können[2]), kommt mit daher, dass sie sich durch die Unzulänglichkeit ihres Budgets in einer Zwangslage befindet. Jetzt bei der versuchsweisen Einführung der Kopfsteuer in *Chili* heisst es auch wieder, dass, wenn die Sache Erfolg hat, alle kleineren Abgaben beseitigt werden sollen, eine Versicherung, welche ihren Eindruck nicht verfehlt. Man muss aber wissen, dass nach Einführung der Kopfsteuer alle daraus fliessenden Beträge für die Ausbildung der Truppen, die Errichtung von Schulen und die Förderung des Gewerbes verbraucht werden. Obgleich China auf diesen Gebieten durchaus noch nicht auf der Höhe ist, so hat man doch schon jetzt nicht die genügenden Mittel dazu, die jedenfalls ganz bedeutend vermehrt werden müssen. Eine solche Vermehrung aber erfordert neue Steuern. Jede Summe also, welche durch die Kopfsteuer einkommen wird, muss für diese Zwecke verausgabt werden. Die Chinesischen Finanzen haben noch niemals ein Plus aufzuweisen gehabt, wie sollte es da möglich sein, auf die andern Abgaben zu verzichten? Es ist zu befürchten, dass die früheren kleineren Abgaben nicht abgeschafft werden können.

Um die Kopfsteuer kommt man nicht herum, aber, wenn ihre

---

1) *Tsêng Kuo-fan* und *Hu Lin-i* trugen wesentlich zur Besiegung der *T'aip'ings* bei.

2) Das Versprechen, das Likin abzuschaffen.

Einführung sich bewähren sollte, so müssen alle übrigen kleineren Abgaben unter allen Umständen fallen. Sollte dies eine blosse Redensart zur Erlangung neuer Steuern sein und man mit dem Hinweis auf die Abschaffung das Volk betrügen, so würde man wieder dieselbe Methode befolgen wie beim Likin. Man würde es ebenso machen wie ein Jäger, der auf der Jagd das Wild bis auf das letzte Stück niederschiesst, oder ein Fischer, welcher den ganzen Teich ablässt, denn schliesslich würden alle Mittel erschöpft sein und das verarmte Volk zur Revolution im Innern übergehen. Diesen Zeitpunkt würden natürlich unsere äusseren Feinde benutzen. Wir hoffen dem Schicksal Polens, Indiens und Agyptens zu entgehen, aber wird es möglich sein?

D. N⁰ 6.

Das Pressgesetz.

Seitdem sich das Verständniss für das Recht der Öffentlichkeit allmählich Bahn gebrochen hat, ist auch der Einfluss der Presse beständig gewachsen. In neuerer Zeit pflegt, was die Zeitungen anregen und befürworten, auch die Billigung der leitenden Kreise zu finden, und dasjenige, wogegen die Zeitungen sich wenden, auch von jenen verworfen zu werden. In den letzten 10 Jahren ist ein grosser Umschwung erfolgt, und auch seit 5 Jahren hat sich sehr vieles geändert. Auch die Entwickelung des Zeitungswesens hat immer grössere Fortschritte gemacht, so dass zwischen ihm und der Entwickelung der Gesellschaft eine beständige Wechselwirkung besteht. Die Zunahme des Einflusses der Presse wird in Zukunft noch in schnellerem Tempo erfolgen und noch grösser sein, und es lassen sich die Grenzen dieser Entwickelung noch gar nicht vorhersehen. Aber mit dieser Erweiterung ihres Einflusses wachsen zugleich auch gewisse Gefahren für die Gesellschaft, und ein Pressgesetz ist unerlässlich, damit verhindert wird, dass Journalisten, welche sich über alle

Verordnungen hinwegsetzen und das Recht mit Füssen treten, statt des Segens Unheil stiften.

Augenblicklich befindet China sich in einem Übergangsstadium, und die neue Saat bedarf der sorglichen Pflege der Presse, welche andererseits auch zur Beseitigung des damit hervorwachsenden Unkrauts nöthig ist. Da wir bis jetzt noch keine konstitutionelle Regierung haben und auch das Parlament noch nicht errichtet ist, so darf die Presse unter keinen Umständen geknebelt und die freie Meinungsäusserung nicht unterdrückt werden, da das nur der Ignoranz Vorschub leisten würde.

Obgleich unser Blatt stets sehr energisch seinen Standpunkt verfochten hat, so hat es sich doch nie zu wüsten Hetzereien hinreissen lassen, die dem Gemeinwohl nur schaden und gegen das von der Regierung entworfene Pressgesetz verstossen würden. Aber wir hoffen, dass das Gesetz so weitherzig wie möglich gehandhabt und nicht zu kleinlichen Schikanen benutzt wird, damit nicht das Reformwerk in China wieder ins Stocken geräth und die Ausländer sich weigeren, das Gesetz anzuerkennen.

D. N° 7.

Massregeln gegen das Eindringen des Opiumgiftes in die Schulen.

Von allen Giften ist keins so gefährlich für Chinas neue Kultur wie das Opium und nichts so verhängnissvoll wie das Eindringen dieses Verderbens in die neuen Schulen, denn das Opiumgift durchfrisst die inneren Theile und schleicht sich in das Mark des Menschen ein. Chinas krankhafte Schwäche ist zum grossen Theile darauf zurückzuführen. Die Hebung dieser schweren Krankheit und die Heilung dieses chronischen Leidens muss man von der hohen Gesinnung verschiedener hervorragender Männer der neuen Schulverwaltung erhoffen. Mögen sie bei der Ausbreitung der Bildung diese schmutzige und ekelhafte Unsitte gründlich beseitigen, damit das gesammte Volk, bis auf die Knochen und das Mark gereinigt, wieder frische Kraft gewinnt und von seiner Schwäche genesen, neu erstarkt. Durch diese Kräftigung und Erstarkung des ganzen Heeres und des Volkes würde China regeneriren. Voraussetzung dafür ist natürlich, dass niemand in den neuen Schulen dem Opiumübel verfallen ist, und dass solchen, welche es sind, der Zutritt dazu verwehrt wird, denn sie würden die Erziehung im ganzen Reiche verderben.

Nun haben wir aber zu unserem grossen Kummer eine Bekanntmachung der Normalschule[1]) in *Shansi* gelesen, wodurch die Schüler ermahnt werden, sich des Opiumgenusses, zu enthalten. Die Schule ist ein Schmelzofen, in welchem die Schüler geläutert werden, und die Normalschüler sind das in bestimmte Formen gegossene Bildungsmaterial. Die Schule ist eine Kulturstätte, und die Schüler sind die jungen Kulturpflanzen. Selbstverständlich gehören keine Opiumraucher in die Schule, und noch viel weniger können sie unter den Schülern geduldet werden. Die Schüler der Normalschule sollen für alle andern Schulen ein Muster sein, umso weniger dürfen sich Opiumraucher darunter befinden. Weder unter den Hochschülern noch unter den Elementarschülern dürfen solche sein, die diesem Laster fröhnen. Auch für die Fachlehrer, die Oberlehrer, die Direktoren, Inspektoren und Beamten gilt dasselbe, ja dieser Grundsatz ist sogar auf die in den Schulen angestellten Scheuermänner, Feger, Köche sowie auf die Sänftenträger und sonstigen Schuldiener auszudehnen.

In allen Provinzialschulen sollte ohne Rücksicht auf Stellung und Ansehn jeder Opiumraucher ausgestossen werden; das würde eine heilsame Wirkung ausüben, und das Opiumlaster liesse sich dadurch bekämpfen. Anderenfalls werden, sofern sich in einer Schule ein Opiumraucher findet, die verschiedenen Angehörigen

1) Eine Schule, welche unserem Lehrerseminar entspricht, aus welcher die zukünftigen Lehrer hervorgehen sollen.

der Schule rauchen, und die Leute ausserhalb der Schule werden ihrem Beispiele folgen. Die schlimmen Folgen dieser unheilvollen Leidenschaft würden dann an allen Schülern des ganzen Reiches zu Tage treten. Desshalb giebt es unter den namhaften Vertretern des neuen Unterrichtswesens keinen einzigen Opiumraucher. Wenn sich in den neuen Schulen ein Opiumraucher befindet, so mag er noch so grosse Gelehrsamkeit besitzen, von China und dem Auslande noch so gründliche Kenntnisse haben, überhaupt ein Koryphäe und eine Leuchte der Wissenschaft sein, mit der Opiumsucht behaftet kann er niemals für die Schüler als ein Vorbild dienen. China befindet sich zur Zeit in einer sehr prekären Lage, die sofort zu einer Katastrophe führen kann, der einzige Hoffnungsstrahl sind die Schüler der verschiedenen Anstalten.

Die Schüler der Normalschule in *Shansi* sollen für die ganze Provinz *Shansi* ein Beispiel geben. Wenn nun der erste Direktor der Schule eine dreimonatliche Frist zum Abgewöhnen des Opiumrauchens setzt, so befinden sich offenbar Opiumraucher unter den Schülern der Normalschule. Wenn sie später als Lehrer durch ihr Beispiel wirken sollen, aber vom Opiumrauchen nicht ablassen, so ist zu erwarten, dass, sobald sie die Leitung der Erziehung an irgend einer Anstalt übertragen erhalten, sie statt unzählige Kulturpflanzen im Wissen heranzubilden aus ihnen im Gegentheil Wucherpflanzen und Unkraut machen werden, das dem Opiumteufel verfällt. Was kann China erhoffen, wenn es auf dem alten Wege fortschreitet?

Schreiber dieses ist der Ansicht, dass, wenn China seine Jugend so ausbilden lassen will, dass es später von ihr Hülfe in seiner Noth und Schwäche erwarten kann, eine Grundvorbedingung die Beseitigung des Opiumlasters in den Schulen ist. In allen Schulen sollte ohne Rücksicht auf Amt und Würden jeder. der nur einmal gegen das Rauchverbot verstösst, falls es ein Lehrer ist, entlassen und, wenn es ein Bediensteter ist, fortgejagt werden.

Nur wenn die Schulen gedeihen, wird wieder frisches Leben im Staate pulsiren, wenn dagegen die Sphäre des Wissens und des Opiumdusels nicht streng von einander geschieden werden, so muss man fürchten, dass sich die Stätten klaren Wissens in finstere Opiumhöllen verwandeln, ein schrecklicher Gedanke!

D. N⁰ 8.

Ehrungen von Angehörigen des Heeres durch die Generalinspektion.

In dem Zeitalter von Blut und Eisen, in welchem wir leben, hat China seine Macht nicht mehr entfalten können und allen seinen Einfluss eingebüsst, auch ist seine nationale Ehre häufig beschimpft worden. Wenngleich verschiedene Gründe für diese Schwäche vorhanden sind, so ist doch die Missachtung des Militärs einer derselben. China hat bisher auf die Angehörigen des Heeres wie auf Sklaven und Thiere herabgeblickt. In Friedenszeiten liess man sie antreten, um Befehle entgegenzunehmen und schwere Frohndienste, Erdarbeiten oder Holzbauten auszuführen, und im Kriege trieb man sie in den Kampf. Thaten sie sich hervor, so eigneten sich die Bataillons- und Companie Chefs die Auszeichnungen an, und war etwas verfehlt, so hatten die Soldaten die Schuld. Büssten sie bei einem Rückzug das Leben ein, so liess man sie in den Gräben liegen. Es wurden ja wohl Gelder für Totenehren angewiesen, aber ein grosser Theil davon blieb bei den Offizieren hängen. Wegen dieser geringschätzigen Behandlung, welche China seinen Soldaten zutheil werden liess, war das Militär wirklich in hohem Grade zu beklagen.

Wer Blut in den Adern fühlt, kann auch denken. So wurde es auch den Soldaten schmerzlich klar, wie unwürdig man sie behandelte, und in ihrem Unmuth dachten sie nicht mehr daran, zum Schutze des Vaterlandes ihre Haut zu Markte zu tragen. Beim ersten Alarm, liefen sie davon und, wenn es zum Kampfe kam, nahmen sie Reissaus. Solche Gesinnungen hat man in den Vaterlandsvertheidigern erweckt! Daher wurde denn auch die Macht des Reiches immer schwächer, sein Einfluss schwand immer mehr, und sein Ansehn wurde immer geringer.

Jetzt hören wir nun, dass die Generalinspektion[1]) aus Anlass der in *Chinkiang* erfolgten Rekrutenaushebungen den im Gedränge umgekommenen Militärs hohe Ehren erweisen lässt, indem sie zur Unterstützung der Lebenden einen fünfjährigen Sold gewährt[2]) und den Verstorbenen zum Trost den fünften und sechsten Rangknopf verliehen hat. Ausserdem sind als Ausdruck der Trauer besondere Leichenreden verfasst worden, und die Schüler verschiedener Anstalten haben dazu noch nach dem für Soldaten üblichen Zeremoniell ihr Beileid ausgedrückt. O, wie ist jetzt die Stellung des Soldaten ruhm- und ehrenvoll geworden! Es wird die Nicht-Soldaten so begeistern und ihren Patriotismus und ihren Muth derart entflammen, dass für jeden der Eintritt in die Reihen des Heeres eine Ehre und eine Lust sein wird, und dass jeder darin eine den Bürgern obliegende patriotische That und eine unbedingt zu erfüllende Pflicht sehen wird.

Die Missachtung des Militärs hat sich bisher bei unserem Volke zu einer festen Denkgewohnheit herausgebildet. Wenn es jetzt nun erfährt, welche hohen Ehrungen die Generalinspektion Soldaten erweist, so wird dieses Gefühl der Geringschätzung sicherlich stark erschüttert werden. Die so Ausgezeichneten sind nicht einmal im Kampfe gefallen, und trotzdem werden ihnen von der Inspektion solche Ehren zutheil. Daraus kann man ermessen, in welcher Weise in Zukunft die auf dem Schlachtfelde gefallenen Krieger geehrt werden.

Seit der *Ch'in* und *Han* Epoche[3]) hat das chinesische Volk

---

1) Eine neu geschaffene Behörde.

2) An die Hinterbliebenen.

3) Durch die *Ch'in* Dynastie, 255—206 v. Chr., und die beiden *Han* Dynastien, 206—25 n. Chr. und 25—220 n. Chr. wurde ganz China, das in ein-

lange Zeit keine Hochachtung mehr für das Militär empfunden. Es ist zu einer Nation vereinigt worden, aber hat jede Vorliebe für das Heer verloren. Obgleich äussere Gefahren nicht vorhanden waren, so war es doch auf dem besten Wege, an innerer Schwäche zu Grunde zu gehen. Als nun der Tag kam, wo es mit den Nationen der fünf Erdtheile in Berührung trat und die äussere Gefahr immer drohender wurde, liess sich das Volk doch nicht aus seiner Lethargie aufrütteln, ohnmächtig wie die Hungerleider von *Liang* und kraftlos wie der abgemagerte Mensch von *Lu*[1]). Wenn diese Leute dann irgendwo den starken, strammen, bärtigen Kerlen oder den kleinen, aber lebhaften und wilden Gesellen[2]) gegenübertraten und sich mit ihnen messen sollten, so genügte meist schon ein Fusstritt, um sie umzuwerfen.

Das chinesische Volk ist von demselben Geiste erfüllt wie die Soldaten und von demselben Fleisch und Blut; wie kommt es, dass es, was die Hochhaltung des Militärs anbetrifft, es den grossen Nationen im Osten und Westen nicht gleichthun kann? Durch die Ehre und Achtung, welche man dort den Soldaten erweist, hat man die Vorliebe des Volkes für das Militär genährt und sich dadurch die nöthige Wehrkraft gesichert. Die Regierungen jener Länder behandeln das Militär bei jeder Gelegenheit mit der grössten Auszeichnung, und die Uniform des Soldaten gilt als etwas ganz besonderes, das ihn von den gewöhnlichen Zivilisten unterscheidet. Auch das Volk hat vor dem Militär den grössten Respekt; die Kaufleute lassen ihm gern ihre Waaren billiger als andern und unterscheiden es dadurch von den Zivilisten.

---

zelne Feudalstaaten zu zerfallen drohte, die im beständigen Kampfe mit einander lagen, geeint. Damit endete aber auch das kriegerische Zeitalter, und der Militarismus, der jetzt von den Europäern neu entfacht wird, schlief allmählich ein.

1) Im Jahre 639 v. Chr. wollte der Herzog *Hsi* von *Lu* einen abgemagerten Menschen der Sonne aussetzen, um dadurch während einer Trockenheit Regen zu erlangen. Vergl. *Legge*'s Uebersetzung des *Ch'un-ch'iu* Bd. I S. 180 und des *Liki* Bd. I S. 201.

2) Damit sind natürlich die Europäer und die Japaner gemeint.

Darin beruht die Unwiderstehlichkeit der europäischen und japanischen Armeen. China hat gerade umgekehrt wie jene Länder seine Soldaten mit der grössten Geringschätzung und Verachtung behandelt. Natürlich musste es im Kampfe unterliegen, und es war nicht anders möglich, als dass seine Macht sank, sein Einfluss schwand, und sein Ansehn verloren ging. Jetzt ist es plötzlich anders geworden, und wir dürfen ganz sicher die Stärkung unserer Armee erwarten, von der wir vor einigen Tagen sprachen.

Aber solange keine besondere Anstalten zur Aufnahme von Invaliden errichtet werden, muss man fürchten, dass trotz der guten Behandlung der Soldaten und ihrer Ausbildung sie doch nicht wagen werden, ihr rothes Blut dem blanken Stahl preiszugeben. Desshalb geht unsere sehnlichste Hoffnung dahin, dass die für die militärische Ausbildung verantwortlichen Beamten Bestimmungen für die sofortige Errichtung von Invalidenhäusern treffen werden, denn dadurch gewinnt man erst die für die gute Behandlung der Mannschaften nöthige Grundlage. Wenn China solche Anstalten erhält, dann wird es eine der hervorragendsten Einrichtungen der andern Länder haben, und die Leistungen seiner Truppen werden dann hinter denen der Europäer und Japaner nicht mehr zurückstehen.

D. N° 9.

Bericht der Gesetzeskommission einen Antrag auf Errichtung einer Rechtsschule betreffend.

Mit Rücksicht darauf, dass die auswärtigen Beziehungen einen immer grösseren Umfang annehmen, schlagen die Berichterstatter die Gründung einer besonderen Rechtsschule zur Ausbildung und Gewinnung einer grösseren Anzahl von tüchtigen Beamten vor und unterbreiten ihren ehrerbietigsten Bericht Ihren Majestäten zur allerhöchsten Kenntnissnahme.

Wir sind durch Kaiserlichen Erlass beauftragt worden, die zur Zeit bestehenden Gesetze in Hinsicht auf die internationalen Beziehungen und unter Berücksichtigung der ausländischen Gesetzgebung einer sorgfältigen Prüfung und Revision zu unterziehen. Seit der Einsetzung unserer Behörde haben wir unausgesetzt mit den Übersetzungsbeamten conferirt, aber wir fürchten, dass nach Erlass der neuen Gesetze, wenn die verschiedenen Provinzen nicht die für die Anwendung der Gesetze geeigneten Personen bereit haben, mit den Getzen allein nichts gethan ist und, dass dadurch nicht dem gefühlten Mangel abgeholfen wird.

Der Verkehr mit dem Auslande führt heutzutage zu den manigfachsten Veränderungen. Die Fremden hinterlassen in allen Provinzen ihre Spuren, und es kommt vielfach zu Reibereien zwischen dem Volke und den Christen. Der Grund zu diesen Streitigkeiten ist meist darin zu suchen, dass die Territorialbeamten die fremden Rechtsanschauungen nicht verstehen und die Sache nicht in richtiger Weise angreifen, so dass ein ernster Fall daraus entsteht. Wenn sich in Zukunft erst das Eisenbahnnetz nach allen Richtungen ausbreiten wird, so werden die entlegensten Orte des Binnenlandes sich nicht mehr von den Vertragshäfen unterscheiden. Wenn nun bei der Regelung der neuen Einrichtungen wie Eisenbahnen, Bergwerke und Waarenzeichen sich geringe Meinungsverschiedenheiten ergeben, so wird man, um sofort seine Einwendungen erheben zu können, in jedem einzeln Falle auf die einschlägigen Gesetze zurückgreifen müssen, die als Richtschnur zu dienen haben. So kann man auch drohende Nachtheile, bevor sie noch zu Tage getreten sind, schon erkennen, und die Hoheitsrechte zur Geltung bringen. Das ist keine Kleinigkeit, denn Wohl und Wehe hängt davon ab.

Was nun den von vielen Seiten gemachten Vorschlag, gemäss den Handelsverträgen die Exterritorialität abzuschaffen, anbetrifft, so muss dieser umso mehr zur Revision der Gesetze veranlassen und zur sofortigen Bereithaltung einer genügend grossen

Zahl von Personen, die für das Richteramt qualifizirt sind und jederzeit verwendet werden können.

In den auf Antrag der Unterrichtsminister erlassenen Schulverordnungen sind freilich Kurse für Verwaltung als höheres Studium vorgesehen, aber erst solche Schüler, welche die Vorbereitungskurse und die höheren Provinzialschulen absolvirt haben, können dazu emporsteigen. Jetzt sind aber die Vorbereitungskurse eben erst eingerichtet und die Zeit, wo die Spezialkurse eröffnet werden können, liegt noch weit.

Die Institute für die Doktoren der Philosophie und für die Ausbildung der Staatsbeamten bezwecken zwar ein Eindringen in die hauptsächlichsten Einrichtungen Chinas und des Auslands und wollen eine Kenntniss der wichtigsten Erscheinungen im Staatsleben verbreiten, aber die Jurisprudenz bildet dabei doch nur einen Zweig des allgemeinen Wissens und kann nicht gründlich erlernt werden. Unter den Studenten, welche sich ins Ausland begeben haben, wird es später wohl nicht an ausgebildeten Juristen fehlen, aber sie kennen die chinesischen Verhältnisse nicht, was auch sehr misslich ist.

Unserer unmassgeblichen Meinung nach sollte man bei der Wissenschaft stets den grössten Werth darauf legen, dass man zu ihren Quellen zurückgeht. Wenn man auch die Vorzüge und Schwächen der fremden Gesetze in allen Einzelheiten kennen und sie miteinander vergleichen muss, so sollte man doch noch gründlicheres Studium auf die einheimische Gesetzgebung in ihren verschiedenen Entwickelungsstadien und auf die alten Gewohnheiten verwenden, um ihre Bedeutung vollständig zu würdigen.

Während der beiden *Han* Dynastien waren die Lehrer der Klassiker alle rechtskundig und auch unter der *T'ang* und *Sung* Dynastie spielte die Gesetzeskunde bei der Auswahl der Litteraten eine Rolle. Im Alterthum gab eine tüchtige Kenntniss darin eine sichere Anwartschaft auf Anstellung im Staatsdienst, und auch heute ist es diese Kenntniss, um welche sich in der inneren Verwaltung und der äusseren Politik alles dreht. Wollen wir in der Stärkung unserer nationalen Macht und der Hebung des Volkswohlstands ungehindert fortschreiten, so müssen unter allen Umständen Spezialschulen errichtet und tüchtige Kräfte ausgebildet werden.

Als Japan die ersten Reformversuche machte, errichtete es sofort Rechtsschulen mit Schnellkursen. Noch heute pflegen die Beamten und Honoratioren diese Schulen mehrere Stunden täglich zu besuchen, um europäisches und amerikanisches Rechtswesen und Verwaltung zu studiren. Selbst hohe Beamte sind in diesen Schulen gar keine Seltenheit.

In ähnlicher Weise ungefähr müsste in Peking eine Rechtsschule errichtet und durch eine Prüfung von den den Ministerien attachirten Beamten Schüler dafür ausgewählt werden. Nach Beendigung ihrer Studien könnten sie bei den neuen Verwaltungen in den Provinzen als Hülfsarbeiter angestellt und als Lokalbeamte Verwendung finden. Die Gründung würden Berichterstatter noch durchführen, später aber wenn die neuen Gesetze fertig sind, würden sie die Ernennung von besondern Beamten beantragen, welche speziell die Leitung dieser Angelegenheiten hätten.

Wir beehren uns nun in der Annahme, dass unsere Ideen nicht ganz werthlos sind den nachstehenden Vorschlag in 3 Abschnitten Ihren Majestäten, der Kaiserin Mutter und dem Kaiser zu unterbreiten:

I. Studienplan.

Nach den Bestimmungen für die Universität werden in dem Vorlesungsverzeichniss der juristischen Fakultät als Hauptvorlesungen aufgeführt: Rechtsphilosophie, Einführung in das „*Ta Ch'ing lü-li*", Geschichte des Chinesischen Strafrechts, Chinesische Rechtsgeschichte, Vergleichende Darstellung des Rechtes in Europa, Japan und Amerika, Fremdes Staatsrecht, Fremdes Bürgerliches Recht und Civilprocess, Fremdes Strafrecht und Strafprocess, Fremdes Handelsrecht und Internationales Recht.

Als Hülfsvorlesungen zur Erleichterung des Verständnisses der fremden Rechte dienen die Lehre von dem Verwaltungsapparat der fremden Staaten, Nationalökonomie und Finanzwissenschaft. Der Stoff ist sehr manigfaltig und kann im Anschluss an die neuen Bestimmungen für die einzelnen Fakultäten theils beschränkt, theils erweitert werden.

Es sind chinesische und fremde Lehrer anzustellen, welche täglich Unterricht zu ertheilen haben. Der Kursus dauert nach den Bestimmungen für die Universität 4 Jahre. Wir schlagen vor, die Zahl der Stunden zu vermehren und ihn auf 3 Jahr zu verkürzen. Ausserdem wäre dann aber noch ein besonderer beschleunigter Kursus von einem Jahre speziell zum Studium des Strafrechts, Processrechts und zum Entwerfen von Urtheilen zu errichten.

II. Aufbringung der Kosten.

Die jährlichen Unkosten, zu welchen gehören: Haus- und Gebäudemiethe, Lehrergehälter sowie die Gelder für die Anschaffung von Apparaten und für Beköstigung, würden sich bei äusserster Sparsamkeit auf etwa 40 000 Taels belaufen. Da zur Zeit die Mittel des Reichsschatzamts erschöpft sind, so wagen wir nicht den Antrag zu stellen, die Gelder dieser Behörde dafür anzuweisen. Stattdessen sollten die verschiedenen Provinzialregierungen diesen Betrag durch Beiträge aufbringen. Wenn die grösseren Provinzen jährlich ungefähr 3000 Taels und die mittleren und kleinen jede etwa 2000 Taels beisteuern, so wäre das Zustandekommen des Unternehmens gesichert. Die Theilbeträge erscheinen nicht sehr gross, und es kann den Provinzen nicht schwer fallen, sie aufzubringen. Da diese Schüler nach Absolvirung ihrer Studien später den Provinzen als Beamte dienen sollen, so ist es nur gerecht, wenn man von ihnen erwartet, dass sie zusammen die Gelder für ihre Ausbildung aufbringen.

Die Einrichtungsgelder würden 30 000 Taels betragen. Es wird beantragt diese durch das Finanzministerium beschaffen zu lassen.

III. Amtliche Verwendung der Schüler in grösserem Massstabe. In letzter Zeit drängen sich die verschiedenartigsten Elemente zur Beamtenlaufbahn und unter den Anwärtern der Provinzen befinden sich unzählige, die nicht die genügende Bildung besitzen. Obgleich Beamtenschulen errichtet worden sind, so sind doch meist die Gouverneure und Generalgouverneure so mit Geschäften überhäuft, dass sie diese Schulen nicht persönlich inspiziren können, und sie daher oft nur ein Scheindasein führen. Wenn es eine wichtige Arbeit zu thun giebt, so fehlt es der Provinz an geeigneten Persönlichkeiten und sie muss sie aus andern Provinzen kommen lassen. Schon zu gewöhnlichen Zeiten hat man an diesem Mangel zu leiden, er wird sich aber in Zukunft, wenn erst die neuen Gesetze überall eingeführt sind, noch viel mehr fühlbar machen. Nur mit einer grösseren Anzahl gesetzeskundiger Personen lassen sich diese durchführen, ohne dass sich die grössten Missstände ergeben. Es wird desshalb beantragt, dass, wenn die gesetzeskundigen Beamten ihre Studien vollendet haben, ein hoher Beamter ernannt werden möge, um eine rigurose Prüfung mit ihnen vorzunehmen und sie nach ihren Leistungen zu zensiren. Die Tüchtigsten sind den Ministerien zu überweisen, um Seiner Majestät vorgestellt zu werden, und es ist ein Allerhöchster Erlass zu erwirken, wonach sie (entsprechend ihrem ursprünglichen Amtsrange) für Präfekten-, selbständige Departementsmagistrats-, Departements- und Distrikts-Magistrats Posten vorgemerkt werden. So könnten ihre Kenntnisse praktische Verwendung finden, und die moderne Verwaltung würde den grössten Nutzen daraus ziehen.

Die vorstehenden drei Abschnitte enthalten nur die Grundzüge unseres Vorschlags. Sollte er die Allerhöchste Genehmigung finden, so würden Berichterstatter noch genauere Bestimmungen entwerfen und dafür die Kaiserliche Sanktion erbitten.

Indem wir diesen unterthänigsten Bericht, die Einzelheiten unseres Antrags auf Errichtung einer besonderen Rechtsschule betreffend, Ihren Majestäten, der Kaiserin Mutter und dem Kaiser unterbreiten, bitten wir ehrfurchtsvoll um eine gnädige Entscheidung.

Am 22. Tage des 7. Monats des 31. Jahres *Kuang-hsü* erging darauf der Kaiserliche Erlass: „Den Unterrichtsministern zur Begutachtung."

D. N⁰ 10.

Errichtung einer Rechtsschule genehmigt.

Die Mitglieder der Gesetzeskommission haben beim Thron die Errichtung einer besonderen Rechtsschule beantragt und einen Begleitbericht eingereicht, in welchem sie anregen, dass den Beamtenschulen in den Provinzen juristische Seminare als beschleunigte Vorbereitungskurse angegliedert würden. Die Unterrichtsminister haben in ihrem Gutachten darüber die Dringlichkeit der Errichtung der Rechtsschule unter den obwaltenden Umständen anerkannt und sich für die Genehmigung des Antrags ausgesprochen. Nach Beendigung des Kursus müssten hohe Beamte ernannt werden, die mit ihnen gemeinsam die Kandidaten einer sorgfältigen Prüfung zu unterwerfen und in verschiedene Klassen zu theilen hätten. Sie würden sie auch nach Jahrgangen scheiden und unter Umständen auf Grund des für die Beamtenschulen erlassenen Reglements Auszeichnungen für sie erwirken. Die Kosten der Einrichtung und der jährlichen Unterhaltung wären vom Finanzministerium und von den Provinzen aufzubringen. Man nähme zu dieser Art des Beamtenstudiums nur deswegen seine Zuflucht, weil an der Universität die Spezialkurse für Rechts- und Staatswissenschaften noch nicht eingerichtet seien und man unbedingt sofort Leute gebrauche. Sobald aber jene Spezialkurse erst beständen und zum Abschluss geführt seien, so dass die Zahl der dort ausgebildeten Juristen immer grösser würde, so würden sie zu geeigneter Zeit den Vorschlag machen, dass die Rechtsschule der Ersparniss wegen und, um den bestehenden Verordnungen gerecht zu werden, mit der Universität vereinigt würde.

In dem Begleitbericht sei beantragt worden, dass im Anschluss an die in den Provinzen bereits bestehenden Beamtenschulen Auditorien für beschleunigte Vorbereitungskurse für Beamte errichtet, und dass die Beamten vom charakterisirten Taotai und Präfekten abwärts bis zu den Subalternbeamten unter 40 Jahren angehalten würden, diese Kurse zu besuchen. Auch die ortsangesessenen Honoratioren und Litteraten müssten die Erlaubniss haben, daran theilzunehmen und die Vorlesungen zu hören. Die Unterrichtsminister bemerken hierzu, dass Beamtenschulen zwar schon überall in den Provinzen in's Leben gerufen seien, dass man dabei aber keine besondern Kurse für Jurisprudenz eingerichtet habe. Sehr eingehend sei das Lektionsverzeichniss der Schule für Rechts- und Staatswissenschaften, welche kürzlich in *Chili* errichtet werden sollte, und käme den Vorschlägen der Gesetzeskommission sehr nahe. Die Massregel sei für die Ausbildung der bereits im Staatsdienst stehenden Beamten und zur Unterstützung der Territorialbeamten in ihrer Verwaltung von grösstem Nutzen. Die Minister haben daher beim Throne den Antrag gestellt, dass der Reichsrath alle Provinzialregierungen davon in Kenntniss setzen möge. Letztere hätten sich das Reglement der Schule für Rechts- und Staatswissenschaften der Provinz *Chili* unter Berücksichtigung ihrer lokalen Verhältnisse zum Muster zu nehmen und die Massregel sorgfältigst durchzuführen, auch würden sie von Zeit zu Zeit an den Reichsrath, das Unterrichtsministerium, das Ministerium des Innern und das Justizministerium zu berichten haben. Dieser Antrag hat bereits die Kaiserliche Genehmigung gefunden.

D. N° 11.

Weitere genauere Nachrichten über die Bombenexplosion auf der Bahnstation.

Nachdem auf dem Bahnhof von *Peking* die Bombenexplosion stattgefunden hatte, schickte uns unser Berichterstatter in *Peking* noch an demselben Tage ein Spezialtelegramm, da er ebenfalls bei der Verabschiedung auf dem Bahnhof anwesend war. Ausser diesem Telegramm hätten wir nun noch einen genaueren Bericht erhalten müssen, aber merkwürdigerweise ist bis jetzt noch kein Brief aus Peking, der nach dem 26ten datirt wäre, eingetroffen. Die Einzelheiten des Vorfalls, welche wir in unserer gestrigen Nummer gebracht haben, sind der Tientsin Zeitung *Ta-kung-pao* entnommen. Auch heute geben wir im Nachstehenden Nachrichten aus Tientsin wieder, die etwas detaillirter als die gestrigen sind. Ausserdem fügen wir am Schluss eine Skizze der Explosion bei.

An dem betreffenden Tage wurden zwei Salonwagen bereit gehalten. Ihre Excellenzen *Tuan*[1]) und *Tai*[2]) fuhren in dem vorderen. Der Vizepräsident *Hu*[3]) hatte sich etwas mit ihnen unterhalten und eilte gerade dem hinteren Salonwagen zu, als, bevor er noch einsteigen konnte, die Bombe platzte. Der hintere Salonwagen hatte die Nummer 117. Der Herzog *Tsê*[4]), der Ministerialdirektor *Shao*[5]) und der Vizepräsident *Hsü* fuhren darin.

An jenem Tage war die Abfahrt auf 10.45 festgesetzt. Es war schon 10.43, der Herzog *Tsê* verabschiedete sich gerade von den

1) *Tuan Fang*, Gouverneur von *Hunan*, später zum Generalgouverneur der *Kiang* Provinzen befördert.

2) *Tai Hung Tse*, Präsident des Kultusministeriums, Chef der Studienkommission, welche 1906 Dentschland bereiste.

3) *Hu Yü Fên.*

4) Sein voller Name ist *Tsai-tsê.*

5) *Shao Ying.*

einzelnen chinesischen und fremden Herren, welche gekommen waren, um ihm das Geleit zu geben, und war im Begriff einzusteigen. *Shao* ging voran, der Herzog folgte. Als sie bei der linken Thür waren, explodirte die Bombe. Die Stelle, wo sie platzte, war an der rechten Seite, am fünften Fenster. Dies Fenster befand sich in der Nähe der Toilette. Wahrscheinlich war der Attentäter von hinten auf den Wagen geklettert, war dann aber beim Vorbeigehen an der Toilette gegen irgend etwas gestossen, wodurch die Bombe krepirte. Er konnte daher auch nicht abwarten, dass alle Exzellenzen ihre Plätze eingenommen hatten.

Von der Brust und den beiden Händen des Verbrechers war nichts mehr zu sehen. Eine Menge in die Luft geflogene Fleischtheile hafteten noch an den Planken der Toilette. Der Betreffende war ungefähr 30 Jahre alt. Ein europäischer Arzt wusch ihm das Gesicht ab und nahm eine Photographie. Bekleidet war er mit einem lichtblauen Rocke und einer schwarzen Weste. Darunter trug er ein weisses, baumwollenes Hemd und Unterhosen sowie eng anschliessendes Flanell Unterzeng. Unten war er bekleidet mit hellblauen, gefütterten Beinkleidern. Er hatte chinesische Strümpfe an und neue Stiefel aus schwarzem Tuch. Aut dem Kopfe trug er eine neue, grosse Mütze ohne Knopf. Anscheinend hatte er sich als Diener verkleidet und so eingeschlichen.

Der Sohn des Dolmetschers *Sa Yin T'u*, Namens *Ling Chieh* im Alter von 6 Jahren und sein vierjähriges Töchterchen befanden sich gerade im Waggon und flogen von innen hinaus, wobei das eine Kind so schwere Verletzungen erlitt, dass an seinem Aufkommen gezweifelt wird. Sein Vetter *Fêng Lan T'u*, im Alter von 33 Jahren, stand in der Thür des Abtheils und wurde auch schwer verletzt. Sein Schwager *Lien K'ai*, im Alter von 18 Jahren, stand mit einem alten, unbekannten Manne vor dem Wagen und wurde durch die Erschütterung getötet. *Sa Yin T'u* wurde gleichfalls verwundet, aber nicht schwer. Seine Diener, *Wang Shêng Nien*, 24 Jahr alt, und *Shih T'ou*, 19 Jahr alt, erlitten beide schwere Verwundungen, so dass man nicht dafür einstehen kann, dass sie mit dem Leben davonkommen. Die ganze Familie des *Sa Yin T'u* befand sich in allernächster Nähe der Katastrophe.

Der Herzog *Tsê* erhielt durch Glasssplitter eine ganz geringe Verletzung am Kopfe, aber das Blut floss ziemlich heftig und machte eine Menge rothe Flecke auf der gelben Reitjacke. Der Ministerialdirektor *Shao* wurde an fünf Stellen verwundet, die Präsidenten *Hsü Shih Ch'ang* und *Wu T'ing Fang* erlitten leichte Verletzungen durch herumfliegende Holzsplitter, letzterer etwas schwerere als ersterer. Von den sonstigen auf dem Bahnsteig befindlichen Personen wurden mehr als zehn verletzt, aber nicht sehr schwer.

Als die Baupolizei nach dem Unfall den Wagen durchsuchte, fand sie über 200 kleine Kugeln, die sich in der Bombe befunden hatten, aber nicht explodirt waren.

Wir erhielten auch einen Brief von einem Freunde in *Peking*, dessen Darstellung des Vorfalls mit den Nachrichten aus *Tientsin* ziemlich übereinstimmte. Nach der Explosion miethete Minister *Hsü* einen Riksha und fuhr in die Stadt. Der Gouverneur *Tuan* war sehr ruhig und gefasst. Er gab dem Eisenbahnpersonal Anweisungen, und wollte den zertrümmerten Wagen ausrangiren, einen andern Salonwagen einstellen lassen und dann abreisen. Als man aber sah, dass der Herzog *Tsê* und Ministerialdirektor *Shao* nicht aufhörten zu bluten, musste die Abreise verschoben werden.

Ihre Exzellenzen *Tai*, *Hsü* und *Tuan* begaben sich noch an demselben Tage nach dem Sommerpalast, wie sie bei beiden Majestäten Audienz hatten. Die Kaiserin Mutter war lange Zeit sprachlos und sehr bewegt. Sie drückte mehrmals ihr Bedauern aus und bemerkte, dass gerade jetzt, wo die Regierung eine Verfassung geben wollte, ein solcher Akt der Gewaltthätigkeit nicht hätte passiren dürfen.

Der Gouverneur *Tuan* hat von seiner Thatkraft nichts eingebüsst, er will unter allen Umständen reisen. Bei den übrigen macht sich wohl etwas Zaghaftigkeit bemerkbar.

D. N⁰ 12.

Ueber die Absicht der Regierung, Kaiserliche Prinzen alljährlich zum Studium staatlicher Einrichtungen in's Ausland zu schicken.

Es ist uns stets gesagt worden, dass China, um wieder zu Macht und Ansehn zu gelangen, mit der Aufklärung der Prinzen beginnen müsse. Durch ihre Aufklärung wird nicht nur der Grund zu späteren Erfolgen gelegt, sondern auch die Möglichkeit geschaffen, die dringendsten Reformen durchzuführen. Die Entsendung von Mitgliedern des Kaiserhauses auf Studienreisen wird später die schönsten Früchte zeitigen, dadurch schafft man den Grund für Erfolge, und ihre jährlichen Reisen ins Ausland, um die dortigen Einrichtungen kennen zu lernen, ermöglichen die Durchführung von Reformen und Neuerungen, so dass den dringendsten Bedürfnissen abgeholfen werden kann.

Über diese beiden Erwägungen kommen wir heute nicht mehr hinweg. Studienreisen Kaiserlicher Prinzen sind schon länger von der Regierung geplant, aber bisher nicht zur Ausführung gelangt. Desshalb ist jetzt die Nachricht von der Entsendung der Prinzen zum Studium fremdländischer Einrichtungen (man vergleiche unser *Peking* Telegramm vom 13ten d. Mts.) vielleicht auch nur eine plötzlich auftauchende Vermuthung, von der es noch ungewiss ist, ob ihr die That folgen wird. Ebensowenig ist man sich vorläufig über das wie im Klaren. Bei der jetzigen Lage der Dinge würde dies jedenfalls ein vorzügliches Mittel sein, um uns aus unserer Noth zu helfen, und sich als eine kräftige Medizin erweisen, um das Volk aus seinem Schlummer aufzurütteln. Schreiber dieser Zeilen hegt die stille Hoffnung, dass die Nachricht sich bewahrheiten möge [1]). Im Folgenden sollen die Aussichten, welche sich daran knüpfen, untersucht werden.

1. Aussichten für die innere Verwaltung.

Mit der Steigerung des Weltverkehrs wächst auch die Fülle und die Ausdehnung des Wissens. Ob nun in dieser Beziehung der Souverän und Personen in fürstlicher Stellung ihren Pflichten gerecht zu werden und die auf sie gesetzten Hoffnungen zu erfüllen vermögen, ist zweifelhaft. Die Namen unserer Prinzen haben freilich einen guten Klang, aber werden sie es im Wissen mit den Angehörigen der mächtigen Staaten im Westen und Osten wohl aufnehmen können? Wissen beruht auf Erziehung. Die schnelle Erziehung, welche die hohen Herrschaften auf ihren Studienreisen erhalten werden, wird die Lücken ihres Wissens ausfüllen müssen. Sie werden Dinge kennen lernen, von denen sie in ihrem Leben noch nie etwas gesehen haben, und Ansichten hören, von denen sie früher noch nie etwas vernommen. So wird ihnen klar werden, wie sie dem Volke gegenüber ihre Aufgabe zu lösen haben und wie sie der Regierung gegenüber dastehen. Wenn die hohen Herren plötzlich ihr Wohlleben und Nichtsthun aufgeben und sich für das Vaterland und seine Grösse begeistern, so können sie der Regierung von grossem Nutzen sein. Davon wird der Erfolg der Studienreisen der Kaiserlichen Prinzen abhängen.

2. Aussichten für die äussere Politik.

Im diplomatischen Verkehr mit dem Auslande pflegen die Prinzen an leitender Stelle zu stehen. Dabei ist nun nichts misslicher, als wenn geldgierige, einfältige und beschränkte Persönlichkeiten dazu verwandt werden, um mit äusserst gescheuten und verschlagenen Diplomaten die wichtigsten internationalen Fragen zu regeln, denn diese betrachten unsere Fürstlichkeiten nur als Puppen, spielen mit ihnen wie mit Affen und nutzen sie aus

---

1) **Die Entsendung Kaiserlicher Prinzen in's Ausland ist inzwischen zur Ausführung gelangt.**

wie Falken und Hunde. Jene aber lassen sich bethören und sind ganz hülflos. Auf derartiges muss man jedenfalls gefasst sein. Wenn jetzt die Reisen in's Ausland zu einem besseren Verständniss vom Wesen der Europäer führen, sie wird man freilich ihnen nicht sofort den Rang streitig machen oder plötzlich einen allgemeinen Umschwung der Politik herbeiführen können, aber im Umgang mit ihnen gewinnt man doch eine gewisse Handhabe und, indem man ihrem Beispiel nacheifert, bildet man tüchtige Talente heran. Warum sollten über Jahr und Tag nicht auch fähige und erfahrene Männer aus den Prinzen hervorgehen, denen es gelingt, auf einer andern Seite das zurückzugewinnen, was wir auf der einen verloren haben? In den Ländern im Westen und Osten pflegen die Fürstlichkeiten beständig andere Staaten zu besuchen, um einen Einblick in die dortigen Verhältnisse zu gewinnen und freundschaftliche Beziehungen anzuknüpfen. Dies ist ein wichtiges Hülfsmittel für die auswärtige Politik.

3. Aussichten für eine Verfassung.

Nachdem fünf hohe Beamte zum Studium staatlicher Einrichtungen ins Ausland geschickt waren, wurde durch Allerhöchsten Erlass eine Verfassung in Aussicht gestellt. Betrachtete man aber verschiedene Massnahmen der Regierung in letzter Zeit, so mussten einem ernstliche Zweifel aufsteigen, ob sie in der That eine Verfassung zu geben beabsichtige. Wenn nun jetzt wirklich alle Jahr Mitglieder des Herrscherhauses ins Ausland reisen sollen, um genauer zu studiren, wie sich in den verschiedenen Ländern die Einführung der Verfassung im Einzelnen gestaltet hat, so ersehen wir daraus, dass sie eine nothwendige Phase in der allmäligen Entwickelung ist, welche sich im öffentlichen Recht der ganzen Welt vollzieht, und dass Menschenkraft dieses Naturgesetz nicht aufzuhalten vermag. Wir wissen ferner, dass die Einführung einer Verfassung dem Reiche nützt und dem Herrscher nicht schadet. Wenn nun unter den Prinzen die Einsicht allmälig immer mehr zunimmt, so wird dadurch eine feste Grundlage für die Verfassung geschaffen werden, indem sich die Reform von oben nach unten vollzieht. Bei ihrer glanzvollen Stellung ist zu erhoffen, dass sich die Verfassung auf friedlichem Wege durchführen lassen wird und dass, um sie durchzusetzen, kein Blutvergiessen erforderlich sein wird. Ferner werden durch die heutigen Studienreisen tüchtige Mitglieder für das spätere Oberhaus herangebildet werden; diese Massnahme wird also einen doppelten Erfolg haben.

4. Aussichten für das Verhältniss der Mandschuren zu den Chinesen.

Die Auseinandersetzungen über Mandschuren und Chinesen wollen noch immer nicht zur Ruhe kommen. Es giebt Leute, welche meinen, dass die mandschurische Regierung so verrottet und verkommen sei, dass an eine Regeneration nicht zu denken. Ausserdem soll sie die Chinesen ungleich behandeln und ihnen Steine in den Weg legen. Der jetzige Zustand wäre eine Folge davon. Wenn man zu einer Zeit, wo wir uns die schlimmsten Demüthigungen vom Ausland gefallen lassen müssen und wo im Innern Argwohn und Missgunst herrscht, immer nur von Verfall und Untergang redet, so werden beide Parteien zusammen sich dadurch ihr Grab graben. Diese Stimmung erklärt sich daraus, dass die Kaiserlichen Hoheiten im Innern ihrer Paläste leben, selten herauskommen, von den erregten Angriffen kaum etwas merken und sich um die Noth des Reiches wenig kümmern. Wenn sie jetzt auf ihrer Reise nach England kommen und sehen, wie die Vereinigung die drei Inseln stark gemacht hat, oder in Deutschland und Amerika erfahren, wie ein Staatenbund zur Blüthe gelangt, und in Italien gewahr werden, wie das feste Zusammenhalten des Nordens und des Südens zu einer glänzenden Entwickelung geführt hat, so werden sie sich darüber klar werden, was sie zum Schutze ihres Vaterlands zu thun haben. Sie werden alle Thätigkeiten ausnutzen und alle Kräfte anspannen. Statt eine Sonderstellung als Herrscher zu beanspruchen werden sie durch Aufrichtigkeit und Gerechtigkeit die Herzen der Chinesen gewinnen, energisch alle Reformen in Angriff nehmen, um ihre Hoffnungen zu erfüllen, und den gemeinsamen Feinden manchen Seufzer entlocken. Mandschuren und Chinesen werden dann fest zusammenhalten, so dass die Wogen der Anarchie sich brechen, und China wird so stark and sicher sein wie eine stahlgepanzerte Festung in Mitten eines siedenden Sees[1]).

Was dann ausserdem noch die Leistungen und das Studium der Studenten im Auslande, den Charakter und die Fähigkeiten der diplomatischen und konsularischen Vertreter, die Ausschreitungen gegen chinesische Ansiedler und die Ausschliessung von chinesischen Arbeitern anbetrifft, so wird man auch darauf rechnen können, dass die Kaiserlichen Prinzen diesen verschiedenen Fragen ihre Aufmerksamkeit schenken, den wahren Thatbestand feststellen und auf Abhilfe bedacht sein werden.

Wir hoffen ferner, dass Ihre Hoheiten nicht ziellos umherreisen noch ihre Entsendung nur als einen Richteweg, um zu Ehren und Ansehn zu gelangen[2]), betrachten, dass sie sich vielmehr überall umschauen und an Ort und Stelle orientiren. Dann werden sie das von der Regierung in sie gesetzte Vertrauen rechtfertigen und die Erwartungen des Volkes erfüllen. Das ist ihre Pflicht. Die Entsendung einer grösseren Anzahl verbürgt einen grösseren Erfolg, und durch sorgfältige Auswahl werden ungeeignete Persönlichkeiten ferngehalten. Bei genügender Ausdehnung der Reisezeit werden die Leistungen dementsprechend sein, und eine strenge Prüfung ist eine Garantie gegen Missgriffe. Das ist die Pflicht der Regierung.

Wir haben gehört, dass der Aufschwung Russlands auf die

---

1) **金湯** verkürzt für **金城湯池** „ein Festungswall aus Erz und ein Graben voll siedenden Wassers" d. h. eine uneinnehmbare Festung,

2) **終南** ist der Name eines Berges in *Shensi*, welcher einst von Litteraten bewohnt war, aus deren Reihen viele hohe Beamte hervorgingen. **終南徑** bedeutet daher soviel wie „Richteweg."

Reisen des Zaren Peter des Grossen zurückzuführen ist, welche allerdings noch von grösserer Bedeutung waren als die Entsendung unserer Prinzen ins Ausland. Umso mehr aber hoffen wir, dass durch Nachahmung dieses Beispiels mit den alten Vorurtheilen gebrochen und man sich dem Allerhöchsten Wunsche gemäss zu energischem Handeln aufraffen wird.

D. N° 13.

Ueber den Konflikt des Li Lien-ying[1]) mit dem Generalgouverneur von Chili.

Das Eunuchenunwesen kam zuerst unter der *Ch'in* Dynastie auf, entwickelte sich weiter unter den *Han*, wurde sehr schlimm unter den *T'ang*, und führte zu einer vollständigen Katastrophe in der *Ming* Dynastie[2]). Politiker haben den Gründen des Gedeihens und Verfalls des Reiches nachgeforscht und das allmählich sich ankündigende Unheil schmerzlich empfunden, aber diejenigen, welche ihrem Unmuth hierüber Ausdruck gaben, waren nur Unterthanen, diejenigen dagegen, welche den Eunuchen ihr volles Vertrauen schenkten, die Herrscher. Als Unterthanen hatten jene auf die Herrscher nicht den genügenden Einfluss. Desshalb mochten solche um das Gemeinwohl besorgte Männer mit noch so loyalen und verständigen Vorschlägen hervortreten, ihre Feder und Zunge noch so sehr gebrauchen und unter Thränen vor den Folgen warnen; die Machthaber schlossen Augen und Ohren und hüteten sich nicht im Geringsten, bis denn zuletzt das Gift alles durchseucht hatte und der verderbliche Einfluss der Eunuchen wie eine düstere Wolke über dem Reiche lagerte. Das Eunuchen-

1) *Li Lien-ying*, der allmächtige Obereunuch der Kaiserin Mutter.

2) Der zweite Kaiser der *Ch'in* Dynastie, *Erh-shih-huang-ti*, wurde von einem Eunuchen ermordet. Die *Ming* Dynastie ging durch die Eunuchenwirthschaft mit zu Grunde. Unter dem vorletzten Kaiser dieser Dynastie, der minderjährig war, herrschte ein Eunuch fast unumschränkt.

unwesen entsteht und endet mit der betreffenden Dynastie und dauert so lange, wie die Welt besteht. Desswegen erfüllt uns der vor kurzem zwischen *Li Lien-ying* und dem Generalgouverneur von *Chili* ausgebrochene Zwist mit besonderer Betrübniss, und können wir ihn nicht mit einer blossen Erwähnung abthun.

Wenn jemand mit einem andern in Konflikt ist, so müssen beide eine ähnliche Stellung einnehmen und ähnlichen Einfluss haben. Wenn beide in ihren Grundanschauungen nicht harmoniren, in einzelnen Punkten nicht übereinstimmen und in ihrem Handeln verschiedene Richtungen einschlagen, so treten sie in Gegensatz zu einander, und daraus entwickelt sich dann später ein ernster Konflikt. Nun ist *Yüan Shih-k'ai* verglichen mit *Li Lien-ying* ein hoher Territorialbeamter, letzterer nur ein Sklave im innern Palaste. Der Unterschied ihrer Stellungen und die Verschiedenheit ihrer Amter ist fast wie der von Himmel und Erde. Da es trotzdem jetzt zu einem scharfen Konflikt gekommen ist, muss man sich im höchsten Grade über den grossen Einfluss *Li Lien-ying's* wundern, und man braucht gar nicht nach der Veranlassung zu fragen.

Indess den Verschnittenen kann man keinen Vorworf machen, aber hohe Beamte, welche mit Geringschätzung behandelt werden, haben jedenfalls einen Grund dazu gegeben. Das Wesen des *Kung Fu*[1]) war stets so würdevoll, dass niemand etwas Unrechtes zu thun wagte, und, wenn *Chi Yen*[2]) im Palaste war, gaben die Intriganten ihre Pläne auf. So lange Lauterkeit und Geradheit herrschen, fürchten Verwachsene und mit üblen Krankheiten Behaftete[3]) ihr Walten und wagen sich nicht mit ihrem Treiben hervor. Aber man sagt, die Stellungen und Ämter *Yüan Shih-k'ai's* und *Li Lien-ying's* seien so grundverschieden; wie ein Sklave des Palastes sich erkühnen könne, einem hohen Reichs-

1) Ein Vorfahre des *Confucius*.
2) Ein Minister des Kaisers *Han Wu Ti* im 2. Jahrh. v. Chr.
3) Ist bildlich zu verstehen von moralischen Defekten.

beamten entgegenzutreten? Die hervorragenden Staatsbeamten im Civil- und Militärdienst pflegen sich heutzutage meistens über die wichtige Frage, wie sie ihren Lebenswandel einzurichten haben, ganz hinwegzusetzen und nur den einen Gedanken zu haben, weswegen sie in beständiger Angst schweben, ob sie vorwärts kommen oder nicht. Die unteren Beamten sparen kein Wagengeld, um bei Nacht und Nebel um die Protektion hoher Gönner zu betteln, und die hohen Herren lassen sich mit ihnen ein und schenken ihnen ihre Huld. Sie verkehren mit ihnen entgegen der Sitte wie mit Ihresgleichen, schütteln sich die Hand und flüstern heimlich zusammen. Alles das kommt vor, ohne dass jene Menschen sich dessen bewusst werden. Diese Behandlung macht sie frech und übermüthig. Sobald diese Gesinnungen zu Tage getreten sind, werden sie immer anspruchsvoller gegen ihre Gönner und sind je nach dem mit ihnen zufrieden oder nicht. Wenn dann letztere anfangen, ihr Verhalten zu bereuen und aut Mittel zu sinnen, um sie in ihre Schranken zurückzuweisen, so ist es schon zu spät[1]). So machten die Alten dem *Hsiang-ju*[2]) zum Vorworf, dass er keine Knochen habe. Hohe Beamte sollten sich unter allen Umständen einer solchen Schwäche schämen.

Yüan Shih-k'ai hat durch seine hervorragenden Leistungen und vermittelst seiner vorzüglichen Fähigkeiten allmählich die höchsten Ämter erlangt. Man sagt nun, dass er jedenfalls Beziehungen zu jener Klasse von Menschen gehabt habe. Sollte dem wirklich so sein? Wenn diese sich jetzt soviel herausnehmen, hat er nicht vielleicht für gewöhnlich seiner Würde etwas vergeben, so dass er durch seine Stellung ihnen nicht den genü-

1) In dem Verkehr der hohen Staatsbeamten mit den Eunuchen pflegen nicht jene, sondern diese von vornherein die erste Stelle einzunehmen. Als Kammerdiener, Hofmarschälle etc. haben sie das Ohr des Kaisers oder der Kaiserin, und gegen ihren Willen kann ein Beamter kaum Karrière machen. Desshalb werden sie auf jede Weise bestochen und umschmeichelt und lassen unter Umständen ihre Günstlinge ihre Macht fühlen.

2) *Sse-ma Hsiang-ju*, ein berühmter Dichter und Hofmann, sehr genial, aber etwas charakterlos im 2. Jahrh. v. Chr. Starb 117 v. Chr.

genden Respekt einzuflössen vermochte? Wenn im *Ch'un-ch'iu* die Weisen getadelt werden, so sollen die Machthaber dadurch zur freiwilligen Umkehr gebracht werden[1]).

D. N⁰ 14.

Ueber die Entsendung eines Kreuzergeschwaders zu den chinesischen Ansiedlern in den südlichen Meeren.

Seitdem man die Vortheile, welche eine Hebung des Volkswohlstandes mit sich bringt, zu würdigen gelernt hat, haben alle Staaten hierin eine ihrer wichtigsten Regierungsaufgaben gesehen und im Kampfe dafür sogar das Blut ihrer Soldaten vergossen. Wohin sich immer die Angehörigen eines Staates begeben mochten, folgten ihnen sehr bald die Kriegsschiffe nach. Das ist heutzutage etwas ganz alltägliches. China machte es zur Zeit seiner Abgeschlossenheit gerade umgekehrt. Chinesen, welche heimlich in's Ausland gingen, wurden erbarmungslos hingerichtet. Auch als der Handelsverkehr mit dem Auslande schon begonnen hatte, wurde dieses Gesetz noch nicht abgeschafft. Als dann aber in den Handelsberichten der Seezollämter jährlich berechnet wurde, wie grosse Reichthümer die chinesischen Auswanderer in die Heimath schickten, und wie grosse Summen sie bei Überschwemmungen, Dürren und andern Unglückfällen spendeten, so lernten die massgebenden Persönlichkeiten sie allmählich schätzen. Denen, welche zurückkehrten, stellten sie mit leeren Worten Schutz in Aussicht, denen, welche es nicht thaten, zollten sie mit leeren Worten Anerkennung, und diejenigen, welche bedeutende Beträge für den Staat gezeichnet hatten, ehrten sie durch den leeren Titel eines charakterisirten Ministerialpräsidenten. Wenn aber die chinesischen Ansiedler im Auslande drangsalirt, aufs Ärgste beschimpft und mit Peitschenhieben traktirt wurden, und wenn man

1) *Yüan Shih-k'ai*, dem hier der Text gelesen wird, sollte es ebenso machen.

ihre Häuser anzündete und ausraubte, so begnügte man sich damit, durch den einen oder den andern tüchtigen Gesandten einen flammenden Protest einlegen zu lassen, ohne aber den Worten durch Machtentfaltung irgend welchen Nachdruck zu verleihen. Man war ausser Stande den armen Auswanderern aus ihrer Bedrängniss zu helfen und die Stellung der Kolonisten zu heben. Wenn nun in den nächsten Tagen die Regierung die Kriegsschiffe *Hai-yung* und *Hai-ch'ou* auf eine Kreuzfahrt in die südlichen Meere schickt, wo sie die chinesischen Ansiedelungen besuchen sollen, so reichen sie allerdings noch nicht aus, um als Rückhalt für den Verkehr mit dem Auslande zu dienen, aber man sieht doch daraus, dass die Absicht der Regierung, die chinesischen Kolonisten zu beschützen, nicht nur eine blosse Redensart ist.

Dass die Kriegsschiffe der Staaten ihren Angehörigen folgen, geschieht auch nicht nur zu ihrem Schutze. Die Pflicht der Flotte, die Häfen des eigenen Landes zu schützen, ist sehr viel leichter als ihre Aufgabe, die feindlichen Häfen anzugreifen, und bei der Verwendung der Kriegsschiffe erfordert die Vertheidigung der eigenen Häfen viel weniger Geschicklichkeit als ein Angriff auf die der Feinde. Wenn eine Flotte in Friedenszeiten nur dort kreuzt, wohin sie gerade kommt, und nicht das von ihr beherrschte Meer verlässt, die Untiefen in den feindlichen Gewässern nicht kennt und nicht mit Wind und Fluth vertraut ist, dann kann im Kriegsfalle wohl der Feind zu uns, aber wir nicht zu ihm kommen, und die Möglichkeit, den Sieg zu erringen, wird sehr gering. Desshalb betrachten auch die fremden Nationen die Kreuzfahrten ihrer Kriegsschiffe in fremden Gewässern als eine Obliegenheit ihrer Flotte, wobei dann zugleich den dort angesiedelten Staatsangehörigen Schutz gewährt wird. Die Entsendung der *Hai-yung* und *Hai-ch'ou* zu einer Fahrt nach den südlichen Meeren zu den dort wohnenden Chinesen ist insofern auch als eine Übung für die Flotte zu betrachten.

Als Mittel zur Förderung des Volkswohlstandes werden die

Kriegsschiffe zu den chinesischen Kolonisten geschickt, und es soll zugleich eine Übungsfahrt sein. Die beiden Schiffe sind keineswegs die Werkzeuge für einen ganz besonderen Gnadenakt. Sollten auch die chinesischen Ansiedler der Südsee, die so lange ihre Nationalflagge nicht haben wehen sehen, wenn eines Tages die Masten der beiden Kriegsschiffe auftauchen, in ihrer Freude die grossartigsten Festessen geben, so darf doch unsere Regierung nicht auf den Gedanken kommen, dass die erste Entsendung von Kriegsschiffen eine ganz besondere Gnade sei, und noch viel weniger darf sie ganz besondere Dankbarkeit dafür verlangen. Aber es befindet sich ein Spezialkommissar auf einem der Schiffe, welcher zu Subscriptionen auffordern soll. Wenn dadurch den chinesischen Ansiedlern in der Südsee die Augen darüber geöffnet werden sollten, dass die Entsendung der Kriegsschiffe nur ein alter Kniff der Regierung ist, um sich Geld zu verschaffen, und dass sie ursprünglich gar nicht an den Schutz der Kolonisten gedacht hat, so wird ihre Dankbarkeit sich bald in Überdruss und Widerwillen verwandeln. Überdies ist der mit den Sammlungen beauftragte Beamte ein im Jahre 1894 geschlagener Offizier, welcher sich in der öffentlichen Meinung sehr geringer Achtung erfreut. Sollte die Aufbringung grosser Summen Schwierigkeiten machen und dabei ein wenn auch nur geringer Druck ausgeübt werden, so würde die Begeisterung der Chinesen im Auslande noch mehr abflauen. Das ist es was Schreiber dieses ganz besonders fürchtet.

Leider hat die Regierung seit Jahren mit den Kolonisten im Auslande in der Weise verkehrt, dass sie stets von ihren grossen Reichthümern profitirt und stets versucht hat, sie an der Nase herumzuführen. Wenn eine Regierung das Volk nicht mit solcher Aufrichtigkeit behandelt, dass es wahre Dankbarkeit empfinden kann, und desshalb zu allerhand Künsten seine Zuflucht nehmen muss, so ist das eine schlechte Politik. Falls nun aber solche Zwangsmassregeln noch, nm einfältige Leute zu bethören, für Massnahmen zur Förderung des Volkswohlstandes ausgegeben werden, so wird der Erfolg derselbe sein wie wenn man mit einem nach Süden gerichteten Wagen nach Norden fahren will [1]).

1) Das heisst der Staatskarren fährt rückwärts und kommt nicht von der Stelle.

DRUCKFEHLERVERZEICHNISS.

BAND I: CHINESISCHER TEXT.

S. XXII vorletzte Zeile: Für 1995 lies 1905.

S. XXIV letzte Zeile: Statt *Hafen* schreib *Häfen*.

S. XXVIII Z. 2: *Strandräuben* verbessere in *Strandräubern*.

S. 15 Z. 4: ist 抵滬 zu schreiben.

S. 17 Z. 4: Für das abgekürzte Zeichen 断 schreib 斷.

S. 23 Z. 2, S. 24 Z. 3, S. 25 Z. 2, S. 26 Z. 3, S. 27 Z. 2, S. 28 Z. 3, S. 29 Z. 3, S. 30 Z. 2, S. 31 Z. 3, S. 32 Z. 3: Für 晤 lies 晤.

S. 31 Z. 4: Statt 移 lies 移.

S. 37 Z. 6: Für 推 schreib 雅.

S. 39 Z. 9: Für 可以 setze 可也.

S. 43 Z. 10: 承 ist in 丞 zu verbessern.

S. 48 Z. 5 und S. 53 Z. 5: 另 verbessere in 另.

S. 50 Z. 7 und Z. 9: Für 毌 lies 毋.

S. 60 Z. 8: 查核外國 verbessere in 查該外國.

S. 61 Z. 2: Lies 整段.

S. 65 Z. 2: 辣人 ist in 辣人 zu verbessern.

S. 89 Z. 7: Für das abgekürzte Zeichen 称 lies 稱.

S. 104 Z. 10: 叁 verbessere in 參.

S. 114, S. 120, S. 121 und S. 128 Schluss: 另 verbessere in 另.

S. 153 Z. 2: 穵 ist in 挖 zu verbessern, Z. 6: 奥 in 粵.

S. 201 Z. 4: Für 香江 ist 香港 zu setzen.

S. 236 Z. 8: Für 扳 lies 拔.

S. 248 Z. 2 und Z. 4: 聽 ist jedesmal in 廳 zu verbessern.

S. 254 Z. 11: Statt 汙 lies 汗.

S. 280 Z. 4: Für 徵辦 schreibe 懲辦.

S. 394 Z. 6: 茶 verbessere in 荼.

S. 404 Z. 3: 處 ist zu verbessern in 庋.

BAND II: DEUTSCHER TEXT.

Den Nummern der Stücke No. 1 bis No. 19 ist A vorzusetzen, also: A. No. 1, A. No. 2 etc.

S. 15 II Z. 27: Für *der Mangel* lies *den Mangel.*

S. 18 I Z. 21: Statt 地晤士 lies 地晤士.

S. 28 I Z. 8: *is ist* verbessere in *es ist.*

S. 30 I Z. 14: Für *ein Voraus* lies *im Voraus.*

S. 32 I Z. 12: *Ostschaft* verbessere in *Ortschaft.*

S. 34 I Z. 13: *Gebräuch* verbessere in *Gebrauch.*

S. 40 I Z. 14: Für *Tributareis* lies *Tributreis.*

S. 41 II Z. 27: Für 叚 schreib 段.

S. 48 I Z. 20: Für *Angelegenkeiten* lies *Angelegenheiten.*

S. 65 II Z. 18: *dürfen sei* ist in *dürfen sie* zu verbessern.

S. 108 I Z. 20: *Gerade* verbessere in *Gerede.*

S. 117 II Z. 19: Für *Yüan Shih-kai* lies *Yüan Shih-k'ai.*

S. 131 I Z. 27: *im Gedanke* ist zu verbessern zu *ein Gedanke.*

S. 155 I Z. 11: Für *Färberie* lies *Färberei.*

S. 176 Z. 32: *Unterdrücking* verbessere in *Unterdrückung.*

S. 187 S. 31: Von *in in den Listen* streiche ein *in.*

S. 209 Z. 1: Für *er lassen sich* lies *es lassen sich.*

S. 210 Z. 20: Für *erschiem* ist *erschien* zu lesen.

S. 210 Z. 25: *ihrer Frende* verbessere in *ihrer Freude.*

S. 211 Z. 32: *erhilt* verbessere in *erhielt.*

S. 226 Z. 18: Für *einen Konvention* lies *einer Konvention.*

S. 239 Z. 5: *Erlöss* verbessere in *Erlös.*

S. 267 Z. 17: *ubersandte* ist zu verbessern in *übersandte.*

S. 269: Vor *Antwort*: ist die Nummer *C. No. 60* einzuschieben. *C. No. 60* auf S. 270 wird *C. No. 61.*

Kolibri 360 GmbH
Ferdinand-Jühlke-Straße 7
99095 Erfurt, Deutschland
produktsicherheit@kolibri360.de